Tomy Brautschek
Studio Culture

acoustic studies düsseldorf

―
Herausgegeben von
Dirk Matejovski und Kathrin Dreckmann

Band 6

Tomy Brautschek
Studio Culture

Raum- und Klangordnungen des Tonstudios

D 61 Düsseldorf

Zur besseren Lesbarkeit wird in dieser Studie das generische Maskulinum verwendet. Die in dieser Arbeit verwendeten Personenbezeichnungen beziehen sich – sofern nicht anders kenntlich gemacht – auf alle Geschlechter.

ISBN 978-3-11-103621-2
e-ISBN (PDF) 978-3-11-103712-7
e-ISBN (EPUB) 978-3-11-103717-2
ISSN 2702-8658
e-ISSN 2702-8666

Library of Congress Control Number: 2023931696

Bibliografische Information der Deutschen Nationalbibliothek
Die Deutsche Nationalbibliothek verzeichnet diese Publikation in der Deutschen Nationalbibliografie; detaillierte bibliografische Daten sind im Internet über http://dnb.dnb.de abrufbar.

© 2023 Walter de Gruyter GmbH, Berlin/Boston
d|u|p düsseldorf university press ist ein Imprint der Walter de Gruyter GmbH

Druck und Bindung: CPI books GmbH, Leck
Einbandabbildung: Martin Wietell
Lektorat: Christoph Roolf
Redaktionelle Mitarbeit: Thomas Gerhards

dup.degruyter.com

Meinen Eltern

Danksagung

Meinem Doktorvater Prof. Dr. Dirk Matejovski bin ich zu großem Dank verpflichtet, da er mir nicht nur die Promotion am Institut für Medien- und Kulturwissenschaft der Heinrich-Heine-Universität Düsseldorf ermöglicht, sondern mich in meinem Forschungsvorhaben kontinuierlich bestärkt und mit fachlichem Rat unterstützt hat. Auch an Prof. Dr. Thomas Hecken, meinem Zweitgutachter, möchte ich an dieser Stelle meinen Dank für die inhaltlichen Anregungen richten.

Mein besonderer Dank gilt den Teilnehmerinnen und Teilnehmern am Doktorandenkolloquium unter der Leitung von Prof. Matejovski für die erkenntnisreichen Diskussionen und thematischen Hinweise. Insbesondere möchte ich mich hier bei Dr. Kathrin Dreckmann und vor allem Maximilian Haberer für den Austausch, die Korrekturen und Anmerkungen bedanken.

Zuletzt danke ich meiner Familie sowie meinen Freunden von ganzem Herzen für den Zuspruch, das Vertrauen in meine Arbeit und den nötigen Freiraum, den solch ein Projekt erfordert. Danke!

Inhalt

1 Studiomusik ist Medienmusik – eine Einleitung —— 1
1.1 Vorgehensweise —— 5
1.2 Forschungsstand —— 7

2 Macht | Medien | Dispositive —— 18
    Theoretische und methodologische Systematik —— 18
2.1 Wissen ist Verfügungsmacht —— 19
2.2 Apparat, Architektur und Klangordnung —— 27
2.3 Medien im Dispositiv —— 36
2.4 (Sound-)Ästhetische Dispositive —— 43
2.5 Macht als Medieneffekt = Medien als Machtfunktion —— 50

3 Material und Medialität —— 53
3.1 Klangmaterie und das Sonische —— 54
3.2 Im Medium erklingt der Sound —— 57
3.3 Soundfetischismus und Studiodesign —— 65
3.4 Soundanthologien: Samples, Waren und Archive —— 74

4 Raum, Architektur und Kontrolle —— 89
4.1 Frühgeschichte der Raumakustik —— 92
4.2 Raum- als Machtgrenzen im Studio —— 97
4.3 Das Studiolabor und die Handlungsmacht der Akteure —— 104
4.4 „Achte Großmacht Mikrophon":
    Das Studioregime und die Elektrifizierung des Raumes —— 115
4.5 Das Studio als Subjektivierungsinstrument —— 128

5 Von Heterosonotopien und anderen Studioräumen —— 137
5.1 „Shangri-La":
    Kalifornische Studio-Utopien —— 144
5.2 „Exile on Main St.":
    Das rollende Studio der Stones und die Sonifizierung des Exils —— 155
5.3 „I'm up in the woods":
    Reduktionen eines Mediendispositivs —— 162
5.4 „Little Hell":
    Kapellen, Kirchen und heilige Hallen —— 167
5.5 „When We ALL Fall Asleep":
    Das Schlafzimmer als Tonstudio im Zeitalter digitaler Netzwerke —— 175

6 Wo sind wir, wenn wir Musik produzieren? —— 186

7 Quellenverzeichnis —— 198
7.1　Literaturverzeichnis —— **198**
7.2　Diskographie —— **210**
7.3　Filmographie —— **211**
7.4　Internetlinks —— **212**

Personen- und Sachregister —— 215

1 Studiomusik ist Medienmusik – eine Einleitung

„Der Mensch, das Original, ist vergessen. Der Mechanismus der Wiedergabe hat ihn ausgelöscht und stellt eigene Bedingungen. Wie entkommt man diesem Unsinn" (Schnabel, zit. nach Gauß 2009, S. 190), fragte der Konzertpianist Artur Schnabel in Auseinandersetzung mit seinen Einspielungen der Beethoven-Sonaten, die er ab 1932 für das Unternehmen His Master's Voice anfertigte (ebd., S. 189). Das Verfahren der Schallaufnahme und die technische Reproduktion sind für den Instrumentalisten einst zu einer Belastungsprobe geworden. Rigoros erfasste eine akustische Medienmaschine jede vermeintliche Schwachstelle in Schnabels Spiel, zeichnete sie auf und wiederholte die bemängelten Klavierpassagen beliebig oft. Infolgedessen überkamen den Musiker Selbstzweifel. Schließlich mutierte der Anspruch an sein künstlerisches Selbst im Medium der Tonaufnahme zum Optimierungsdruck, an dem er zu scheitern drohte. Der Produktionsort wurde dabei von den medialen Voraussetzungen des Reproduktionsmechanismus bestimmt, dem er zu entkommen erhoffte.

Mit der Erfindung des Phonographen durch Thomas Alva Edison im Jahre 1877 kann die Musikgeschichte als eine ihrer technischen (Re-)Produktionsmedien gelesen werden. Schallspeicher- und Wiedergabeapparate bedingen neue Formen der Klangerzeugung und binden zunehmend musikalische an medientechnische Praktiken. Die Audioaufnahme bildet zugleich die mediale Voraussetzung einer neuen Hör- und Klangkultur, da sie Musik mobilisiert und so ihre singuläre Aufführungslogik überwindet. Das Konzertereignis dringt über Tonträger in den privaten Wohnraum ein, etabliert neue Rezeptions- und Produktionsweisen und führt so zu einer neuen kulturellen Ordnung. Mit dieser medialen Zäsur entstehen gleichzeitig neue Fabrikationsstätten, denen entlang einer technologischen Entwicklungsgeschichte jeweils spezifische Raumkonzepte vorausgehen. Diese Einrichtungen zur Speicherung und Bearbeitung von Schallereignissen können sowohl als kulturindustrielle Fertigungsanlagen dienen als auch Orte einer subversiven Klangavantgarde darstellen. Damit erzeugt das Tonstudio ein Spannungsfeld, das vor allem konstitutiv für die Soundästhetik der Popkultur wird.

Im Aufnahmeverfahren der Beethoven-Sonaten mit Artur Schnabel erscheint das Tonstudio nun als der Repräsentationsraum einer existentiellen Künstlerkrise. Damit wird ein Erfahrungsmuster reflektiert, das, so die hier vertretene These, unmittelbar mit dem Setting, also der räumlichen und technischen Konfiguration zusammenhängt. Das Studio wirkt hier im Zeichen eines technologischen Determinismus und eröffnet einen Machtraum, in dem der Künstler als Unterwerfungsfigur operiert. Die Medienmaschine fordert dabei seine Anpassung an die Gesetzmäßigkeiten seiner Funktionalität ein. Nicht mehr der Musiker selbst ist der Souverän auf der Darbietungsfläche, sondern der Apparat und mit ihm seine raumakustisch vom Aufnahmebereich isolierten Operateure: die (Elektro-)Ingenieure und Produzenten. Damit scheint sich eine Hierarchieebene über die Raumordnung herzustellen, die wesentlich von der Medientechnik und der Akustik strukturiert wird. Das Studio lässt sich demnach auch als Machtarchitektur verstehen, die subjektive Autonomie und Dependenz gleichermaßen symbolisiert, wie sie diese auch hervorbringt. So werden etwa in den Kontrollräumen vor den Abhöranlagen interne Kommunikationsprozesse gesteuert, denen der Künstler vollständig ausgeliefert ist. Die Mikrophone, die wie akustische Brenngläser jede Regung einfangen, verstärken entsprechend ihrer Medienfunktion diese Machtverhältnisse.

Natürlich ist die Geschichte der Tonstudiokultur nicht ausschließlich eine von Herrschaftspraktiken und hierarchisierten Systemen, die Künstlersubjekte in Selbstzweifel stürzen. Dies zeigt etwa die folgende Inszenierung einer Erfolgsgeschichte aus der Blickposition der Tonregie: In der Halbzeitshow des Super Bowl in Los Angeles performten am 13. Februar 2022 die Rapper Snoop Dogg, 50 Cent, Kendrick Lamar, Eminem sowie die Sängerin Mary J. Blidge unter der Direktive des Starproduzenten Dr. Dre. Ein Teil des Bühnenbilds ist dabei als Studioraum gestaltet, wo Dr. Dre vor einem mehrere Meter langen Mischpult und zwei Monitorboxen posiert. Sein Blick richtet sich auf einen mit Akustikmodulen ausgestatteten Aufnahmeraum. Während der Live-Performance verdreht und verschiebt er die Regelzustände der Konsole. Die Apparatur steht auf dem Dach einer Häuserkulisse nach dem Vorbild des amerikanischen Vorortes Compton.

Der Auftritt ist eine biographische Inszenierung und symbolisiert den Aufstieg des André Romelle Young (alias Dr. Dre) und seiner Protegés. Young, der Mitte der 1980er Jahre in Compton noch sein Schlafzimmer als Klanglabor nutzte und Soundsamples mit synthetischen Beats unterlegte (Howard 2004, S. 278), ist nun ‚ganz oben' (auf dem Dach) angekommen. Der Auftritt, der auch als ein Statement für Diversität und als ein Protest gegen Rassismus gedeutet werden kann, repräsentiert aber zugleich den Siegeszug des Tonstudios in der Musikgeschichte.

Im kulturhistorischen Direktvergleich trennen beide hier eingeführte Studioszenerien offenkundig ganze Welten. Zwischen ihnen liegen rund 90 Jahre Medienkulturgeschichte und damit auch ein gesamtgesellschaftlicher Transformationsprozess. In der Musik stellt der Mediengebrauch mittlerweile eine kulturimmanente Praktik dar. Tonaufnahmefunktionen gehören heute zum Standardsetup mobiler Endgeräte, und Musikproduktionen werden über eine entsprechende Software auch für den Laien intuitiv handhabbar. So wird etwa durch Audiosampling – eine Kulturtechnik, die konstitutiv für Dr. Dres ästhetisches Klangkonzept ist – Originalität auch in einem ganz anderen Kontext verhandelt, als es bei Artur Schnabel noch der Fall war. Hierbei geht es nicht um Klangtreue,[1] sondern um Urheberrechte und kreative Eigenleistungen. Es geht auch nicht darum, das instrumentale Spiel den medialen Anforderungen des Apparates unterzuordnen, sondern die Apparatur selbst als Gestaltungsmittel zu interpretieren, um sich etwa klangliches Fremdmaterial fragmentarisch anzueignen und soundästhetisch zu rekombinieren. So lässt sich die Entwicklungsgeschichte der Tonstudiokultur in dieser Gegenüberstellung als eine Fluchtlinie aus der „Folterkammer" (Gauß 2009, S. 189) lesen, die Artur Schnabel seinerzeit in die Künstlerkrise stürzte. Dr. Dre hingegen deutet das Studio als Instrument,[2] während Sampling eine seiner Kompositionstechniken darstellt. Vor dem Hintergrund des Super Bowl-Auftritts wirkt dies wie eine Ermächtigungsgeste und repräsentiert sowohl den globalen Aufstieg der Hip-Hop-Kultur wie auch die Produktionspraktiken des Tonstudios als eigenständige Kunstform.

Dies ist natürlich keine Individualleistung einer populären Kultur, sondern verdankt sich auch der Experimentierfreude von Vertretern der klassischen Musik. Der berühmte Bach-Interpret Glenn Gould verkörpert z. B. solch eine Figur mit einer besonders ausgeprägten Studioaffinität. Mitte der 1960er Jahre kehrte Gould, wie auch die Beatles, dem Konzertwesen den Rücken, um sich vollständig der Studioarbeit zu widmen. Dabei nutzte er aktiv die medientechnischen Systeme, wie das Tonband, Mikrophone oder das Mischpult, als Werkzeuge zur Realisierung seiner Klangvisionen. Dabei werden Goulds Bestrebungen stets von ästhetischen Eroberungskämpfen angetrieben, denn er sieht den Künstler „sabotiert durch einen unterwürfigen Umgang mit dem Mikro, der uns bestenfalls ein halbes Ohr vom Gipfel der Götter zugesteht" (Gould 1992, S. 133). Er personifiziert dadurch einen im Tonstudio emanzipierten Musikertypus und nimmt sich selbst als „Techniker-Künstler" (ebd., S. 150) oder auch „Cutter-Interpreten" (ebd., S. 151) wahr. Innerhalb der Tonaufnahmekomposition begreift Gould die akustischen Speicher- und Übertragungsmedien als Klangkonfiguratoren und erkennt ihr ästhetisches Potential, worüber auch (nur) er (allein) verfügen will:

---

1 Das Firmenlogo von His Master's Voice steht quasi symbolisch für einen originalgetreuen Abbildcharakter des akustischen Speichermediums. Zu sehen ist darauf der Hund Nipper, der vor dem Schalltrichter des Phonographen sitzt und der stimmlichen Wiedergabe seines verstorbenen Herrchens lauscht. Das Unternehmen will damit quasi die klangliche Authentizität der Tonaufnahme zertifizieren.
2 Auch wenn Michel Chion und Guy Reibel aufgrund der Banalität technologischer Studiooperationen im Jahre 1976 noch anderer Meinung waren (vgl. Chion und Reibel 1976, S. 240f.), ist der Vergleich von Tonstudio und Musikinstrument in dem einschlägigen Diskurs eine beliebte Analogie (vgl. Schmidt-Horning 2013, S. 78).

> „Autokratie" also, als Beschreibung des Kompositionsprozesses im elektronischen Zeitalter, mag einfach die Möglichkeit andeuten, daß der Komponist in gewissem Maße in jedes Verfahren einbezogen wird, durch das seine Intention in Klang ausgedrückt wird. (Ebd., S. 150)

In diesem selbstbestimmten Umgang mit der Tontechnik erkennt Gould wesentlich auch den architektonischen Raum als produktives Element der Tonaufnahme. So sieht er durch die „analytische Kapazität der Mikrophone" (ebd., S. 134) ein Stück weit die „akustischen Beschränkungen des Konzertsaals" (ebd.) überwunden. Mit der Medientechnik macht sich Gould die Raumakustik künstlerisch zu eigen, indem er z. B. mit den Positionen der Mikrophone spielt und in der Nachbearbeitung unterschiedliche Hörperspektiven vermischt. Durch die Übertragungsmedien der Mikrophonie können Klavieranschläge somit gleichzeitig aus der Nähe und der Tiefe des Raums abgehört werden. Es entstehen akustische Paradoxien, die zum ästhetischen Mittel der Produktion werden. Während der musikalischen Darbietung stehen die ‚Medienohren' immer in einem individuellen Resonanzverhältnis mit der Architektur und der Schallquelle. Die erzeugten Nachhallzeiten des von den Raumflächen reflektierten Schalls liefern dabei präzise akustische Informationen über die architektonische Beschaffenheit. Helga de la Motte-Haber versteht in diesem Zusammenhang auch den „Raum als ein Medium [...], das eine Botschaft enthält" (De la Motte-Haber 2014, S. 47–62.) Im Tonstudio wird der Aufnahmeraum selbst wieder zum akustischen Zeichen und somit zur Botschaft, die sich gleichzeitig in das Speichermedium und in die Musik einschreibt.

Dieser Übersetzungsprozess, also die „Transposition eines oder mehrerer Zeichensysteme in ein anderes" (Kristeva 1978, S. 68), wird durch eine medientheoretische Wendung des von Julia Kristeva definierten Intertextualitätskonzepts als intermedial bezeichnet. Denn nach Jürgen Müller kann in dem Moment von Intermedialität gesprochen werden, wenn „das multi-mediale Nebeneinander medialer Zitate und Elemente in ein konzeptionelles Miteinander überführt [wird und] dessen (ästhetische) Brechungen und Verwerfungen neue Dimensionen des Erlebens und Erfahrens eröffnen" (Müller 1998, S. 31f.). Entsprechend werden musikalische Aufführungen vor dem technischen Hintergrund interferierender Abhörpositionen zur medialen Bedingung neuer Raumwahrnehmungen. Allgemein kann das Aufnahmestudio daher nicht ohne seine Architektur betrachtet und nur auf die technologischen Teilelemente reduziert werden. Das Tonstudio erscheint vielmehr als ein Medienverbund aus heterogenen, technischen und räumlichen Konfigurationen. Dieser Medienverbund, also die Anordnung von technischen Geräten in einer akustisch konfigurierten Architektur, stellt einen materiellen Gesamtapparat und zugleich den Aktionsraum des Künstlersubjektes dar.

1.1 Vorgehensweise

Anhand der Relationen zwischen Architektur, Technologie und ästhetischer Praxis möchte die vorliegende Untersuchung an die skizzierten Debatten anschließen und den individuellen Handlungsspielraum des Künstlersubjektes, vor dem Hintergrund seiner durch die apparative Ordnung bestimmten Grenzen, ausloten. Dabei wird davon ausgegangen, dass das Tonstudio nicht automatisch einen kreativen Freiraum darstellt, sondern die künstlerischen Handlungspotentiale wesentlich von den maschinellen Prozessen und der Architektur bedingt werden. Es wird angenommen, dass über den Studioapparat soziale Prozesse ausgelöst und Subjekte in einem Spannungsverhältnis zwischen künstlerischer Autonomie und Unterwerfung geformt werden. Wie diese Machtstrukturen weiterhin auf Musikproduktionen einwirken und wo sie auch ästhetische Widerstandsorte hervorbringen, soll Gegenstand dieser Arbeit sein. Es soll also nach medienkulturellen Bedingungen gefragt werden, die soundästhetische Prozesse im Tonstudio reglementieren oder auch Hierarchien und andere Ordnungssysteme unterminieren. Demnach kann das Tonstudio als technisch-räumlicher Apparat der Schallaufzeichnung und -bearbeitung definiert werden, der Künstlersubjekte hervorbringt und deren Aktionsbereiche gleichermaßen determiniert, so wie er auch Differenzpunkte schafft.

Dafür soll zu Beginn das Konzept des Dispositivs herangezogen werden und im weiteren Verlauf als erkenntnisleitendes Erklärungsmodell dienen. Mit dem allgemeinen Zugang über den Dispositivbegriff werden hierfür zunächst die grundlegenden Ansätze von Michel Foucault und Jean-Louis Baudry vertieft. Demnach können Subjektpositionen innerhalb eines abstrakten gesellschaftlichen Konstrukts betrachtet werden, das Effekte auf Wahrnehmungsweisen und soziale Prozesse hat. Dabei wird u. a. herausgearbeitet, wie etwa der Machtraum eines Disziplinarregimes funktioniert und welche Rolle in diesem Kontext Aufschreibesysteme spielen. Dieser Blickwinkel wird im Anschluss auf genuin mediale Dispositive hin verengt. Hier werden dann Wahrnehmungsmodifikationen untersucht, die vor allem von auditiven Medialitäten bestimmt werden. So können Hörperspektiven in der akustischen Raumordnung des Kinosaals Antworten darüber geben, inwieweit die Tonspur an Illusions- oder Realitätseffekten des Films mitwirkt. Zunächst wird hierfür ganz allgemein untersucht, wie Wahrnehmung in medialen Konstellationen konfiguriert wird. Darüber hinaus stellt sich dann die Frage, inwiefern sich Subjektivationen in spezifisch akustischen oder soundästhetischen Dispositiven vollziehen und durch neue Hörweisen konstituiert werden. Dabei wird auch immer nach Machtoppositionen bzw. ästhetischen Gegenstrategien und deren Aktionsradius gefragt.

Wer nach der künstlerischen Handlungsmacht im Mediendispositiv des Tonstudios fragt, muss sich gleichzeitig auch mit der (sonischen) Materialität des Apparates befassen. Hiermit rücken sowohl die Klangmaschinen, -objekte und die Bauarchitektur als auch die produzierten Klangformen des Studios in den Fokus. Um für Letzteres zu einer angemessenen Beschreibungsebene zu gelangen, werden zunächst die physikalischen Schallereignisse von kulturellen Klangphänomenen begrifflich differenziert. Dem wird die Annahme vorangestellt, dass mit dem Terminus ‚Sound' das mediale Produkt der Studiomusik bezeichnet werden kann. Daraufhin wird herausgearbeitet, wie die produzierte Soundform durch formalisierte Prozesse und techno-ästhetische Regelwerke bestimmt wird. Dabei muss die Gerätearchitektur des Studios berücksichtigt und vor allem gefragt werden, welche Beziehung das Studiosubjekt mit den Klangobjekten eingeht. Hier wird von einem fetischisierten Umgang mit den Studiodingen ausgegangen, der ein Begehren markiert, das wesentlich auf ein individuelles Klangideal zurückführt.[3] Aus dieser Perspektive können dann sowohl das Soundmaterial als auch die Audiotechnik und das Studiodesign als Medium einer Machtdemonstration verstanden werden. Das meterlange Mischpult in weißer Optik, vor dem Dr. Dre auf der Super-Bowl-Performance posierte, wäre dann als Repräsentation eines solchen Fetischkonzeptes zu interpretieren.

Für die Betrachtung struktureller Voraussetzungen der Klangerzeugung muss das Tonstudio ferner in seiner Archivfunktion überprüft werden. Sample-Bibliotheken und Preset-Sounds legen den Verdacht nahe, dass Medienarchive und digitale Voreinstellungen für die Musikproduktion als Normierungsfaktoren dienen. Dabei werden Archive als produktive Systeme aktiv, die der Klangfabrikation als kreatives Potential vorausgehen. Zudem erscheint Sampling als (subversive) Medienpraktik mittlerweile kulturindustriell vereinnahmt und stark kommerzialisiert worden zu sein. Hier wird mit Blick auf neuere Entwicklungen im Bereich cloudbasierter Sample-Bibliotheken schließlich untersucht, in welchem produktionsästhetischen Verhältnis das Audio-Sample zu seiner Warenform steht.

Im Zentrum der Analyse sollen Architekturen und Raumkonzepte des Tonstudios unter Berücksichtigung ihrer Bauakustik stehen. Hier werden sowohl Wechselwirkungen zwischen räumlichen und klangästhetischen Ordnungen sowie deren Effekte auf die subjektive Handlungsmacht der Künstler und Produzenten herausgearbeitet. Als Orientierungspunkte der Untersuchungen können hier Studioar-

---

3 Der Musikproduzent Phil Ramone stellt eine besondere Beziehung zwischen Sängern und ihren Mikrophonen her. Das technische Material soll dabei von der Spucke der Sänger quasi personalisiert werden. Die Mikrophone erhalten so ihren Eigensound und besitzen eine klangliche Sensibilität gegenüber der Materialpflege: „When a vocalist sings into a microphone, the fine misting from their salvia coats the inside of the capsule, making it in essence their own personal instrument. If you send that microphone out to be cleaned, it will never sound exactly the same again." (Ramone 2007, S. 146).

chitekturen vor dem Hintergrund ihrer Technikgeschichte dienen. Hinführend werden in einem ersten Ansatz dafür machtästhetische (Hör-)Räume in der Frühphase der akustischen Baukunst aufgespürt. Mit dem Übergang in die Zeit der Phonographie wird anschließend geprüft, wie die ersten ‚Klangfabriken' räumlich strukturiert waren und ob und, wenn ja, ab wann die Separierung von Aufnahmestudio und Tonregie ein hierarchisiertes Produktionsverhältnis repräsentiert. Überhaupt stellt sich für diesen zeitlichen Rahmen die Frage, wie sich die Schallaufnahme unter experimentellen Bedingungen einer Forschungsstätte zu den Produktionsräumen einer Tonträgerindustrie entwickelt hat und wie die Funktionslogik eines Studiolabors generell zu denken wäre. Hier wird angenommen, dass die Operationen und Verhaltensrestriktionen im Mediendispositiv der Tonproduktion analog mit denen in einem naturwissenschaftlichen Labor sind. So werden vergleichbare Geschicklichkeiten und Affektregulierungen sowohl vor dem Schallwandler (Trichter, Mikrophon) als auch beim Versuchsaufbau vorausgesetzt. Demnach gilt es auch zu prüfen, unter welchen technisch-räumlichen Umständen das Tonstudio als ein (körperlicher) Disziplinarapparat wirkmächtig wird und Subjektivierungsprozesse in Gang setzt. Am Beispiel der Produktionsstrategie von Phil Spector wird daraufhin gezeigt, dass das Studioregime schließlich im ästhetischen Konzept der *Wall of Sound* aufgeht, indem Spector das Individuum bzw. den Studiomusiker hinter die metaphorische Klangmauer sperrt.

Im Anschluss an die vorangegangenen Betrachtungen werden schließlich Gegenorte und raumlogische Differenzpunkte zum Tonstudio als produktionsästhetischer Machtapparat identifiziert. Anhand von Fallbeispielen werden hier vor allem Architekturen und Medienpraktiken in den Blick genommen, die den Versuch unternehmen, rigide Studiostrukturen konzeptionell zu überwinden. Für eine Theorie auditiver Gegenräume spielt dabei auch erneut die Raum- und Bauakustik eine wichtige Rolle. Grundsätzlich werden daher Bedeutungszusammenhänge zwischen den jeweiligen Raum- und Soundästhetiken, den Produktionspraktiken und dem Medienverbundsystem des Studioortes hergestellt. Im letzten Teil werden abschließend eine Zusammenfassung und Reflexion der erarbeiteten Forschungsergebnisse geleistet.

1.2 Forschungsstand

Die Erforschung von Bedeutungen des Akustischen hat sich entgegen der Idee einer „visuellen Hegemonie" (Levin 1993) unserer Medienkultur seit nunmehr 20 Jahren fest unter den Bezeichnungen „Acoustic"[4] oder „Sound Studies" (Bull und Back 2003; Sterne 2003; Meyer 2008; Schulze 2008; Pinch und Bijsterveld 2011; Sterne 2012; Volmar und Schröter 2013) in den Geisteswissenschaften etabliert. In diesem Zusammenhang bildet retrospektiv u. a. das Werk von Murray Schafer einen ersten grundlegenden Versuch, Klänge im kulturhistorischen Vergleich systematisch zu ordnen und vor allem einer ökologischen Betrachtung zu unterziehen (Schafer 2010). In seiner Forderung nach sensibleren Gestaltungsweisen unserer Klangumwelt prägte er dabei den Begriff des „Soundscapes" (Klanglandschaft) (Schafer 2006) für die Beschreibung aller situativ an einem Ort wahrzunehmenden Klänge. Kulturelle Räume werden dabei im Wesentlichen auf ihre akustische Konstituierung hin befragt, wodurch Schafer selbst sich allerdings in einer eher anti-modernistischen Haltung verfängt. Seine Überlegungen zur Technologisierung des Hörens und einer sich damit vollziehenden „schizophonen" (Schafer 1969, S. 43) Trennung vom Klang und seiner natürlichen Herkunftsquelle „pathologisieren" (Papenburg und Schulze 2011, S. 10) jedoch gewissermaßen die akustische Gegenwart.

Eine dezidiert medienwissenschaftliche Perspektive auf technische Audiokulturen setzt dabei vor allem bei den theoretischen Arbeiten von Friedrich Kittler an, der den Entwicklungsprozess akustischer Speicher- und Wiedergabemedien medienarchäologisch untersucht hat (Kittler 1986). Bereits hier werden die produktionsästhetischen Bedingungen der Studio- und einer daraus erwachsenen neuen Hörkultur zum Wissensobjekt gemacht. Dabei erkennt Kittler den Krieg als „Medienbasis unserer Sinne" (Kittler 2002, S. 22f.) bzw. die erbeutete Militärtechnologie beider Weltkriege als soundästhetische Voraussetzung für Rockmusik. Als Referenzobjekte dienen ihm dafür immer wieder die Tonstudioexperimente der Band Pink Floyd, anhand derer er auch seine Grundthese exemplifiziert, nämlich dass phonographisch gespeicherter Klang im lacanistischen Realen operiert (Kittler 2012). Sound wird damit als Rest eines symbolischen Ordnungssystems, wie die Notenschrift, begriffen.

Anschließend an solche medientheoretischen Grundlagenwerke, wonach Medien latent die sinnliche Wahrnehmung bestimmen, etablierten sich Diskurse um auditive Rezeptionstechnologien und -phänomene, in denen es mehr und mehr auch um die Produktivität der technischen Medien innerhalb popmusikalischer Klangkulturen geht. Während es bei Ersterem allgemein um eine durch die Technisierung des Hörens transformierte Musikwahrnehmung geht (Papenburg 2012; Szendy 2015) oder im Besonderen etwa am Beispiel von Walkman und Ipod um die Mobilisierung der Musikrezeption als eine urbane Medienstrategie (Hosokawa

---

4 Vgl. die von Dirk Matejovski und Kathrin Dreckmann herausgegebene und bei dup/De Gruyter erscheinende Reihe „Acoustic Studies Düsseldorf".

1990; Bull 2011), werden im zweiten Diskursfeld vor allem die kulturellen Effekte der Phonographie auf musikalische Produktionen erforscht. Hier kann vor allem auf das Werk von Mark Katz verwiesen werden, der die kulturellen Folgen der Tonaufzeichnung eindrücklich an Beispielen des Jazz, des Turntablism und Samplings aufzeigt (Katz 2010). Als theoretischen Ausgangspunkt identifiziert er hierfür zunächst spezifische Medialitäten des phonographischen Materials („tangibility", „portability", „(in)visibility", „repeatability", „temporality", „receptivity") (ebd., S. 12ff., 17ff., 21ff., 29ff., 36ff., 41ff.) und beschreibt anhand dessen die klangkulturellen Konsequenzen auf die Musik. Dabei erkennt Katz u. a., dass das Abhören und Aneignen von Spieltechniken fremder Improvisationen über das Medium der Tonaufnahme ein zentrales Element des Jazz darstellt oder der Plattenspieler im Hip-Hop-Battle zur soundästhetischen „Waffe" (ebd., S. 124ff.) mutiert ist. Nicht vernachlässigt werden darf an dieser Stelle jedoch, dass bereits Ulf Poschardt mit seiner Arbeit zur *DJ Culture* aus dem Jahr 1995 wohl eines der zentralen Werke zur Figur des Diskjockeys vorgelegt hat, zumindest in der Rezeption einer deutschsprachigen Popgeschichtsschreibung (Poschardt 1996). Hier wird erstmals das Phänomen des DJings kulturtheoretisch und medienhistorisch untersucht. Sowohl bei Katz als auch bei Poschardt werden akustische Speichermedien nicht in ihrer bloßen phonographischen Abbildfunktion bewertet, sondern auch als musikalische Produktionswerkzeuge interpretiert. Allerdings stellen Raumordnungen in diesen Arbeiten eher Sekundärphänomene dar und werden höchstens implizit mitverhandelt. Hier wird nicht spezifisch auf das Verhältnis von (Studio-)Raum und Technik geblickt, so dass medienkulturelle Aspekte einer möglichen ‚spatiality' nicht nur bei Mark Katz eine Leerstelle offenbaren.

Fragen zum „Mensch-Maschine-Verhältnis" (Bunz 2001) bzw. zum Technischen der Klangkultur finden immer wieder auch an den Schnittstellen von elektronischer Pop- und Kunstmusik statt. Hierbei wird u. a. der Versuch unternommen, Austauschprozesse und ästhetische Kausalitäten beider ‚Sphären' sichtbar zu machen (Baumgärtel 2015; Heiser 2015), während weitere Arbeiten popkulturelle Klangphänomene nach dem subversiven Potential und ihrer identitätsstiftenden Funktion befragen (Frith 1999; Pfleiderer u. a. 2015). An anderer Stelle wird hingegen versucht, den Popsound durch eine poststrukturalistische Lesart zu interpretieren (Kleiner 2003), indessen sich die Musikwissenschaft um eine medientheoretische Erweiterung ihrer Methoden bemüht (Bielefeldt, Dahmen und Großmann 2008). Im Anschluss an Rolf Großmann wird dabei etwa deutlich, dass Phänomene einer populären Klangkultur nur zu verstehen sind, wenn man im Gegensatz zu den eben ‚ernsteren' Formen der Musik „die phonographischen und digitalen Medien als grundlegenden ästhetischen Bestandteil ihrer Gestaltung" (Großmann 2008a, S. 131) begreift. Da Popmusik demnach als „‚die' Musik der elektronischen Medien" (Bielefeldt, Dahmen und Großmann 2008, S. 10) gilt bzw. die musikalischen Gestaltungsmittel im Pop eine dezidiert „technikkulturelle Erweiterung" (Großmann 2008a, S. 121) erfahren, markieren gerade auch Analysen zum Verhältnis von Musikelektronik,[5] einzelnen Produktionsgeräten und populärer Ästhetik einen zentralen Schwerpunkt in der Erforschung auditiver Kultur (Negus 1992; Bickel 1992; Behren 2004; Brockhaus und Weber 2010; Wandler 2012; Smyrek 2013; Bennett 2019; Bourbon und Zagorski-Thomas 2020; Burkhart u. a. 2021).

Solche Werke knüpfen wiederum an die Arbeiten an, die bereits die phonographische Kultur- als Mediengeschichte beschrieben haben. Für die Frühphase der Schallaufzeichnung kann in diesem Zusammenhang exemplarisch auf die Forschungen von Stefan Gauß oder Walter Welch und Leah Brodbeck Stenzel Burt hingewiesen werden (Gauß 2009; Welch und Brodbeck Stenzel Burt 1994). Während die Untersuchungen von Gauß vornehmlich die Geschichte des Grammophons in Deutschland fokussieren, wird bei Welch und Brodbeck Stenzel Burt der Phonograph zum Objekt einer Kulturgeschichtsschreibung. Gleichzeitig widmen sich beide Werke, mit der Gründung der Deutschen Grammophon-Gesellschaft durch Emil Berliner und den unterschiedlichen Produktionsstätten von Thomas Alva Edison, der Entstehungsgeschichte der Musikindustrie (siehe hierzu auch Weisbard 2022). Hiermit werden wichtige Vorarbeiten für die Analyse einer sich konstituierenden ‚Studio Culture' geleistet. Aus dem dort zusammengetragenen Archivmaterial zeichnet sich bereits ein eindrückliches Bild der größtenteils unausgereiften Aufnahmebedingungen und des Verhältnisses von Technik, Studioarchitektur und (Studio-)Subjekt ab. Von hier aus lassen sich erste (Macht-)Fragen zu Verfahrensweisen und Figurationen der mechanischen Musikproduktion klären sowie weiterführende Publikationen ausmachen, die kulturhistorisch" an diese Punkte anschließen.

Einerseits existiert hier eine nahezu unübersichtliche Menge an populärwissenschaftlichen Formaten (siehe hierzu beispielhaft Howard 2004), von denen das Buch *Good vibrations – a history of record production* von Mark Cunningham wohl mit zu den prominenteren gehört (Cunningham 1998). Hier wird die Geschichte der Musikproduktion entlang der großen „Helden und Halunken" (Wicke 2008b, S. 61) erzählt, wie es allgemein der Musikwissenschaftler Peter Wicke kritisch angemerkt hat. Von Les Paul über Phil Spector bis hin zu Alan Parsons und Brian Eno wird die Rock- und Popmusikgeschichte dabei ohne jegliche Form der Quellenkritik zugunsten der ‚großen weißen Männer' verzerrt. In Cunninghams Abhandlung aus Sicht der Starproduzenten mit ihren Hitsingles oder -alben erscheint ein Quincy Jones (der u. a. Alben von Ray Charles, Frank Sinatra und Michael Jackson produ-

---

[5] Ein Standardwerk zu Musikelektronik im Kontext einer neuen Klangavantgarde der ernsten Musik ist u. a.: Ruschkowski 2010.

zierte) auf über 400 Seiten z. B. nur als Randnotiz (Cunningham 1998, S. 77). An diesen historisierten Zerrbildern schließen auch die zahlreichen „Oral History"-Bände an, die sich regelrecht an ihren teils eigenen Pop- und Studiomythen abarbeiten (Buskin 1999; Ramone 2007; Massey 2000; Savona 2005; Milner 2009).

Anderseits bemüht man sich auch durchaus um differenziertere Geschichtsdarstellungen der Musikproduktion und Tonstudiokultur, wie dies etwa Richard James Burgess (2014) getan hat. Burgess schöpft aus seinem eigenen Erfahrungshorizont als Musiker und Produzent und versteht die Entwicklung der Studiomusik nicht als lineare Technikgeschichte, die von einem technisch niedrigen zu einem immer höheren Qualitätsstandard verläuft. Aufnahmetechnologien und Musikproduktionen gehen laut Burgess zwar symbiotische Beziehungen ein, sind aber in keinem Fall gleichbedeutend (ebd., S. 1). Seine Arbeit baut auf der vollständig überarbeiteten vierten Auflage des Buchs The art of music production (Burgess 1997) auf, das wohl eher als Orientierungshilfe für Berufseinsteiger ins Feld der Studioproduktion gedacht war. Bereits hier nimmt Burgess jedoch eine erste und wichtige Kategorisierung verschiedener Produzententypen vor (Burgess 1997 [^{4}2013], S. 7ff.) die das magische „Schattenreich" (Bielefeldt 2015, S. 20) an unterschiedlichen Tätigkeitsfeldern und Selbstdefinitionen der Musikproduzenten in ein kulturelles Ordnungssystem überführt. Später noch lässt der Musikwissenschaftler Christian Bielefeldt die von Burgess geleistete Vorarbeit unkommentiert und sieht sich mit den Schwierigkeiten einer solchen allgemeinen Klassifikation konfrontiert, wenn er spezifische Konzepte der Klangproduktion in der populären Musik untersucht (ebd.). Bielefeldt wiederum aber deutet mit den Starproduzenten der 2000er Jahre (z. B. Timberland, Pharrell Williams, Dr. Dre) die Popmusikgeschichte als einen Siegeszug der Musikproduzenten und verlängert damit quasi die historische Zeitachse einer „[Zeit-]Reise in den Sound" (Smudits 2003) bis in die 2010er Jahre hinein, die der Musiksoziologe Alfred Smudits bereits zwölf Jahre zuvor ‚begonnen' hat. Auch in diesem vor allem im deutschsprachigen Raum vielrezipierten Aufsatz werden Figuren des Produzenten bereits typologisiert. Hier erscheinen Brian Wilson etwa als ein Musiker, der im Bandkontext die studiotechnische Betreuungsfunktion des Produzenten übernimmt („der Musiker als Produzent"; ebd., S. 74), oder George Martin, quasi reziprok, als ein technisch-musikalischer Berater, der damit zum Musiker respektive zum ‚fünften Beatle' wird („der Produzent als Musiker"; ebd., S. 76). Über die reine Analyse von „Herr und Knecht"-Beziehungen hinaus besitzen aber vor allem die in dem Text behandelten Aspekte zur Raumklangästhetik für die vorliegende Untersuchung eine besondere Relevanz. Smudits schildert die Geschichte der Schallreproduktion unter Bezugnahme auf die medial produzierten Räume als eine Musikgeschichte vom Anspruch nach klangtreuen Abbildern, hin zu collagenartigen Gestaltungen „virtueller Räume" (ebd., S. 92) – mit diesen medialen Klangkonzepten beschäftigte sich u. a. auch Peter Wicke in einem späteren Aufsatz (Wicke 2010). Die akustische Raumerfahrung wird hier als eine Transformation von realen Raumrekonstruktionen über digital simulierte bis hin zu Mikroräumen verstanden, dies sich durch die Schichtung von Samples überlagern. Das Digitale wird damit nicht nur um das Potential der Multidimensionalität aufgeladen, sondern es wird die kulturelle Semantik von Räumlichkeit als gestaltbares Element in der Soundproduktion generell erst mitreflektiert. Überhaupt eröffnet eine solche Perspektive auf die soundästhetischen Gestaltungsebenen von Musik die Möglichkeit, die Produzenten als „composers in sound" (Burgess 2014, S. 1) und damit die Studioarbeit als eigenständige Kunstform zu verstehen (Burkowitz 1977; Frith und Zagorski-Thomas 2016; Hodgson 2019; Zagorski-Thomas u. a. 2020). Diesem Verständnis widmet sich eine Reihe von Publikationen, von denen der Essay „From Craft to Art: The Case of the Sound Mixer and Popular Music" von Edward R. Kealy (1979) wohl zu einem der Ersteren gehört. Der Kunstsoziologe spürte darin einem neuen Rollenverständnis in der Musikproduktion ab den 1960er Jahren nach. Anhand der Figur des „sound-mixers" beschreibt Kealy den Übergang vom technischen Handwerk eines Ingenieurs hin zu eher künstlerischen Konzeptionen im Tonmischverfahren. Diese kulturhistorische Transformation erfolgt dabei im Zuge von

> [...] (1) technological developments internal and external to recording as a media industry, (2) a related historical decline of corporate and union control of the organization of studio work [...] and (3) the formation of a new, youthful, and relatively autonomous network of collaborators around rock music. (Ebd., S. 25)

Anschließend an Kealy untersuchte Paul Théberge, in seinem wohl im Bereich der Sound Studies mittlerweile kanonisierten Werk von Literatur zur Musikproduktion, die neuartigen Beziehungen zwischen Musikern und den technologischen Entwicklungen der Audioindustrie. Théberge stellt ein sich herausbildendes Abhängigkeitsverhältnis zwischen den Herstellern von (elektronischen und digitalen) Musikinstrumenten sowie deren Nutzern fest, so dass Musikproduktion immer auch den Konsum von technologischen Waren voraussetzt (Théberge 1997). Als Indikator dienen ihm dabei u. a. die Marketingstrategien der Hersteller und deren Unterstützung durch die kommerziellen, an Musikern orientierten Magazine (ebd., S. 128ff.). In diesem Zusammenhang erweist sich vor allem das Verhältnis zwischen MIDI – einer digitalen Schnittstelle zur Kommunikation zwischen Musikmaschinen – und dem Konzept des *Home Studios* als aufschlussreich. Durch die Einführung eines solchen standardisierten Maschinencodes in die Musikindustrie konnte laut Théberge gezielt ein Amateurmarkt angesprochen werden, wobei sich das Studiosetting wesentlich in den privaten Raum verlagert hat (ebd., S. 253).

Einen detaillierten Einblick in die medientechnische Praxis kreativer Studioproduktionen liefert hingegen das Buch von Albin J. Zak III. in *The Poetics of Rock* (2003) fragt der Musikwissenschaftler nach den spezifischen Repräsentationsformen von musikalischen Aufzeichnungen. Ob nun als „Dokumente", „Momentaufnahmen", „Kunstwerke", „Fetische", „Waren" oder „Zweckmäßigkeiten" (ebd., S. xvii): Die von Zak untersuchten Produktionen ermöglichen ein Verständnis sämtlicher Aspekte von dem, was er die „practice and language of record making" (ebd., S. xiv) nennt. Dabei wird das Tonstudio auch als Ort untersucht, „[b]ecause the acoustical properties and behavior exhibited by architectural spaces and construction materials have various coloring effects on sound, their effects are among the first things that recordists must consider" (ebd., S. 99). Der Raumklang steht laut Zak demnach nicht nur in einem unmittelbaren Wechselverhältnis zum medientechnischen Sound, sondern bedingt ihn gleichzeitig dadurch, dass er den Produzenten einen gewissen Handlungsrahmen vorgibt oder auch bestimmte medientechnische Entscheidungen vorwegnimmt.[6] Je nach raumakustischer Beschaffenheit kommen so verschiedene Mikrophone und deren unterschiedliche Positionierungen oder andere Studiotechnik zum Einsatz (Zak III. 2003, S. 100). Aber die Studie geht auch über die Frage nach den Relationen von Sound und Raumklang hinaus. Mit der Betrachtung von „non studio location[s]" (ebd., S. 105), wie im Falle einer Produktion der Red Hot Chili Peppers in einer alten Villa außerhalb von Los Angeles, werden auch die Raumatmosphäre und ihre stimulierenden und kreativitätssteigernden Effekte untersucht. Damit wird ein weiterer Aspekt einer Raumtypologie des Tonstudios formuliert, die mit der vorliegenden Studie systematisch dargestellt und analysiert werden soll.

Eine wiederum dezidiert kulturgeschichtliche Einordnung der „Kunst der Studioaufnahme" leistete die Historikerin Susan Schmidt-Horning im Jahr 2013 (Schmidt-Horning 2013). Hier wird der Schwerpunkt u. a. auf die historischen Beziehungen zwischen Live- und Studiomusik sowie auf das Verhältnis zwischen „natural sound" (ebd., S. 244) und der Raumästhetik gelegt.[7] Dabei hebt sie vor allem

---

[6] Für Forschungsarbeiten zur kulturellen Bedeutung der Raumakustik des Tonstudios siehe auch Thompson 1997; dies. 2002; Volmar 2010; Bates 2012.

[7] Der Klangkünstler Virgil Moorefield beschreibt in seiner Publikation ähnliche Wege, ohne hierzu allerdings auf die einschlägige Literatur hinzuweisen. Auch seine Entwicklungsgeschichte der Musikproduktion folgt den technologischen Zäsuren und den daraus resultierenden Folgen für die Soundästhetik und die Rolle des Produzenten: „I make the case for three developments in production and claim that they are all driven by an underlaying mechanism. One: recording has gone from being primarily a technical to an artistic matter. Two: recording's metaphor has shifted from one of the ‚illusion of reality' (mimetic space) to the ‚reality of illusion' (a virtual world in which everything is possible). Three: the contemporary producer is an *auteur*. The underlying mechanism is technological development, encompassing both invention and dissemination due to economies of scale" (Moorefield 2010, S. xiiv).

hervor, dass das Raum- und Klangkonzept der High Fidelity kein unmittelbar soundästhetisches Äquivalent zu Konzerterfahrungen, sondern eine gänzlich eigene Gestaltungsweise und Hörerfahrung darstellt (Schmidt-Horning 2013, S. 244f.). Ähnlich wie bei Théberge und Zak kommen in Schmidt-Hornings Arbeit dabei auch raumsoziologische Aspekte zum Tragen, wenn sie z. B. den Einfluss der Inneneinrichtung von Tonstudios auf die Produktionsprozesse bezieht. Tonstudios werden nach Schmidt-Horning nämlich auch durch ein extravagantes Raumdesign vermarktet, wobei „privacy, comfort, and a creative environment" (ebd., S. 209) als wichtige Verkaufsargumente in Erscheinung treten.

Um die Differenz von Studioproduktionen und Liveperformances geht es auch bei Simon Zagorski-Thomas, jedoch mit einem besonderen Akzent auf die unterschiedlichen Rezeptionsbedingungen von Musik sowie auf die soziale Konstruktion von technischen Systemen im Sinne der Akteur-Netzwerk-Theorie (Zagorski-Thomas 2014). Die Musikproduktion geht aus diesem Text als eine heterogene und komplexe Praxis hervor, die eine Untersuchung aus verschiedenen Blickwinkeln erfordert bzw. nach acht typologischen Kategorien erfolgt: „sonic cartoons," „staging", „the development of audio technology", „using technology", „training", „communication and practice", „performance in the studio", „aesthetics and consumer influence" und „the business of record production". Erkenntnisreich ist die von Zagorski-Thomas vorgelegte Monographie aber gerade deshalb, weil sie auch die unterschiedlichen Machtverhältnisse innerhalb und zwischen den kategorisch differenzierten Bereichen thematisiert. Dabei werden Rollenkonflikte und hierarchische Beziehungen im Tonstudio nicht nur auf eine rein kapitalistische Dominanz eines Akteurs heruntergebrochen, sondern auch eine maschinelle Handlungsmacht mit einbezogen (ebd., S. 195ff.). Aus diesem Grund besteht im Produktionsprozess auch ein vielschichtiger Konnex zwischen (soundästhetischer) „Intention und [dem] Resultat" (ebd., S. 196), weil sozusagen der ‚Eigenwille der Maschine' ein nicht zu vernachlässigender Faktor in Bezug auf die Entscheidungsgewalt darstellt. Darüber hinaus werden ästhetische Entscheidungen auch nicht immer von den Produktionsverantwortlichen getroffen, sondern eben auch vom technischen Personal oder anderen (ebd., S. 197).

Anhand der von Zagorski-Thomas hier rudimentär erschlossenen Autoritätsbeziehungen zeigt sich, dass eine Machtanalyse, die vielleicht auch die spezifische Raumordnung des Tonstudios mit einbezieht, einen großen Mehrwert für ein umfassenderes Verständnis der sozialen Prozesse in Musikproduktionen bieten kann. Einen solchen Ansatz, der dezidiert nach machttheoretischen Implikationen in der Tonstudioarchitektur fragt, hat bereits Alan Williams (2007) entwickelt. Williams beschrieb hierbei u. a. die machtsoziologischen Effekte, die von der räumlichen Isolation und dem technischen Kommunikationssystem im Studio ausgehen. In Anlehnung an Foucault erkennt er in diesem Zusammenhang „panoptische" Elemente, wobei der Studioapparat dabei offensichtlich eine Disziplinarfunktion erfüllt. Die Architektur von Kontroll- und Aufnahmeraum stützt demnach sowohl ein Hierarchiegefälle, als es in der Repräsentation durch den Apparat wiederum gleichzeitig seine Wirkungsmacht entfalten kann. Williams zeichnet in einem einschlägigen Aufsatz, der wesentlich auf seine Arbeit *Phantom Power* (Williams 2006) zurückgeht, eine Produktionskultur entlang spezifischer Konfliktlinien. Die vorliegende Analyse zu Studioarchitekturen möchte diese theoretischen Vorarbeiten aufgreifen und erweitern. So soll aber nicht nur nach der ‚Autorität des Raumes', sondern auch nach signifikanten ‚Gegenräumen' und möglichen Fluchtwegen aus einer (Studio-)Architektur der Macht gefragt werden.

Neuere Publikationen widmen sich auch der Frauenrolle und den gendertheoretischen Aspekten in der Musikproduktion (Reddington 2021) oder etwa einer Geschichte des Urheberrechts bei Tonaufnahmen (Osborne 2022) sowie der Musealisierung von Studioapparaten und deren zunehmende Funktion als Ausstellungsobjekt.[8] Andere Fallstudien betrachten hingegen das Tonstudio aus raumsoziologischer Sicht, wobei hier vor allem der Einfluss von Technik und Raum auf den Produktionsprozesses berücksichtigt wird (Watson 2015; Waller 2016; Waldecker 2022; van Keeken 2021). Hervorzuheben sind in diesem Kontext vor allem zwei aktuelle Publikationen aus dem deutschsprachigen Raum:

Zunächst ist dies die Arbeit von Karin Martensen, die das Tonstudio gemäß ihrem Buchtitel „als diskursiven Raum" (2022) versteht. Innerhalb ihres Beobachtungsfeldes liegen Produktionspraktiken im Rahmen klassischer Musik, wobei mit Methoden der empirischen Sozialforschung die „Interaktion zwischen Musikern und Technikern" (ebd., S. 12) während der Tonaufnahmen untersucht wird. Aus diesem Material rekonstruiert Martensen sehr detailliert die „Klangbildgestaltung" (ebd., S. 13) von Musikproduktionen der E-Musik, die in Abgrenzung zu popkulturellen Genres einer ganz eigenen (klangästhetischen) Logik folgen. Denn bei der klassischen Studioaufnahme gilt wohl die Vorstellung von ‚Natürlichkeit' im Sinne der High Fidelity immer noch als ein angestrebtes Klangideal. Für den Diskursraum des Tonstudios blickt Martensen deshalb sehr genau auf unterschiedliche Mikrophonierungsstrategien (ebd., S. 151ff.) sowie auf den Einfluss des fachlichen Wissens, das in den jeweiligen (technischen) Ausbildungsberufen vermittelt wird (ebd., S. 269ff.). Aus diesen teils akademisierten Berufsfeldern ergeben sich in der Praxis dann Hierarchieebenen und demnach unterschiedliche Machtbeziehungen, die die Musikwissenschaftlerin ebenfalls in ihre Analyse einbezieht (ebd., S. 125ff.).

---

8 Vgl. Herbst 2021. In diesem Zusammenhang sei auch auf die Ausstellung „Electro. Von Kraftwerk bis Techno" im Kunstpalast Düsseldorf vom 09.12.2021 bis 15.05.2022 hingewiesen.

Eine andere Arbeit, und zwar diejenige von David Waldecker, beschreitet methodologisch ähnliche Wege und stützt sich ebenfalls auf empirisch erhobenes Datenmaterial aus den eigenen Beobachtungen. Waldecker begreift in seiner ethnologischen Studie das Musikaufnehmen als „Handlungsproblem [...], das die Musizierenden, die Ingenieure und Produzentinnen gemeinsam und arbeitsteilig – in Bezug auf und in Transformation der räumlichen und technischen Gegebenheiten sowie des musikalischen Materials – bearbeiten müssen" (Waldecker 2022, S. 14). Dafür begleitete Waldecker über einen längeren Zeitraum ein professionelles Jazz-Ensemble sowie eine Hardcore-Punk-Band aus dem Amateurbereich bei Proben und der Studioproduktion. Beide Gruppierungen stellen aufgrund genrespezifischer Konventionen oder des Status des jeweiligen Professionalisierungsgrads ganz unterschiedliche Ansprüche an die eigene Musikproduktion. Vergleichbar bilden sie gewissermaßen eine größtmögliche Differenz bei gleichzeitigem Minimalkonsens. Ihre musikalische Praxis stützt sich zwar auf eher traditionelle Musikinstrumente, folgt aber klangästhetisch und ideell ganz anderen Konzepten. Die dabei erhobenen Daten bilden das empirische Fundament seiner Arbeit, so dass deren Auswertungen und Analysen es schließlich erlauben, „die spezifischen Gebrauchs- und Herstellungsweisen von Raum und Technik zu dem zu setzen, was entsprechend vor Ort als Musik bezeichnet wird" (ebd., S. 157). Das technische Potential innerhalb der musikalischen Praxis diskutiert Waldecker mit Bezug auf Adorno und sieht etwa in den ästhetischen Entscheidungen des Mixing-Verfahrens sowie im Umgang mit der Audiotechnologie die Schemata der Kulturindustrie am Werk. Als Beispiele dienen ihm hierfür z. B. die vorher eingestellten Parameter der digitalen Aufzeichnungs- und Bearbeitungsprogramme (Presets), die wiederum (und im Anschluss an Paul Théberge) vor allem im Amateurbereich als Technologien konsumiert werden, wodurch sich ihre Nutzer den industriellen Produkten quasi soundästhetisch unterwerfen (ebd., S. 295). Dieser Gedanke wird auch für die vorliegende Arbeit von Bedeutung sein, wobei die Software-Plug-ins und ihre Presets hier eher als Repräsentationen eines (Sound-)Fetischismus untersucht werden sollen.

Einen weiteren entscheidenden Anknüpfungspunkt bieten Waldeckers Forschungsergebnisse dahingehend, dass er diese auch auf die unterschiedlichen Raumkonzepte des Tonstudios bezieht. Dabei kommt das Heimstudio als privatisierter Raum ebenso zur Sprache, wie auch strukturelle Elemente des naturwissenschaftlichen Laboratoriums besprochen werden.

Im Rahmen der vorliegenden Studie zu Raum- und Klangordnungen der Tonstudiokultur sollen darüber hinaus vor allem die Beziehungen zwischen Raum- und Produktionsästhetiken in einen oft vernachlässigten Bedeutungszusammenhang gestellt werden. Hierfür werden gleichzeitig verschiedene Raumtypen des Tonstudios zu identifizieren und zu differenzieren sowie nach deren strukturellen Einflüssen auf die Soundproduktion zu fragen sein. Interdisziplinär soll sich daher erstens an eine Medientheorie des Tonstudios gewagt werden. Zweitens sollen auch Positionen aus der Raum- und Architektursoziologie herangezogen werden, um daran über Machtbeziehungen zu reflektieren. Dass verschiedene Raumkonzepte und Architekturen des Tonstudios, wie etwa das Labor, die Fabrik, die Kirche oder die Waldhütte, spezifische Semantiken erzeugen, bildet hierbei ein Desiderat, welches es im Folgenden zu bearbeiten gilt. Spricht man aus einer medien- und kulturwissenschaftlichen Perspektive dabei nun jedoch von Räumen, innerhalb derer technische Medien Wahrnehmungsprozesse steuern, muss man sich zunächst auch mit dem Begriff des Dispositivs bzw. des Mediendispositivs auseinandersetzen.

2 Macht | Medien | Dispositive

Theoretische und methodologische Systematik

Für die kulturwissenschaftlich orientierte Medienwissenschaft scheinen wesentlich zwei Grundkonzepte einem Denken über strukturelle Ordnungen von Dispositiven den Anstoß gegeben zu haben. Zum einen war das die eher machttheoretisch ausgerichtete Dispositivanalyse nach Michel Foucault, ausgehend von einer Theorie des modernen Subjekts am Beispiel einer panoptischen Disziplinargesellschaft. Zum anderen sind hier die Arbeiten Jean-Louis Baudrys zur technisch-räumlichen Anordnung des Kinosaals und den daraus folgenden medialen Effekten zu nennen, die vor allem als *Apparatus*-Theorie diskutiert wird. Die uneinheitliche Verwendung des Dispositivbegriffs, auch innerhalb diverser anderer Disziplinen, geht neben dieser Zweigleisigkeit und seiner semantischen Offenheit auch auf frühe Textübersetzungen als Apparat zurück. Die Phänomene, die mit Dispositiven untersucht werden, erscheinen als mindestens genauso heterogen wie die Elemente der Dispositive selbst. Dabei hebt die Erforschung solcher ineinander verschalteter Konstruktionen oft auf die Identifizierung von gesellschaftlich determinierenden Superstrukturen ab. Mediale Praktiken und Technologien spielen in diesen Systemen stets eine konstitutive Rolle. So wird etwa trotz einer weniger auf Medien und Medialitäten gestützten Begriffsverwendung bei Foucault aktuell auch wieder das panoptische Machtdispositiv durch die zunehmende Digitalisierung und Big Data vor dem Hintergrund der neueren Abhör- und Überwachungsdebatten quasi revitalisiert und medientheoretisch erweitert. Im Bereich der Kinotheorien hingegen sorgte die Perspektivierung auf Mensch-Maschine-Relationen unter dem Vorzeichen strukturalistischer Ansätze der Linguistik und Psychoanalyse eine Erneuerung der bis dahin eher auf Methoden der Literaturwissenschaft beruhenden Analyseverfahren. Mit der Amalgamierung zum Begriff des Mediendispositivs wurden dann mit mehr oder weniger konzentrierten Einstreuungen machtanalytischer Aspekte einige teils auch produktive Versuche unternommen, eine Anschlussfähigkeit zwischen Medientheorie, Dispositivkonzeption und *apparatus*-Theorie herzustellen. Die nachstehenden Ausführungen skizzieren diesen Diskursrahmen in seinen Grundzügen, um ihn vor allem mit Blick auf akustische Mediendispositive, wie das Tonstudio, als Analysemethode herauszuarbeiten.

2.1 Wissen ist Verfügungsmacht

Der aus dem Französischen stammende Begriff *dispositif* lässt sich für die Foucault'sche Konzeption wesentlich in zwei Bedeutungsperspektiven unterscheiden: zum einen technisch und umgangssprachlich als die „Art und Weise, wie die Bauteile bzw. Organe eines Apparates angeordnet [disposés] sind; dann der Mechanismus selbst" (Link 2014, S. 238); zum anderen militärstrategisch als „[e]in Ensemble von Einsatzmitteln, die entsprechend einem Plan aufgestellt [disposés] werden" (ebd.). Das Dispositiv steht in Foucaults Denken nahezu idealtypisch für die Weiterentwicklung seiner diskursanalytischen Archäologie hin zur genealogischen Werkphase. Hierbei verschränkt er bekanntermaßen die innerhalb eines Diskurses strukturierenden Parameter mit externen, nicht-diskursiven Praktiken zu einem übergeordneten Komplex einer Macht-Wissen-Relation.[9] Im Anschluss an die von ihm daraufhin untersuchten Körperpraktiken der Strafregime und Disziplinarmilieus seit Mitte des 19. Jahrhunderts (vgl. Foucault 2016) formulierte er in „Sexualität und Wahrheit" (1976) seine Begriffsdefinition erstmals näher aus:

> Das was ich unter diesem Titel [Dispositiv] festzumachen versuche ist erstens ein entschieden heterogenes Ensemble, das Diskurse, Institutionen, architekturale Einrichtungen, reglementierende Entscheidungen, Gesetze, administrative Maßnahmen, wissenschaftliche Aussagen, philosophische, moralische und philanthropische Lehrsätze, kurz: Gesagtes ebensowohl wie Ungesagtes umfaßt. Soweit die Elemente des Dispositivs. Das Dispositiv selbst ist das Netz, das zwischen diesen Elementen geknüpft werden kann. (Foucault 1978)

Das Dispositiv bezeichnet demnach so etwas wie ein sich dynamisch organisierendes Geflecht, zwischen dessen unterschiedlichsten Elementen und Verknüpfungspunkten Subjektivierungsprozesse ausgelöst sowie Machtstrukturen stabilisiert oder auch neu verhandelt werden. Das Subjekt konstituiert sich hierbei nur schein-autonom, weil es innerhalb unterschiedlicher Dispositive Machttechniken internalisiert, um sie dann gegebenenfalls auch auf sich selbst zu richten. Somit vollzieht sich mit dem Dispositiv nach Foucault nicht nur eine Neubestimmung der Subjektposition, sondern auch eine des Machtbegriffs.

---

9 In der Semantik des lateinischen *dispositio* wird gewissermaßen noch die diskursanalytische Periode Foucaults markiert. *Dispositio* ist innerhalb der klassischen Rhetorik der Entwicklungsschritt einer Rede, bei dem Argumente und Inhalte in ihrer Struktur vorbereitend geordnet werden, „wobei der Anordnung wesentliche Bedeutung für das Gelingen der diskursiven Argumentation zukommt" (Paech 1997, S. 409). Die Gliederung der Argumentationsstruktur folgt hierbei also wesentlich einem strategischen Interesse, und zwar dem der Überredung. Es ist, wenn man so möchte, eben die Konzeption der Wissensordnung, die eine diskursive Praktik als ‚Machtdemonstration' vorbereitet.

Obwohl Foucault in seiner letzten Schaffensphase ausdrücklich betont, dass es ihm nicht darum ginge, „Machtphänomene zu analysieren oder die Grundlage für solch eine Analyse zu schaffen" (Foucault 2005, S. 269),[10] sieht er sich dennoch unweigerlich mit hochkomplexen Machtbeziehungen konfrontiert (vgl. ebd., S. 270), möchte er „eine Geschichte der verschiedenen Formen der Subjektivierung des Menschen in unserer Kultur" (vgl. ebd., S. 269) in den Blick nehmen. Dabei geht es ihm auch weniger um eine Analyse repressiver Macht politisch-gelenkter Herrschaft, die offensichtlich gewaltsam auf Individuen der Gesellschaft einwirkt, als vielmehr um eine „Mikrophysik der Macht" (Foucault 2016, S. 38), um die Kräfteverhältnisse innerhalb kleinteiliger Bereiche menschlicher Grunderfahrungen (Sexualität, Krankheit, Verbrechen usw.), die sich im Zuge des Rationalismus konstituierten:

> Die Mikrophysik der Macht ist omnipräsent, sie äußert sich in vielen unscheinbaren, aber hoch wirksamen Disziplinartechniken der Institutionen, in denen wir uns bewegen: Familie, Kindergarten, Schule, Clique, Verein, Arbeitsgruppe, Partei etc., überall wirken mehr oder minder feine Disziplinierungsmechanismen auf Körperhaltung, Gestik, Mimik, Tonfall, Bewegung ein, um auf diese Weise die gesellschaftliche Funktion und das gesellschaftliche Überleben dieser Institution sicherzustellen. (Gugutzer, 2013, S. 64)

Das Wirkungsfeld unterschiedlicher Machtpraktiken, etwa der Disziplinarmaßnahmen und Normierungsfunktionen, ist hierbei also in erster Linie der menschliche Körper.[11] In unterschiedlichen Einschließungsmilieus (Kasernen, Kranken-

---

[10] An anderer Stelle heißt es auch: „Die Analyse der Machtmechanismen ist keine allgemeine Theorie dessen, was Macht ist. Vielmehr geht es darum zu wissen, wo, zwischen wem und wem, auf welche Weise und zu welchem Zweck sie ablaufen. Man könnte das als Beginn einer Theorie der Macht bezeichnen (wobei die Macht keine Substanz oder ein flüssiger Stoff wäre, sondern ein Zusammenspiel von Mechanismen mit der Aufgabe der Machterhaltung)." (Foucault 1993, S. 1).
[11] Mit dem Übergang ins 19. Jahrhundert vollzog sich laut Foucault auch eine Humanisierung und Rationalisierung der Strafjustiz, die sich weniger auf den Körper der Delinquenten richtete, als vielmehr durch Selbstdisziplinierungen direkt auf die Seele zielte. Öffentliche Marter und Folterpraktiken wurden von Gefängnisanstalten abgelöst, die Straftätern eine vollständige Resozialisierung ermöglichen sollten. Diese Individualisierungsprozesse und Milderungen innerhalb des Strafsystems verleiten Foucault zu der Annahme, dass sich Machtverhältnisse, die den Körper bisher in Beschlag genommen haben, dabei nicht vollständig aufgelöst, sondern eher verschoben haben. „Die Seele tritt auf die Bühne der Justiz, und damit wird ein ganzer Komplex ‚wissenschaftlichen' Wissens in die Gerichtspraxis einbezogen. Zu untersuchen ist, ob dies nicht dadurch bewirkt wird, daß sich die Art und Weise, in welcher der Körper von den Machtverhältnissen besetzt wird, transformiert hat. Es soll also der Versuch unternommen werden, die Metamorphose der Strafmethoden von einer politischen Technologie des Körpers her zu untersuchen, aus der sich vielleicht eine gemeinsame Geschichte der Machtverhältnisse und der Erkenntnisbeziehungen ablesen läßt. So könnte aus der Analyse der Strafmilde verständlich werden, wie der Mensch, die

häuser, Schulen oder Gefängnisse) hebt Foucault bestimmte Machttechniken hervor, die eben nicht nur als destruktiv aufgefasst werden, sondern äußerst produktive Faktoren für Subjektivierungsprozesse darstellen können:

> Man muß aufhören, die Wirkungen der Macht immer negativ zu beschreiben, als ob sie nur „ausschließen", „unterdrücken", „verdrängen", „zensieren", „abstrahieren", „maskieren", „verschleiern" würde. In Wirklichkeit ist Macht produktiv; und sie produziert Wirkliches. Sie produziert Gegenstandsbereiche und Wahrheitsrituale: das Individuum und seine Erkenntnis sind Ergebnisse dieser Produktion. (Foucault 2016, S. 250)

Macht ist nach Foucault „keine bloße Beziehung zwischen individuellen und kollektiven „Partnern", sondern eine Form handelnder Einwirkung auf andere" (Foucault 2016, S. 285), wobei „die einen das mögliche Handlungsfeld der anderen strukturieren" (Foucault 2016, S. 288). Macht vollzieht sich demnach dezentralisiert in konkreten Tätigkeiten zwischen Individuen, wodurch hierbei gleichzeitig keine Definition von Macht angestrebt wird, sondern lediglich nach Praktiken und Strategien machtvollen Handelns gefragt werden soll. Es geht also nicht um eine zentrale Machtinstanz einer Souveränität, wie eine Regierung oder ein Gericht. Macht agiert vielmehr anonym und wird weniger offensichtlich als solche ausgeübt oder sogar auch wahrgenommen. Sie bestimmt mehr oder weniger unbemerkt den individuellen Handlungsraum,[12] sie reguliert und reglementiert soziales Verhalten und bestimmt die subjektiven Lebenswelten einer Gesellschaft insofern, als dass bestimmte Machtstrategien etwa als Selbstdisziplinierungsmaßnahmen inkorporiert werden.

Das Dispositiv bildet in diesem Zusammenhang nun ein Tableau, von dem aus machtpolitisches Handeln erst ermöglicht wird. Innerhalb eines historischen Zeitraums bezeichnet es eine in sich abgeschlossene „Verfügungsmacht" (Link 2014, S. 238) und hält bestimmte Handlungsoptionen bereit. Es ist eine Art „Formation, deren Hauptfunktion zu einem historisch gegebenen Zeitpunkt darin bestanden hat, auf einen Notstand zu antworten. Das Dispositiv hat also eine vorwiegend strategische Funktion" (Foucault 1978, S. 120). In Phasen gesellschaftlicher Umbrüche und damit einhergehender Machtverluste oder -verschiebungen bezeichnet das

---

Seele, das normale oder anormale Individuum zu weiteren Zielen der Strafintervention neben dem Verbrechen geworden sind: und wie eine spezifische Unterwerfungsmethode zur Geburt des Menschen als Wissensgegenstand für einen ‚wissenschaftlichen' Diskurs führen konnte (Foucault 2016, S. 34f.).

12 Nach Judith Butler konstituiert sich das autonome Subjekt somit durch unbewusst ausgeübte Unterwerfung. „Wenn der Autonomieeffekt durch Unterordnung bedingt ist und diese Gründungsunterordnung oder Abhängigkeit rigoros verdrängt wird, dann entsteht das Subjekt zusammen mit dem Unbewußten." (Butler 2015, S. 12).

Dispositiv das Netzwerk aller Mechanismen, um auf eine Dringlichkeit, einen gesellschaftlichen Handlungsbedarf zu reagieren und so Machtformen neu zu stabilisieren. Dabei steht Macht in einem unmittelbaren wechselseitigen Verhältnis mit Wissen und der Produktion von Wissensfeldern. „Eben das ist das Dispositiv: Strategien von Kräfteverhältnissen, die Typen von Wissen stützen und von diesen gestützt werden." (Ebd., S. 123)

In diesem Zusammenhang gilt die architektonische Konstruktion des Gefängnisses von Jeremy Bentham als symbolisches Machtmodell. Das Panopticon, als Teilelement eines Sichtbarkeit-Dispositivs, dient Foucault als eine Repräsentationsform der Disziplinarmacht. Die im Zuge der Aufklärung sich transformierende Gestalt der Strafjustiz erscheint als paradigmatischer Gegenstand einer Disziplinargesellschaft, die sich im panoptischen Gefängnis (quasi-)materialisiert oder, besser gesagt, als Disziplinartechnologie und dezidierter Machtplan vorstellbar wird.[13] Auch in der historischen Entwicklung der Strafsysteme vollzieht sich eine Rationalisierung und löst Marter- sowie Kerkersysteme ab. Die abschreckende Funktion öffentlicher Foltermethoden sowie das entindividualisierende Signum dunkler Kerker werden unter dem Vorzeichen humanistischer Strafreformen einer Kodifizierung der Gewalttaten unterzogen. Das Gefängnis wird ein Ort der Überwachung durch panoptische Sichtbarkeit, die Gefangenen, nun als produktive Arbeiterkräfte, wurden verurteilt vor dem aufklärerischen Impetus eines Vernunftbewusstseins: „Die ‚Aufklärung', welche die Freiheiten entdeckt hat, hat auch die Disziplin erfunden." (Ebd., S. 285)

Die Funktion der Gefängnisarchitektur entspricht nun einer machtstrategischen Struktur des panoptischen Dispositivs: Um einen Wachturm sind separierte Zellen in mehreren Rängen angesiedelt, so dass der Wärter in jede Zelle und jeder Gefangene den Aufsichtsturm sehen kann. Der Blick in den Turm ist versperrt, so dass die Gefangenen nie wissen, wann sie tatsächlich überwacht werden. Was hieraus folgt, bildet nach Foucault strukturell die Schablone der modernen Disziplinargesellschaft:

> Daraus ergibt sich die Hauptwirkung des Panopticon: die Schaffung eines bewußten und permanenten Sichtbarkeitszustandes beim Gefangenen, der das automatische Funktionieren der Macht sicherstellt. Die Wirkung der Überwachung „ist permanent, auch wenn ihre Durchführung sporadisch ist"; die Perfektion der Macht vermag ihre tatsächliche Ausübung

---

[13] Das Modell wurde als konkreter Gefängnisbau nie verwirklicht. Foucault spricht daher von einem „Diagramm eines auf seine ideale Form reduzierten Machtmechanismus; sein Funktionieren, das von jedem Hemmnis, von jedem Widerstand und jeder Reibung abstrahiert, kann zwar als ein rein architektonisches und optisches System vorgestellt werden: tatsächlich ist es eine Gestalt politischer Technologie, die man von ihrer spezifischen Verwendung ablösen kann und muß" (Foucault 2016, S. 264).

überflüssig zu machen; der architektonische Apparat ist eine Maschine, die ein Machtverhältnis schaffen und aufrechterhalten kann, welches vom Machtausübenden unabhängig ist; [...] Derjenige, welcher der Sichtbarkeit unterworfen ist und dies weiß, übernimmt die Zwangsmittel der Macht und spielt sie gegen sich selber aus; er internalisiert das Machtverhältnis, in welchem er gleichzeitig beide Rollen spielt; er wird zum Prinzip seiner eigenen Unterwerfung. (Ebd., S. 258ff.)

Das Ordnungsprinzip des panoptischen Dispositivs, das ständige Sichtbar-Sein durch Kontroll- und Überwachungsmaßnahmen sowie die damit verbundene Selbstdisziplinierung legt Foucault als gesamtgesellschaftliche Metapher moderner Überwachungsformen aus. Schulen, Spitäler, Kasernen oder Fabriken unterliegen grundlegend der gleichen Systematik von Macht- und Disziplinarstrategien. All diese Institutionen sind durch das Dispositiv der omnipräsenten Sichtbarkeit miteinander verwoben und stellen in vielfacher Hinsicht ihr Funktionieren durch entsprechend normierende Machttechniken (etwa durch Parzellierung, Klassifizierung, Prüfung oder Rangordnungen) sicher (ebd., S. 181ff.). Der moderne Mensch konstituiert sich demnach als ein durch Selbst- und Fremddisziplinierung unterworfenes Subjekt. Inwiefern in den Maschen der Dispositive dennoch Widerständigkeit, Subversion oder revolutionär umstürzendes Potential möglich wird, bleibt in Bezug auf Foucaults Gesamtwerk ein zentraler Kritikpunkt:

Die Macht ist ein unumkehrbares Organisationsprinzip; sie fabriziert Reales, immer mehr Reales – Eingrenzung, Benennung, bedingungslose Unterordnung –, ohne daß sie jemals zusammenbräche, ohne daß ihr Getriebe ins Knirschen geraten oder vom Tode bedroht sein würde. (Baudrillard 1983, S. 49)

Widerstand erscheint bei Foucault lediglich als eine weitere Variante der Macht, der ein auf dem Kriegsschauplatz um ihre Herrschaft (logischerweise) nahezu notwendiges Moment darstellt. „Wo es Macht gibt, gibt es Widerstand. Und doch oder vielmehr gerade deswegen liegt der Widerstand niemals außerhalb der Macht." (Foucault 1983, S. 116) Für Foucault handelt es sich hierbei jedoch nicht um einen Zirkelschluss, weil er davon ausgeht, dass die „[Macht-]Beziehungen keine eindeutigen Relationen darstellen, vielmehr definieren sie zahllose Konfrontationspunkte und Unruheherde, in denen Konflikte, Kämpfe und zumindest vorübergehende Umkehrung der Machtverhältnisse drohen" (Foucault 2016, S. 39). Es gibt somit keinen direkten Austritt aus dem Gefüge der Macht, da sich das Individuum, wenn nicht eindeutig, dennoch immer in Relation zu ihr verhält:

Es ist richtig, dass die Macht ‚immer schon da' ist; dass man niemals ‚draußen' steht, dass es keine ‚Randbezirke' für die Luftsprünge von denen gibt, die im Gegensatz zur Gesellschaft stehen. Aber das bedeutet nicht, dass man eine unausweichliche Form der Herrschaft oder ein absolutes Privileg des Gesetzes zugeben muss. Dass man niemals ‚außerhalb der Macht' sein kann, bedeutet nicht, dass man so oder so in der Falle sitzt. (Foucault 2005, S. 546)

Wenn es jedoch keinen Weg nach außerhalb gibt, kann davon ausgegangen werden, dass sich auch Foucault mit seiner Genealogie als Medium dieser Macht begreifen muss, weil „das erkennende Subjekt, das zu erkennende Objekt und die Erkenntnisweisen jeweils Effekte jener fundamentalen Macht/Wissen-Komplexe und ihrer historischen Transformation bilden" (Foucault 2016, S. 39).[14] Es haftet ihm mit dieser Denkfigur der Zweifel an, sich in eine metaphysische Sprecherposition manövriert zu haben. „Foucault ist immer mit dem Problem konfrontiert, das Wissen als Machteffekt zu decodieren und zugleich auf irgendeine Weise selbst wahr zu sprechen [...]." (Feustel 2008, S. 205) Wenn er einerseits Macht als unhintergehbare Gestalt entwirft, gleichzeitig sich aber auf eine übergeordnete Beobachterebene begibt, macht er sich hierbei zunächst verdächtig, eine transzendentale Denkweise zu bedienen:

> Kurz, der Diskurs Foucaults ist ein Spiegel der Mächte, die er beschreibt. Eben darin liegt seine verführerische Kraft und nicht etwa in seinem „Wahrheitswerk". Zwar sind die Prozeduren der Wahrheit sein Leitmotiv, aber das ist ohne Bedeutung, da sein Diskurs nicht wahrer als irgendein anderer ist. (Baudrillard 1983, S. 10)

Nach Baudrillard ist dieser scheinbar omnipotente Macht-Wissen-Komplex Effekt einer diskursiven Produktion, so dass für ihn diese Form der Macht lediglich als ein Simulationsraum vorstellbar bleibt (ebd., S. 25f.). Hier geht Michel de Certeau bereits einen entscheidenden Schritt weiter, indem er in Alltagspraktiken eine kreative Kombinationskunst erkennt, die einen freien, aber auch unsichtbaren Möglichkeitsrahmen produzieren, um aus den bestehenden Ordnungen zu entkommen:

> Wenn es richtig ist, daß das Raster der „Überwachung" sich überall ausweitet und verschärft, dann ist es um so notwendiger, zu untersuchen, wie es einer ganzen Gesellschaft gelingt, sich nicht darauf reduzieren zu lassen: welche populären (und auch „verschwindend kleinen", alltäglichen) Praktiken spielen mit den Mechanismen der Disziplinierung und passen sich ihnen nur an, um sie gegen sich selber zu wenden; und welche „Handlungsweisen" bilden schließlich auf Seiten der Konsumenten (oder „Beherrschten"?) ein Gegengewicht zu den stummen Prozeduren, die die Bildung der sozialpolitischen Ordnung organisieren? Diese „Handlungsweisen" sind die abertausend Praktiken, mit deren Hilfe sich die Benutzer den

---

14 Weiter heißt es hier: „Es ist also nicht so, daß die Aktivität des Erkenntnissubjektes ein für die Macht nützliches oder gefährliches Wissen hervorbringt; sondern die Formen und Bereiche der Erkenntnis werden vom Komplex Macht/Wissen, von den ihn durchdringenden und konstituierenden Prozessen und Kämpfen bestimmt." (Ebd., S. 39f.)

Raum wieder-aneignen, der durch die Techniken der soziokulturellen Produktion organisiert wird. (De Certeau 1988, S. 16)

Bei Michel de Certeau gleichen alltägliche Handlungen wie Sprechen, Lesen, Wohnen oder Kochen einem taktischen Kalkül, die Subjekten zur Besetzung einer Ordnung mit eigenen Codes verhelfen (vgl. ebd., S. 24ff.). Entscheidend für das oppositionelle Handlungspotential ist hierbei etwa die jeweilige soziokulturelle Situierung, denn „[d]ieselben Dispositive, die unter verschiedenen Kräfteverhältnissen wirksam werden, führen nicht zu den selben Wirkungen" (ebd., S. 20). Beim Lesen können beispielhaft ganz unterschiedliche Bedeutungen individuell produziert werden, die einen Text vorübergehend besetzen und auch umdeuten. Der Leser „führt die Finten des Vergnügens und der Inbesitznahme in den Text eines Anderen ein: er wildert in ihm" (ebd., S. 27). Der hörige Konsument wird so durch eine geheim fabrizierte Codierung zum eigenmächtig operierenden Produzenten. Solche und ähnliche sekundären Produktionsweisen entfalten durch komplexe Möglichkeiten aus Anwendungskombinationen und Neudefinitionen einen individuellen Handlungsfreiraum. „Diese Praktiken und Listen bilden letztlich das Netz einer Antidisziplin." (Ebd., S. 16)

In seinem späteren Werk reagierte Foucault auf diese kritischen Anstöße, indem er das (erkennende) Subjekt zwar als schon immer in Machtbeziehungen verstrickt und durch sie hervorgebracht, dennoch nicht als vollständig determiniert versteht, da Reglementierung oder Verhaltensnormierung eben nur dort sinnvoll anzubringen sind, wo individuelle Freiräume, Gegenpositionen oder Fluchtlinien entstehen.[15] Somit ist nach Foucault eben auch richtigerweise anzunehmen,

> dass es keine Machtbeziehung ohne Widerstände gibt, dass diese umso wirklicher und wirkungsvoller sind, als sie sich dort bilden, wo die Machtbeziehungen ausgeübt werden; der Widerstand gegen die Macht braucht nicht von anderswoher zu kommen, um wirklich zu sein, aber er sitzt auch nicht in der Falle, weil er der Weggefährte der Macht ist. (Foucault 2005, S. 547)

Macht vollzieht sich somit als historische Gestalt auch auf Gebieten der Resistenz, der ständigen Reibungen, Auseinandersetzungen und Auflehnungen. Sie ist vielleicht zu verstehen als das Wesen aller Kräfteverhältnisse auf dem Schlachtfeld des Diskurses, die „kraft einer Vielfalt von Widerstandspunkten existieren [...]." (Foucault 1983, S. 116) An dieses paradoxe Verhältnis knüpft auch Judith Butler mit dem

---

15 Paech formulierte es später ähnlich: „Jede Ordnung antwortet auf eine Unordnung (i. S. der Ordnung), die Anordnung des Dispositivs ist das Wissen um den Bruch, der sich in einem Diskurs artikuliert, um den Bruch zu maskieren oder ihm zum Durchbruch zu verhelfen." (Paech 1997, S. 411).

von Foucault eingeführten Begriff der Subjektivation an. Sie verweist auf den Status einer Doppelfigur, die das Subjekt hier innerhalb dispositiver Ordnungen zwischen Selbstbestimmung und Unterwerfung einnimmt. Denn „die Figur der Autonomie bewohnt man nur, indem man einer Macht unterworfen wird, eine Subjektivation, die eine radikale Abhängigkeit impliziert". (Butler 2015, S. 81) Butler versteht das Subjekt als ein im Werden begriffenes, ein durch Reglementierungsprinzipien sich ständig erneut konstituierendes Subjekt.

> Diese Subjektivation ist eine Art von Macht, die nicht nur einseitig beherrschend auf ein gegebenes Individuum *einwirkt*, sondern das Subjekt auch *aktiviert* und formt. Subjektivation ist also weder einfach Beherrschung, noch einfach Erzeugung eines Subjekts, sondern bezeichnet eine gewisse Beschränkung *in* der Erzeugung, eine Restriktion, ohne die das Subjekt gar nicht hervorgebracht werden kann, eine Restriktion, durch welche sich diese Hervorbringung erst vollzieht. (Ebd., Hervorhebung i. Orig.)

Die Möglichkeit zum Widerstand dieser disziplinären Subjektbildung sieht Butler also bereits in den Dispositiven angelegt, die ihrerseits Subjektivierungsprozesse bestimmen. „Für Foucault erzeugt der Disziplinierungsapparat also Subjekte, aber als Folge dieser Erzeugung trägt er die Bedingungen für das Unterlaufen dieses Apparates selbst in den Diskurs." (Ebd., S. 95f.) Der subjektive Wesenskern ist demnach durch eine strukturelle Ambivalenz gekennzeichnet, die eine Gleichzeitigkeit von Unterwerfung und Autonomie denkbar werden lässt. Abhängigkeit sowie Unterordnung sind Voraussetzungen für Handlungsfähigkeit und *vice versa*. „Darum gibt es im Verhältnis zur Macht nicht den einen Ort der großen Weigerung [...]. Sondern es gibt einzelne Widerstände." (Foucault 1983, S. 116) Foucault scheint sich als Soziologe an genau eben diese Widerstandsgebiete in den Grenzbereichen der Machttransformationen, Unruheherde und gesellschaftlichen Umbrüche zu begeben. Vom Kerker- zum Disziplinarsystem und hin zur Gouvernementalität oder Biomacht wird Foucault so als Beobachter sprechfähig. Dabei stellt seine Genealogie des modernen Subjektes gleichzeitig eine Genealogie der Machtdispositive dar.[16]

---

[16] Dass dieser nahezu radikal gedachte Gesellschaftsentwurf auf einen großen Resonanzboden gefallen ist, kann an dieser Stelle nur in rudimentärer Form abgebildet werden. Die Anzahl kritischer Sekundärliteratur aus Philosophie und Soziologie zu Foucaults Dispositivbegriff ist sicherlich ebenso beeindruckend wie Arbeiten, die sich um eine Anschlussfähigkeit von Foucaults Macht-Wissens-Konzept und seine Dispositivanalysen bemühen. Siehe hierzu u. a. auch: Fink-Eitel 1980; Habermas 1985; Breuer 1987; Deleuze 1991; ders. 2010; Agamben 2008; Bührmann und Schneider 2008; Bippus u. a. 2012; Dreesen u. a. 2012; Caborn u. a. 2018; Gnosa 2018; Frohne u. a. 2018.

2.2 Apparat, Architektur und Klangordnung

Während Foucault mit dem Dispositiv ein abstraktes Feld entwirft, um die netzartige Verknüpfung von Wissen und Macht zu kartographieren, beschreibt Baudry mit der technisch-räumlichen Anordnung des Kinoapparates quasi ein genuin mediales Dispositiv. Ausgehend von Platons Höhlengleichnis spürt Baudry unter Einbeziehung der Freud'schen Psychoanalyse Realitätseffekten des Kinos nach. Analog zum räumlich-technischen Ensemble der ‚platonischen Höhle' setzt Baudry den Basisapparat des Kinematographen und das Dispositiv der Projektion:

> Wir unterscheiden allgemein den Basisapparat [*appareil de base*], die Gesamtheit der für die Produktion und die Projektion eines Films notwendigen Apparatur und Operation, von dem Dispositiv, das allein die Projektion betrifft und bei dem das Subjekt, an das die Projektion sich richtet, eingeschlossen ist. So umfaßt der Basisapparat sowohl das Filmnegativ, die Kamera, die Entwicklung, die Montage in ihrem technischen Aspekt usw. als auch das Dispositiv der Projektion. (Baudry 2000, S. 404)

Die Unterscheidung von Basisapparat und Dispositiv verweist in einem ersten Schritt auf die Grenze von Produktion und Rezeption. Die technische Möglichkeit der Filmvorführung ist zugleich aber auch die mediale Bedingung der Produktion und schließt das Dispositiv der Projektion in den Basisapparat ein. Für das Subjekt bleibt diese Verbindung (in der Regel) allerdings undurchschaubar, es kennt die realen Voraussetzungen der Filmproduktion nicht, es wird Teil einer technisch organisierten Projektion, es verfällt einer Illusion, einem Abbild der Realität:

> Der Übergang von der (in Baudrys Konzeption subjekt*losen*) Produktion durch den Basisapparat hin zur Projektion, die durch den Begriff Dispositiv markierte Schwelle, kennzeichnet also den Eintritt des (Kino-)Subjekts [...]. Innerhalb dieser besonderen Situation der Projektion, die in Analogie zur platonischen Höhle steht, ist das Subjekt eingebunden in eine Anordnung, die es auf einen streng limitierten Ort verweist, den es nicht verlassen kann [...]. (Gnosa 2018, S. 214 (Hervorhebung i. Orig.))

Die dunkle Höhle entspricht hierbei also dem dunklen Kinosaal, die Gefangenen den Zuschauern, die Projektionsfläche der Höhlenwand der Projektionsfläche der Kinoleinwand und der Filmprojektor dem Licht des schattenwerfenden Feuers.[17]

---

[17] Paech weist mit Andrés Gardies, den er als erster in die deutsche Dispositiv-Rezeption einführt und übersetzt, in seinen diskursanalytischen „Überlegungen zum Dispositiv" auf einen Zusammenhang mit dem Foucault'schen Konzept der Disziplinarmacht hin: Das Kino, als *dispositif spectaculaire* „besteht darin, das soziale Subjekt physisch zu bearbeiten, um seine Widerstandsfähigkeit zu vermindern und es gefügig zu machen. In einem ersten Schritt strukturieren die Halle und der Saal den Raum, damit der Körper diszipliniert und durch erzwungene Isolierung auf das Selbst-

Bei beiden Dispositiven wird den Rezipierenden des jeweiligen Lichtspiels Realität vorgetäuscht. Im Höhlengleichnis durch die im Gedankenspiel klar gerahmten Bedingungen (Gefangene, die von Kindheit an gefesselt auf ein und denselben Punkt schauen), im Kino durch tiefenpsychologische Effekte der Wahrnehmung. Das Auge erfährt hierbei eine Substitution durch die Kamera (vgl. Gnosa 2018, S. 214), wodurch die Einnahme der Zentralperspektive bestimmte ideologische Entsprechungen des Realen produziert (ebd., S. 199ff.). So wird durch eine ideale Blickposition im Kino eine objektive Außensicht auf die Dinge simuliert, wodurch der Zuschauer einer Realitätsillusion zum Opfer fällt (vgl. Baudry 2000, S. 385). Viel mehr als diese Realitätseffekte identifiziert Baudry mit Freud im Kinodispositiv jedoch den Wunsch des Subjektes, sich in regressive Bewusstseinszustände zu sehen. Baudry sieht das Kino als

> Wirkung eines dem Strukturbau des Seelenlebens innewohnenden Wunsches [...], eine Maschine zu basteln, die etwas wiederzugeben vermag [...], was weniger mit einer genauen Verdopplung des Realen zusammenhängt [...] als mit der Wiedergabe, mit der Wiederholung eines bestimmten Zustandes, mit der Vorstellung eines bestimmten Ortes, von dem dieser Zustand abhängt. [...] Ein Wunsch, sagen wir Bedacht, eine Form von verlorengegangener Befriedigung, die auf die ein oder andere Art wiederzuerlangen das Ziel seines Dispositivs ist (bis hin zu ihrer Simulation) und zu welcher der Realitätseindruck den Schlüssel zu liefern scheint. (Ebd., S. 391f.)

Ausgehend der Freud'schen Traumdeutung und mit Bertram D. Lewin weitergedacht, bedeutet dies den Rückzug in fötale oder frühkindliche Bewusstseinsmodi, die wiederum auch durch den Traum als Bilderschau des Unbewussten reaktiviert werden (vgl. ebd., S. 393ff.). So zielt der Kino-Effekt eher auf ins Unbewusste ein-

---

gefühl als Individuum zurückgeführt werden kann. In einem zweiten Schritt führt der Raum durch die Vektorisierung, die die Projektion herstellt, eine doppelte und hierarchische Relation ein, die den Zuschauer dem Dispositiv unterwirft. Dann kann eine intensive Aktivität audiovisueller Stimuli sich souverän über ein Subjekt, das gefügig geworden ist und das sich in einem Zustand optimaler Rezeptivität befindet, hermachen. Das Cinéma als Schauspiel konstruiert seinen eigenen Raum für seine Entfaltung, dessen Aufgabe das Sichtbarmachen und die Entfaltung von Stimuli ist." Original: „Par là se révèle la logique du dispositif spectaculaire. Elle consiste à travailler physiquement le sujet social afin de diminuer sa capacité de résistance, de le rendre plus malléable. Dans un premier temps, le hall et la salle structurent l'espace de façon à discipliner le corps puis, par l'isolement imposé, à le ramener au sentiment de son individualié. Dans en second temps, avec la vectorisation que met en place la projection, l'espace introduit une relation duelle et hiérarchisée qui subordonne le spectateur au dispositif. Ainsi l'intense activité des stimuli audiovisuels peut s'exercer en toute souveraineté sur un sujet devenu malléable et dont l'appareil perceptif se trouve en état de réception optimale. Le cinéma, en tant que spectacle, construit un espace propre à son déroulement, chargé d'activer l'émergence et le déploiement des stimuli." (Gardies 1993, zit. nach Paech 1997, S. 415f.).

geschriebene Spuren ursprünglicher Differenzierungslosigkeit von Imagination und Wahrnehmung (vgl. ebd., S. 397), von Subjekt und Objekt, als auf eine Verdoppelung oder ein Abbild der Realität. Das kinematographische Dispositiv produziert vielmehr eine „Simulation eines Subjektzustandes, einer Subjektposition, einer Subjektwirkung und nicht der Realität" (ebd., S. 403). Das latente Verlangen nach solch einer subjektiven Regredienz scheint sich laut Baudry medien- und kulturhistorisch in apparative Wunschkonstruktionen wie der *Laterna magica* oder *Camera obscura* bereits materialisiert und mit dem Kino einen weiteren Kulminationspunkt erreicht zu haben (vgl. ebd., S. 392). Zentral für die Theoriebildung dieses Dispositivkonzeptes ist also die Annahme eines kongruenten Aufbaus und einer Vergleichbarkeit der menschlichen Psyche mit dem technisch-räumlichen Apparat des Kinosaals.[18] Die Irritation zwischen Wahrnehmung und Imagination ist als Effekt dieser Anordnung zu verstehen.

Der akustischen Dimension kommt in diesem Gleichnis nun eine Sonderrolle zu. Bekanntlich hat der Diskurs um akustische Speicherung und Wiedergabe in seinen Anfängen ein ganz besonderes Verhältnis zu Unmittelbarkeit und natürlicher Klangtreue produziert, was die Audiovisualität des Kinodispositivs ebenso berührt wie die Musikproduktion. Baudry verweist auf diesen speziellen Status des Akustischen, das den Illusionseffekt des platonischen Simulationsapparates zu torpedieren droht. Das, was im visuellen Bereich quasi doppelt illusorisch angelegt ist, entspricht im Auditiven einem anderen medialen Verfahren. Platon lässt Artefakte, Abbilder von natürlichen Objekten, Kulissenbilder, anstatt die Dinge selbst auf die Höhlenwand projizieren. Zusätzlich chiffriert sich die Realität somit über eine weitere Instanz, wohingegen die Einspeisung des Tons, der Stimme, in das mediale System eine direktere Vermittlung als die der optischen *Simulacren* voraussetzt. Die Stimme bedarf keiner Projektionsfläche, um wahrgenommen zu werden, der Klang kann materiell von keinem anderen ‚Objekt' als sich selbst repräsentiert werden und besitzt dadurch das Potential, die fiktive Kraft des Dispositivs zu sprengen. Hier installiert Platon das Echo, den durch die Beschaffenheit der Höhlenwände reflektierenden Schall, der die Herkunft der Stimmen verschleiert und die Semantik ihrer Wörter verwischt. So entsteht zwar eine der Realität sinnlich ähnliche, audiovisuelle Gesamtwahrnehmung, jedoch simuliert, durch Abbilder oder Verzerrungen des Realen dargestellt. „Es geht um eine Substituierung des Realen, durch Zeichen des Realen" (Baudrillard 1978, S. 9), wie es Baudrillard formuliert hat. Doch verweisen die Töne und Stimmen lediglich auf ihre klangliche Existenz anstatt auf

---

18 Es ist eine Denkfigur, die die Metapher des Freud'schen Wunderblocks dahingehend überbietet, dass der Film die ins Zelluloid eingeschriebenen Inhalte wieder an die Oberfläche und damit zum Erscheinen zu bringen vermag (vgl. ebd., S. 384).

ihren Sinngehalt. Nach Baudry entsteht der Realitätseffekt des Kinos analog zum Höhlengleichnis als Totaleffekt des Mediendispositivs, jedoch weniger auf Grundlage der vermittelten Inhalte:

> Die Verfahren der Aufzeichnung und der Wiedergabe können die Töne zwar verzerren, doch diese werden reproduziert, wiedergegeben und nicht nachgeahmt. Die Illusion kann sich nur auf die Quelle ihrer Herkunft beziehen, nicht auf ihre eigene Realität. (Vgl. Baudry 2000, S. 389)

Nicht was gezeigt und gehört wird, ist entscheidend für die Illusion, sondern die technisch-räumliche Anordnung des *Apparatus*. In Anlehnung an Marshall McLuhans berühmtes Diktum wäre hier das Medium wieder die eigentliche Botschaft (McLuhan 1994, S. 7ff.).

Auch in Friedrich Kittlers lacanianischer Lesart seiner Medienphilosophie unterscheiden sich kinematographische Verfahren im Vergleich zur phonographischen Klangspeicherung, versteht man beide zumindest von ihrer medienarchäologischen Unabhängigkeit her, nämlich in einem entscheidenden Punkt: „Statt schwarzweißer Doppelgängerphantome im Imaginären erscheinen mit der Stimme Körper in einem Realen." (Kittler 1986, S. 87) Da wo die mechanischen Lichtspiele Vorstellungsbilder reproduzieren, schreibt sich in die Materialität phonographischer Trägermedien das Reale, also Amplituden von Schallschwingungen, selbst ein. Auf diese realen Spuren von Stimmlichkeit weisen auch die Echtheitszertifikate der frühen Tonträgerindustrie wie die Victor Talking Machine Company hin (Katz 2010, S. 2). Das Etikett der realistischen Aufnahme dient hier noch lediglich als Werbemittel, geht aber mit der Einführung des Tonbandes Mitte des 20. Jahrhunderts schließlich im High-Fidelity-Gedanken auf. So erkennt auch Ralf Großmann, ausgehend von Jörg Brauns Untersuchungen zu Dispositiven visueller Medien, im Kontext des Realitätsdiskurses die Produktivität des Baudry'schen ‚Simulations'-Dispositivs für eine medienorientierte Musikwissenschaft:

> Die Kamera fixiert einen Ort, den das Subjekt notwendig einnehmen muss. Ist dieser Ort erst einmal eingenommen, so verschwindet der zwischen Realität und Auge angeordnete Apparat. [...] Diese Überlegungen lassen sich nahezu eins zu eins auf das Hören in medientechnischen Dispositiven übertragen. So ist die Ideologie des High Fidelity-Dispositivs ab Mitte des 20. Jahrhunderts diejenige der getreuen Abbildung des Klangs, ihr Wunschbild das Konzert im Wohnzimmer, das sich vom realen Konzert nicht mehr unterscheidet. In der Kunstkopfstereophonie, die das Medienohr im Saal und die Ohren des HiFi-Enthusiasten identisch zu konfigurieren sucht, erreicht die Ausprägung dieses Dispositivs einen ersten Höhepunkt, bevor die gesamte Saalumgebung des Hörers mittels Surround-Formaten akustisch nachgebildet werden soll. (Großmann 2008b, S. 7)

Die Anschlussfähigkeit, die sich Großmann mit dem Dispositivkonzept hier bietet, ist die Einbeziehung medientechnologischer Konstellationen in die Analyse musikalischer Phänomene. Die Ästhetik der High Fidelity resultiert so aus dem Effekt eines medialen Dispositivs, einer bestimmten Subjektposition innerhalb einer apparativen Konfiguration von Mikrophonierung, Speicher- und Wiedergabemedien. Schaut man sich die Mikrostruktur solcher apparativen Netzwerke genauer an, wird deutlich, dass jedes Glied aus dieser komplexen Verkettung von Geräten an diesem Ergebnis mitarbeitet. Medien sind bekanntlich nicht unschuldig, sie bilden die Welt nicht neutral ab. Jedes Mikrophon, jeder Verstärker, jedes Kabel, jeder Raum und jede Box produziert das, was wir letztlich als ‚Originalton' verstehen – ein auf Konventionen beruhendes Konstrukt aus Kondensatoren, Röhren und Frequenzweichen. Entscheidend ist hierbei nun die Beobachtung eines mit den Medien veränderten Hörens, eine durch die mediale Disposition eröffnete Wahrnehmungsmodifikation:

> Medien vermitteln nicht nur zwischen menschlicher Wahrnehmung und Umwelt, sie positionieren das wahrnehmende Subjekt neu und sind (je nach Erkenntniskonzeption) selbst Teil der unmittelbaren Umgebung oder Wahrnehmungsapparats. [...] So leistet die phonographische Aufnahme als reines Audiomedium erst die Herauslösung des Hörens aus der ganzheitlichen Wahrnehmung der Umwelt. (Ebd., S. 8)

Erst mit dem phonographischen Dispositiv konstituieren sich Hörweisen, die sich über die authentische Reproduktion auditiver Kultur definieren (ein Diskurs, der vor allem auch durch die ethnographische Feldforschung befeuert wurde (vgl. Dreckmann 2014, S. 143ff.). Im Vergleich zu heutigen digitalen Produktionsstandards erscheint das im Vergleich zur stark ‚verrauschten' Frühphase der Klangaufzeichnung zwar nahezu absurd, doch wird mit dem akustischen Speicher- und Wiedergabemedium ein eigener objektiver Realismus beansprucht, den u. a. die Filmwissenschaftlerin Barbara Flückiger am Beispiel des Kinodispositivs kritisiert und die Argumentationslinien von Alan Williams und Tom Levin zusammenführt. Denn, so Levin, „[d]ie Übersetzung von phänomenologischen Beobachtungen in ontologisch begründete Behauptungen dient dazu, die ideologische Auswirkung einer Darstellungspraktik unangreifbar zu machen und damit festzuschreiben" (Levin 1984, zit. nach Flückiger 2002, S. 72.).[19] Die Wahrnehmung der Dinge, wie sie uns erscheinen, die ästhetische Inszenierung der Realität werden in einen Seinszustand gewendet.

Auch Tanja Gnosa geht in eine ähnliche Richtung, wenn sie bei Baudry die nicht klar definierte Grenze feststellt, ab wann die dargestellten Bilder und Geräusche die

---

[19] „The translation of phenomenological observations into ontological claims thus serves to perpetuate the ideological activity of a representational practice by holding it immune from critique."

Illusion, oder die immersive Wirkung des Mediums, nun doch unterminieren.[20] Hierbei reicht womöglich bereits die Verletzung bestimmter kinematographischer Konventionen, wie das Durchbrechen der vierten Wand mit Blick des Schauspielers in das Kameraobjektiv (Gnosa 2018, S. 210) oder schlecht nachsynchronisierte Dialoge (vgl. Flückiger 2002, S. 84). Wobei es schon sehr bemerkenswert ist, wie gut Nachvertonungen von Geräuschen oder Sprachen im Sinne der Wirklichkeitssimulation funktionieren und wiederum zur allgemeinen Konvention avanciert sind – ein Aspekt, der sowohl auf der Rezeptions- wie auf der Produktionsseite essentiell erscheint. Denn „[d]en zentralen Bezugspunkt für die Deutung kultureller und ästhetischer Prozesse bilden nach wie vor die (kulturell) konventionalisierten Erwartungen an ästhetisches Handeln, die auch gerade in technischen Dispositiven gelten" (Großmann 2008b, S. 8), so Großmann. Zuhörer und Produzenten bewegen sich demnach stets in dem Rahmen eines vorher verhandelten technischen und (sozio-)kulturellen Regelwerks, Basisapparats und Dispositivs. Dabei ist es zunächst ganz unerheblich, dass dieser Rahmen weiterentwickelt oder durch avantgardistische Impulse gesprengt werden kann. Wichtig ist lediglich die Tatsache, dass er existiert und in gewisser Weise unser Verständnis von realistischer Abbildung als ästhetisches Apriori vorher definiert und konditioniert:

> Denn das Abbild wird nicht nur von der Wahrnehmung bestimmt, sondern umgekehrt auch die Wahrnehmung von den Abbildern, da sie sich in der menschlichen Erfahrung festschreiben. Ein Abbildungsprozess zu akzeptieren, ist ein kulturell bedingter Lernprozess. [...] Die Geschichte des frühen Tonfilms belegt, dass die Menschen erst einmal lernen mussten, die blechernen, zerkratzten Aufnahmen als Repräsentationen zu interpretieren, um sie in die fiktionale Illusion integrieren zu können. (Vgl. Flückiger 2002, S. 83)

Innerhalb eines Denkens in medientechnischen Dispositiven entstanden insofern immer auch schon Aushandlungsorte über die ästhetische Repräsentation von

---

20 Christian Metz wies bereits sehr früh darauf hin, dass das mediale Gelingen des Kino-Effekts gerade auch vom soziokulturellen Habitus des Kinogängers bedingt wird (vgl. Metz 1994). Der analytische Blick des Kritikers unterscheidet sich daher signifikant von der Wirkung, die das Kino auf diejenigen Besucher ausübt, die sich z. B. auch bewusst überwältigen lassen wollen. Die illusorische Kraft des Kino-Dispositivs wird somit von der individuellen Disposition der Subjekte bedingt. „In diesem Kontext ist auch die Kritik an der ‚Apparatus-Theorie' und der Reduktion des Dispositivs auf den Apparat zu sehen: Die apparative Dimension stellt technisch-apparative Dispositionen innerhalb eines Dispositives bereit; andere derartige Dispositionen betreffen die kulturelle, soziale etc. Disposition des Kinozuschauers etc., sämtliche sind sie veränderbare Teilmomente innerhalb des Funktionierens eines z. B. kinematographischen Dispositivs. Selbstverständlich handelt es sich dabei nicht um kontingente ‚Ereignisse', sondern um (dispositive) Strukturen innerhalb eines dynamischen Systems, das unter dem Aspekt medialer Topik, also einer räumlichen Medienanordnung, Dispositiv heißt." (Paech 1997, S. 411).

Wirklichkeitseffekten – sei es nun der Kinobesucher oder der Toningenieur, denn auf beide richtet sich innerhalb einer apparativen Anordnung ein sich jeweils kulturhistorisch konstituierendes mediales Wirklichkeitsbild. In diesem Zusammenhang erscheint auch der bei Baudry sehr tief gezogene Graben zwischen Basisapparat und Dispositiv fraglich, als ob „etwa die Filmproduktion nicht ebenfalls als institutionalisierte Praxis zu fassen ist, die auf die Subjektivierung der Zuschauer zielt" (Gnosa 2018, S. 217).

Gnosa betrachtet zuletzt die Zentralperspektive als wesentlichen Wirkungsmechanismus des Kinosaals und schlägt deshalb vor, eher von einem „perspektivischen Dispositiv" zu sprechen, „das die Malerei ebenso sehr wie das Theater, das Kino, das Fernsehen u. a. Medien miteinander verknüpft" (ebd.). Allerdings entsteht mit solch einem (zentral-)perspektivischen Dispositiv ein gewisses mediales Ungleichgewicht, ist es doch vor allem die *audio*visuelle Medialität des *Ton*films, auf die sich Baudrys Kinodispositv stützt. Es geht auch nicht um die musikalisch begleiteten Stummfilme, sondern um die mit der seriellen Abfolge von Einzelbildern synchronisierten „Verfahren der Aufzeichnung und der Wiedergabe" (Baudry 2000, S. 389) von Tönen. Sicherlich fügt sich das hörende Subjekt, ähnlich wie im Theater oder Konzertsaal, auch im Kino in eine durch die Einschränkung der Mobilität vorgeschriebene Sitzordnung, doch unterwirft die Metapher der Perspektive das Kino wieder einer eher visuellen Hegemonie. Denn übliche Tonproduktionen, ob im Studio oder am Filmset, wenden in der Regel eine bestimmte Anzahl an Mikrophonen zur Schallübertragung zum Speichermedium auf. So „kann nicht behauptet werden, die resultierende Tonmischung entspreche irgendeinem festgelegten Hörpunkt, sondern es ist der Ton, der von einem Mann mit fünf oder sechs sehr langen Ohren gehört würde, Ohren, die in unterschiedliche Richtung ragen" (Coffman 1930, zit. nach Doane 2003, S. 131),[21] hob bereits John L. Cass 1930 hervor. Damit ist nun aber weniger gemeint, dass es im Akustischen nicht auch sinnvoll sein kann, von Perspektivierung, also von Raumverortungen zu sprechen. Ganz im Gegenteil:

> Because the recording process can only capture sound waves from one point (the site of the microphone) in the space which constitutes that sound, recording is inherently perspectival. The limitations of such acoustic perspectivism can never be fully reduced or eliminated even through multiple miking, digital delay systems and many speakers. (Levin 1984, S. 66)

Schallquelle, Raum und Hörorgan gehen allgemein solch komplexe Relationen ein, die sich bei Tonaufnahmeverfahren regelrecht potenzieren, so dass aurikulare

---

21 „When a number of microphones are used, the resultant blend of sound may not be said to represent any given point of audition, but is the sound which would to be heard by a man with five or six very long ears, said ears extending in various directions".

Mediendispositive von vornherein multiperspektivisch angelegt sind. „Der Ton ist nicht nur verschieden in verschiedenen Räumen, sondern auch in verschiedenen Positionen innerhalb des Raums." (Vgl. Flückiger 2002, S. 71) Zum Beispiel nimmt mit vergrößerter Distanz von Mikrophon und Schallquelle auch der Raumanteil auf der Aufnahme zu, was in der Praxis dazu führte, „[d]ie Tonperspektive zugunsten der Sprachverständlichkeit und einer unauffälligen Kontinuität des stimmlichen Klangs zu verdrängen" (vgl. ebd., S. 91). Das für solche Verfahren verwendete Prinzip des *close mikings*, ein auf ein Minimum reduzierter Abstand zwischen Mikrophon und Schallquell, erzielt dann wiederum ganz eigene Näheverhältnisse. Um eine gewisse Intimität herzustellen, wird es so erst möglich (wie es das Beispiel des *Croonings* in der Popmusik verdeutlicht), die normalerweise von der Gesamtlautstärke der Big Band-Musik überdeckte Stimme des Sängers in den Vordergrund zu mischen. In der Filmproduktion wird der am Set mitgeschnittene *Direct Sound* oft nachsynchronisiert, um zum Beispiel die Sprachverständlichkeit zu steigern, wodurch jedoch eine perspektivische Illusion entsteht.

> Die Renaissance-Perspektive und das monokulare Sichtfeld organisieren ein Bild, welches den Betrachter als das Auge der Kamera positioniert: Aber diese Position wird untergraben und in Zweifel gestellt, wenn die offenkundige Platzierung des Mikrophons sich von jener der Kamera unterscheidet und damit die Bestätigung der Position verfehlt. (Doane 2003, S. 130)[22]

Es erscheint deshalb auch sehr unscharf, den Kinoeffekt auf nur eine zentrale (akustische) Perspektive herunterbrechen zu wollen, obwohl es in Ausrichtung zum Beschallungssystem eine ideale Abhörposition gibt, den *Sweetspot*: eine eingemessene Raumkoordinate, in der in Abhängigkeit von Raumbeschaffenheit und Lautsprechern ein möglichst ausgewogener (linearer) Frequenzbereich besteht. Es ist ein Aspekt, der raumakustische Optimierungen ebenso bedingt wie das Einnehmen einer Hörperspektive im speziellen Neigungswinkel zur Lautsprecherbox. Hieran anschließend erscheint der von Barbara Flückiger über Murray Schafer eingeführte Analogieschluss, die vom Tonmeister organisierte Klanghierarchie im Tonmischverfahren mit dem perspektivischen Denken in der abendländischen Konzertmusik kurzzuschließen, durchaus nachvollziehbar. Schafer betrachtet die Dynamik als akustische Entsprechung zur perspektivischen Malerei. Ein Vergleich, der vor dem Hintergrund heutiger Möglichkeiten moderner Soundproduktion vielleicht etwas bescheiden daherkommen mag, aus kulturhistorischer Sicht dennoch plausibel

---

22 Zum Realismus-Effekt heißt es hier auch: „In den Argumenten zur Tonperspektive wird ‚Realismus' (als ein Effekt der Ideologie des Sichtbaren) als mit Verständlichkeit unvereinbar gesehen." (Ebd.).

erscheint. Das Spiel mit *piano* und *forte* versteht sich hierbei als ein komponierter Wechsel von Nähe und Distanz sowie einer hierarchisierten Klangordnung:

> In der perspektivischen Malerei werden die Gegenstände einer Rangordnung unterworfen, je nachdem, wie weit sie vom Betrachter entfernt sind. Ebenso werden musikalische Laute einer Rangordnung unterworfen, und zwar über ihre Lautstärke im virtuellen Raum der Soundscape […] Der klassische abendländische Komponist platziert Klänge präzise vor dem „Auge" des Ohrs. (Schafer 2010, S. 259)

Auch bei der Nachbearbeitung von Tonaufnahmen, sei es nun in der Film- oder Pop-Produktion, werden die Klangobjekte innerhalb eines Werks (innerhalb des virtuellen Raums der Soundscapes) entsprechend positioniert und die Zuhörerperspektive durch das Mischverhältnis bestimmt. Ein sehr anschauliches Konzept für die akustische Raumkonstruktion stereophoner Aufnahmen legte der Musikwissenschaftler Allan F. Moore mit seinem Konzept der *Sound Box* vor:

> When a stereophonic track is heard through headphones or over loudspeakers, the image of a virtual performance is created in the mind. This virtual performance, which exists exclusively on the record, can be conceptualised in terms of the "sound-box" (Moore 1993), a four-dimensional virtual space within which sounds can be located through: lateral placement within the stereo field; foreground and background placement due to volume and distortion; height according to sound vibration frequency; and time. (Dockwray und Moore 2010, S. 181)

Durch die technische Veränderung bestimmter Klangparameter einzelner Signale lässt sich ganz gezielt die Hörerperspektive im Stereopanorama manipulieren. Wie detailreich solche Tiefenstaffelungen in der Musik oder des Filmtons letztlich wahrgenommen werden, hängt, neben der individuellen Subjektkonstitution, maßgeblich von der Disposition auditiver Wiedergabemedien ab. Auch wirken technologische Entwicklungen auf die räumliche Art der Klanggestaltung zurück, wenn man hierfür zum Beispiel die quadrophonen Werke Stockhausens mit den ersten Stereoexperimenten der Beatles vergleicht. Viel radikaler als die heutigen Konventionen des Audiomixings (‚Bassdrum und Bass laut in der Mitte, der Rest drumherum') wollten die Beatles die Grenzen des Mediums Stereoanlage noch ausloten, bis sich nun durch mobile Endgeräte (ob mit oder ohne Kopfhörer) der akustische Horizont erneut zu verschieben scheint.

Demnach kann ein perspektivisches Dispositiv, wie es Gnosa vorschlägt, die unterschiedlichen medialen Entwicklungsstufen vom platonischen Schattentheater zur monauralen Wiedergabe akustischer Signale bis hin zu Kopfhörern und Surroundanlagen nicht hinzureichend miteinander in Verbindung setzen. Die Hörerperspektive ist schlichtweg immer eine andere. Die Stimmen und Geräusche der Schattenspieler werden im Höhlengleichnis hinter den Zuschauern produziert und durch die harten Steinwände reflektiert. Die Schallquellen des Monolichttons in

Frühphasen der Kinoarchitektur befanden sich wesentlich (zentral) hinter der Leinwand, wobei dann mit Einführung der Stereoformate Lautsprecher links, rechts und an der Rückseite des Kinosaals hinzukamen (vgl. Flückiger 2002, S. 46). Schallquellen moderner Surround-Technologien umschließen das Kinosubjekt heute nahezu gänzlich auf horizontaler sowie vertikaler Raumachse, und durch omnidirektional ausstrahlende Subfrequenzen spielt die Perspektive nahezu keine Rolle mehr. Die Richtung tieffrequenter Töne unter ungefähr 80 Hertz können vom menschlichen Ohr nicht mehr lokalisiert werden, wobei auch die räumliche Anordnung des Subwoofer-Systems vor dem Hintergrund eines perspektivischen Dispositivs eher widersprüchlich erscheinen würde. Schaut man sich darüber hinaus Rezeptionsweisen des Fernsehens oder mit *Smartdevices* und Kopfhörern an, wird endgültig klar, dass die Perspektive als Universalschlüssel bei Gnosa nur auf rein visueller Ebene trägt. Es erscheint daher notwendig, akustische Dispositive im Hinblick auf ihre multiperspektivische Ausrichtung präzise voneinander zu unterscheiden. Die auditive Ordnung der Phonographie ist anders strukturiert als mit Einführung des Magnettons, wobei sich auch jeweils die Hörerperspektive weiter ausdifferenziert. Die Perspektiven sind im Auditiven virtuell, vielschichtig und quasi allgegenwärtig, dass, wenn man die visuelle Analogie zur Malerei überhaupt wagen möchte, die unmöglichen Figuren eines M. C. Escher wahrscheinlich nicht ausreichen, um ihre Komplexität darzustellen.

Letztlich lässt sich anhand auditiver Perspektivierungsstrategien innerhalb der Soundproduktion zeigen, dass das Dispositivkonzept nach Baudry im akustischen Medium viel besser funktioniert, als er es selber gemeint hat. Baudrys illusorische Realitätskonfiguration kommt im Medium der akustischen Speicherbarkeit und Wiedergabe vielmehr zu sich selbst. Im oben ausgesparten Teil des Zitats von Murray Schafer zur orchestralen Perspektivierung heißt es auch: „Auch dieses Vorgehen ist eine bewusste Illusion, die durch jahrhundertelange Übung zur Gewohnheit geworden ist." (Schafer 2010, S. 259) Die Betrachtung der multiperspektivischen Soundreproduktion zeigt, dass die Annahme eines natürlichen und unmittelbar gespeicherten und wiedergegebenen Schalls einer Ideologie verhaftet bleibt, die auf medienkulturellen Konventionen beruht.

2.3 Medien im Dispositiv

Im Anschluss an den Diskurs über das Kino-Dispositiv gibt es vor allem in der deutschen Medienwissenschaft wesentliche Anstrengungen, die Focault'sche ‚Machtanalyse' mit dem Baudry'schen *Apparatus*-Konzept in Übereinstimmung zu bringen. Knut Hickethiers Arbeiten zum Fernsehen zu Beginn der neunziger Jahre sind hierbei sicherlich als grundlegend zu nennen, da sie über die bloße Fusion beider Theorien hinaus einem Denken über Mediendispositive den Weg mit bereiten konnten. Hickethier interessiert am Medium Fernsehen eben nicht nur die konkrete apparative Anordnung von Technik, Raum, Subjekt und die daraus resultierenden psychischen Effekte, sondern die innerhalb des Mediums ordnende Struktur, die ihrerseits wiederum als Verhandlungsort von gesellschaftlichen und politischen Machtinteressen dient: das „Programm" (Hickethier 1991, S. 422):[23]

> Diese spezifische Form der Anordnung des Mediums innerhalb eines (in seiner gesellschaftlichen Organisationsform auch anders denkbaren) Kommunikationsprozesses stellt sich als ein Dispositiv dar. Gesellschaftliche Macht schreibt sich in solche Ordnungen und Anordnungen eines Mediums ein, wirkt sich bis in die Binnenstruktur des Angebots aus, präformiert im Zusammenspiel mit anderen Faktoren auch die Wahrnehmungsstruktur der Mediennutzer, prägt sie langfristig, indem sie Nutzungsweisen und Wahrnehmungsformen habitualisiert und internalisiert. (Hickethier 1993, S. 172)

Hickethier kann kulturhistorisch darlegen, dass die Programmstruktur des deutschen Fernsehens ideologisch vom Hörfunk ‚vor-programmiert' ist und von vornherein auf Formate der Unterhaltung, Information und Bildung aufbaut (ebd.). Öffentlich-rechtliche, staatliche wie auch gesellschaftspolitische Interessen wirken demnach als Regulatoren von Raum- und Zeitregimen sowie über die mediale Wahrnehmung der Welt in ihrer Totalität. So werden beispielsweise bestimmte, zumeist sich wiederholende Sendungsangebote, wie etwa die „Tagesschau", zu einer festgelegten Zeit ausgestrahlt und in der Regel auch zuhause gesehen. Der im Gegensatz zum Kinosubjekt in seinem Rezeptionsverhalten scheinbar autonom agierende Fernsehzuschauer offenbart sich in diesem Vergleich als weniger souverän, sondern vielmehr als ein Produkt eines im Hintergrund programmierenden Dispositivs.[24] Denn „[v]or allem die Programmstrukturen sind die, die am wenigsten

---

23 „Mit dem Begriff des Programms wird seit Mitte der siebziger Jahre vor allem die Steuerung eines Arbeits- und Kommunikationsvorgangs, ein Betriebssystem, ein Anweisungsapparat verstanden: eine Vorschrift, deren Regeln strikt zu befolgen sind, die eine eigene Sprache („Programmsprache") spricht."
24 An dieser vorherrschenden Wirkung des Mediendispositivs ändern nach Hickethier auch die sekundär-technologischen Entwicklungen wie die Fernbedienung oder der Videorecorder nicht sonderlich viel: „Von einer ‚Entautorisierung' des Fernsehens im Sinne eines Autoritätsabbaus des Mediums zu sprechen, wie dies von politischer Seite getan wurde, scheint etwas vordergründig zu sein [...]. Denn die Freisetzung des Zuschauers, seine Unabhängigkeit gegenüber den Programmen und der in ihnen eingeschriebenen Strukturen ist nur partiell. Als gesellschaftliche Instanz ist das Fernsehen trotz seiner Unübersichtlichkeit machtvoller denn je, wirkt sich mit seinen Angeboten weiterhin ungebrochen auch auf die mentalen Strukturen seiner Nutzer aus und ist in der Beeinflussung der menschlichen Vorstellungen und Haltungen weiterhin wirksam. Die Ausgestaltung der technischen Apparatur durch die technischen Zusatzgeräte bewirkt nicht deren Selbstzerstörung und ist auch nicht Indiz der ‚Ermüdung des Fernsehens' [...], sondern dafür, daß das Fernsehen dem

bewußt und zugleich am wirksamsten sind, weil sie als Makrostrukturen des Materials hinter der audiovisuellen Erscheinungsweise der Bilder zu verschwinden drohen" (ebd., S. 173). So überschneiden sich das einerseits machtstrategische und andererseits apparative Dispositivkonzept in diesem von Hickethier vorgeschlagenem Theorem insofern, dass das Programm als Determinante der Subjektkonstitution und somit auch als die „Grundkonstellation für die gesellschaftliche Wahrnehmung" (Hickethier 1991, S. 429) mehr oder minder unbeobachtet operiert. Das Programm ist nicht gänzlich unsichtbar, aber es tritt in der Wahrnehmung hinter dem Medium zurück und bedingt das Fernsehen dennoch in seiner strukturellen Ausprägung grundlegend. So wird bei Hickethier mit dem Mediendispositiv die strukturelle Ordnung des Medialen, die „Organisation der Distribution von Angeboten" (ebd., S. 436), in den Blick genommen und weniger die produktiven Bedingungen der übertragenen Sendungen. (Wobei auch hier dennoch davon ausgegangen werden muss, dass das Programm in seiner Grundform auch auf die Produktion von Inhalten zurückgreift. Man denke hierbei nur an die Platzierung zu den besten Sendezeiten und die aus diesem Konkurrenzkampf der Produzenten konzipierten Unterhaltungsformate.)

Einen ähnlichen methodologischen Zugang zu medialen Prozessen verfolgt Jan Distelmeyer in seinen Arbeiten zum „DVD-Dispositiv":[25]

> Die DVD als Dispositiv zu begreifen, bedeutet nicht nur, Apparate, Anordnungen und damit ermöglichte Inhalte und Nutzungsoptionen in den Blick zu nehmen, sondern muss in gleicher Weise jene diskursiven Prozesse berücksichtigen, die mit den nicht-diskursiven in einem produktiven Verhältnis stehen und erst in ihrer Verflechtung unser Verhältnis zum Medium bedingen. (Distelmeyer 2012, S. 49)

Distelmeyer betrachtet die technisch-räumliche Disposition von Subjekt und Apparat als eben nur einen Bestandteil der medienästhetischen Bedingung der DVD, also dem apparativen Ordnungsgefüge, das im Baudry'schen Sinne die Subjektposition zwischen Medium und Wahrnehmung fixiert. Das, was mit der DVD in Erscheinung tritt, ist eben auch abhängig von diskursiven Formationen, wie Pressetexten, Bedienungsanleitungen oder wissenschaftlichen Beiträgen. Weil nun aber in Abgrenzung zu Fernsehen und Video von einer zunehmenden Mobilität und interaktiven Selbstbestimmung des Zuschauers gesprochen werden kann, löst sich das statisch-deterministische Kino-Dispositiv mit der DVD letztendlich vollständig auf:

Zuschauer, der sich diesem medialen Zusammenhang zu entziehen scheint, auch weiterhin auf der Spur bleibt." (Ebd., S. 237).
25 Mit dem DVD-Dispositiv wird auch die Weiterentwicklung der Blu-ray Disc analytisch in den Blick genommen.

Die Auseinandersetzung mit dem Versprechen der Interaktivität und den sie betreffenden Strategien der Programmierung führt zu den bereits angekündigten Bedingungen im Dispositiv, die nicht mit den technisch-apparativen Anordnungen zusammenfallen, jedoch eng mit ihnen verbunden sind. Die Haltung der Rezeption, die mit erzeugt, was da rezipiert wird, entzieht sich ebenso wie die räumliche Anordnung einer starren Festlegung. (Ebd., S. 46)

Die Beweglichkeit, die zuerst das Fernsehen dem Rezipienten räumlich und später durch die Fernbedienung auch innerhalb der medialen Struktur ermögliche, konnte sich mit dem Video auch auf zeitlicher Ebene kultivieren. Die Entwicklung der DVD reagiert auf diese Dringlichkeit der medialen Flexibilisierung mit der funktionalen Ergänzung der Interaktivität, die dem Nutzer auf Grundlage der Digitalität wiederum zunehmend Handlungsmacht innerhalb des Mediendispositivs verschafft. Hierfür stehen im DVD-Menu entsprechende Optionen bereit, die das Speichermedium als dynamisches Konstrukt entwerfen. Hinzu kommt, dass die DVD oder später die Blu-ray sich nicht auf die Speicherbarkeit von Filmen reduzieren lassen, sondern sich auch im Bereich der Videospiele etabliert haben. Distelmeyer erkennt dahingehend die „Versatilität" (ebd., S. 47)[26] als ein wesentliches Bedingungsgefüge dieses Mediendispositivs, was eben, ganz im Foucault'schen Konzeptrahmen, auf die Dringlichkeit einer flexibleren Gesellschaft antwortet und als Zeichen neoliberaler Ökonomisierung in Erscheinung tritt (ebd., S. 226f.). Entscheidend ist hierbei nun, dass das DVD-Subjekt in ein produktives Verhältnis mit eben diesen neoliberalistischen Machtstrukturen tritt, die das Individuum einerseits internalisiert hat und reproduziert. Andererseits verfügt das Subjekt jetzt aber auch über neue mediale Handlungsmacht innerhalb des Dispositivs:

> Das Verhältnis zwischen Dispositiv und Subjekt ist keines, das in der Beschreibung eindeutiger Machtverhältnisse aufgeht, bei der entweder von der Entmachtung oder der Ermächtigung von Subjekten die Rede sein könnte. Vielmehr gilt es, Wechselwirkungen und (Macht-)Spiele zu verfolgen [...]. (Ebd., S. 59)

Die bestimmte Verfügbarkeit über Medien wie Filme, Serien oder Spiele auf DVD und die verstärkte Kontrolle durch die mediale Interaktion umreißen das Handlungsfeld dieser Machtkonstellation. Gegen diese medialen Ermächtigungsstrategien wirken wiederum gesetzliche Regulierungen und deterministische Funktionen der DVD. So lassen sich etwa Warnhinweise, die ihrerseits wieder auf gesetzlichen Vorgaben des Jugendschutzes beruhen, nicht per Vorlauf überspringen. Auch ver-

---

26 „Versatilität bezeichnet die beschriebenen Eigenschaften, mit denen Schematisierung und Universalisierung unterminiert werden, und Versatilität bezeichnet eben jenes Angebot von Vielseitigkeit, Wandelbarkeit und Interaktivität, mit dem die DVD beworben wurde und wird."

fügen Besitzer von DVDs zwar über deren Materialität, die gespeicherten Daten stehen ihm jedoch nicht zur freien Verfügung. Raubkopien stellen hierbei wieder eine eigensinnige Gegenreaktion dar, die ihrerseits erneute Warnhinweise und gesetzliche Regularien zur Folge haben. Distelmeyer zeigt somit anhand medienästhetischer Konstellationen spezifische Machtspiele innerhalb des DVD-Apparates auf, bei denen Medien einen Möglichkeitsraum bieten, sich gesellschaftlichen Ordnungsprinzipien zu fügen, oder an dessen Unterwanderung appellieren. Die DVD, als konkretes Mediendispositiv, geht hierbei als eine Mikrostruktur in einem übergeordneten „Flexibilitätsdispositiv" einer kapitalistischen Ordnung auf.[27]

In einer solchen methodologischen Tradition, einer Dialektik von Medientheorie und Foucaults machtanalytischem Dispositivbegriff, ordnet sich gegenwärtig eben auch Tanja Gnosa mit ihrer Untersuchung *Im Dispositiv. Zur reziproken Genese von Wissen, Macht und Medien*. Systematisch legt Gnosa in ihrer Abhandlung den blinden Fleck des Medialen in Foucaults Denken frei, indem sie bei ihm zwar durchaus medientheoretische Reflexivität am Werke sieht, jedoch moniert, dass dem Vermittlungsaspekt hierbei nicht das gleiche Potential dispositiver Konfiguration eingeräumt wird, wie es vielleicht den Diskursen oder Institutionen zukommt (Gnosa 2018, S. 338). Ausgehend von einem eher technisch geprägten Medienbegriff attestiert sie zunächst der ‚Kittler-Schule', „[...] im Grunde alles, was Foucault zum *Diskurs* formuliert hat, als mehr oder weniger implizite Bezugnahme auf Medialität" (ebd., S. 318) zu verstehen, wenngleich in der Binnenstruktur seiner Diskurstheorie ein mediales Apriori mitzuschwingen scheint:

> Die fundamentalen Codes einer Kultur, die ihre Sprache, ihre Wahrnehmungsschemata, ihren Austausch, ihre Techniken, ihre Werte, die Hierarchie ihrer Praktiken beherrschen, fixieren gleich zu Anfang an für jeden Menschen die empirischen Ordnungen, mit denen er zu tun haben und in denen er sich wiederfinden wird. (Foucault 2017, S. 22)

Wie diese kulturellen Codes erscheinen, uns erfahrbar gemacht bzw. wie sie eben vermittelt werden, wird bei Foucault jedoch primär im Medium der Sprache oder der Schrift behandelt. Dass unterschiedliche Medialitäten andere Aussagesysteme und somit unter Umständen andere Wissensordnungen produzieren, bleibt dabei eher latent verborgen. Diese Leerstelle konnte auch bereits Kathrin Dreckmann am Beispiel des Phonographen füllen, wenn sie zeigt, dass „[d]er Phonograph [...] als Medium eigene mediendispositive Gesetze aus[bildet]" (Dreckmann 2018, S. 63), da er

---

[27] Tanja Gnosa kommt in ihrer Monographie bereits zu einer ähnlichen Schlussfolgerung zum Flexibilitätsdispositiv: „Dann ließen sich die sogenannten *Medien*-Dispositive als Element ‚echter' Dispositive, die eine viel größere kulturelle und ggf. auch historische Reichweite aufweisen, begreifen." (Gnosa 2018, S. 224, Hervorhebungen i. Orig.).

technisch determiniert, was „buchstäblich [in den Trichter] gesagt werden kann" (ebd., S. 65). Die mediale Selbstermächtigung, die die Speicherbarkeit von akustischen Signalen ermöglicht, geht einher mit ihrer Determination. Denn das Dispositiv bildet als Infrastruktur in gewisser Weise die Gesetzmäßigkeit dessen ab, was oder wer an welchem Ort und zu welcher Zeit phonographisch gespeichert wird. Die „Substitution des historischen durch ein technisches Apriori" (Gnosa 2018, S. 333) erscheint bei Dreckmann in dem zeitlichen und materiellen Untersuchungsfeld medialer Ordnungen des akustischen Diskurses zwischen 1900 und 1945 zwar als durchaus effektiv, kann allerdings keinen medialen Universalismus darstellen. So zeigt Gnosa anhand der medizinischen Aussage über einen gesunden Cholesterinspiegel, die unabhängig von ihrer medialisierten Form – ob als Teststreifen, tabellarisch, als Diagramm, schriftlich oder mündlich – als „Wissensbestandteil anerkannt wird, d. h. ohne, dass damit zwingend andere Gegenstände, Subjektpositionen oder Wahlen verbunden wären" (ebd.). Dennoch kann etwa ein Teststreifen

> über das damit verbundene Wissen hinaus [...] auch einen ästhetischen oder assoziativen Wert haben, der an ihre spezifische Materialität gebunden ist [... und] sich zu einer konventionalisierten Ikone entwickelt, die für Medizinartigkeit o. ä. steht, ohne dass damit zwingend und nachgerade im selben Zuge ein Wissen verbunden wäre. (Ebd., S. 334)

Hieraus ergeben sich wiederum unterschiedliche Kombinationen, bei der ein und dieselbe medizinische Aussage durch ihre jeweils andere mediale Distribution (Fachzeitschrift oder Apotheken-Rundschau) Einfluss auf ihre Glaubwürdigkeit hat. Darüber hinaus gründet die Wertung über einen zu hohen Cholesterinspiegel wieder in ausgeübter institutioneller Macht, „wodurch die Verknüpfung von institutionellen, diskursiven und medialen Faktoren sichtbar wird" (ebd.). Was Gnosa und implizit auch Dreckmann hier aufzeigen, ist das permanente Ineinandergreifen von Wissen, Macht und Medien, was sich eben auch im Denken Foucaults und in seinen Rezeptionen um den Preis einer genuinen Medienanalyse verwirrt.

Gnosa differenziert zwei weitere Punkte medienreflektorischer Ansätze im Denken Foucaults voneinander: zum einen in der von ihm verwendeten Metaphorik (ebd., S. 320ff.), mit der ihm „Medien als Modelle" zur Veranschaulichung anderer Sachverhalte dienen, und zum anderen als „medientheoretische Motive", also

> vereinzelte Aussagen über Medien oder Medialität, die entweder allgemein das Funktionieren bzw. Fungieren, also etwa die Operativität von Sprachlichkeit oder Bildlichkeit, beschreiben, einzelne Vermittlungsaspekte beleuchten, Intermedialität in den Blick nehmen oder Wirkungen von (Massen-)Medien fokussieren. (Ebd., S. 319)

Medien und Medialität werden bei Foucault demnach zwar partiell mitgedacht, dennoch bilden sie anscheinend kein vergleichbares Vermögen aus, ähnlich dynamisch und intensiv auf die dispositive Gestalt einzuwirken, wie es Institutionen und Diskurse tun. Dies scheint insofern einen Zwischenraum zu eröffnen, da Speicher-, Aufschreibe- oder andere Datenerhebungssysteme bei Foucault als in mindestens gleichgestellter Weise konstitutiv für die Wissenserzeugung und Machtausübung zu erkennen wären. Denn die mediale Erfassung, Prüfung und Auswertung von Datensätzen, etwa über Gefängnisinsassen, bringen das panoptische Dispositiv und die damit verbundene normierende Funktion der Disziplinarmacht in gleicher Weise hervor, wie es die Architektur tut. Erst durch Medienpraktiken und die spezifische Form der Tabelle werden auf der Grundlage quantifizierbarer Informationen vergleichende Aussagen und Bewertungen über die Gefangenen möglich (vgl. ebd., S. 340). Hieran zeigt sich also,

> dass dort zentrale Machttechniken (eigentlich) als mediale Konfigurationen zu identifizieren sind, die – neben und über ihre Funktion als Diskursprozessoren hinaus – aufgrund der spezifischen Materialität ihrer konstitutiven monumentalen Anteile und deren konkret vermittelnder Verwendung/Performanz (sowohl produktiv als auch rezeptiv) allererst Möglichkeitsräume für daran anschließende Machtpraktiken schaffen, die ihrerseits mit spezifischen institutionellen Monumenten verbunden sind. (Ebd., S. 343)

Bereits Cornelia Epping-Jäger arbeitete anhand des Laut/Sprecher-Dispositivs recht deutlich diese machtkonstitutive Qualität des medialen Apparates der Massenrede in der NS-Zeit heraus. Hierbei versteht sie unter Dispositiv zunächst, angelehnt an Joachim Paech, eine „Struktur apparativen Erscheinens" (Epping-Jäger 2003, S. 148) und somit „ein komplexes Zusammenspiel von Techniken, Aufführungspraktiken und Diskursen, von akustischen Übertragungsmedien, Rednern und ihren Schulungsinstitutionen" (ebd., S. 172). Diese Konstellation differenziert sie im Hinblick auf ihre medialen und rhetorischen Effekte, die von der durch das Radio übertragenen Massenrede erzeugt werden. Dabei wird klar, dass die Reden Hitlers in ihrer Performanz als Machtinszenierung von diesem Mediendispositiv bedingt werden. So verlor sich beispielsweise die unerbittliche Dominanz der Führerrede in einer spontanen Ansprache im intimen Rahmen des Radiostudios vollständig und offenbarte Hitler als Prothesengott (ebd., S. 144). Das Resonanzverhältnis von Rede, Medientechnik und Massenreaktion forcierte die diktatorische Macht Hitlers nicht nur, sie brachte sie erst regelrecht zum Erscheinen. Medien sind hierbei also konstitutiv für das Machtregime. Die Übertragungen des Laut/Sprecher-Systems bringen das rezipierende Subjekt als akustisch gleichgeschaltetes Element des nationalen Volkskörpers hervor, dem es sich unterwirft und von dem es gleichzeitig diszipliniert wird. Obwohl das von Epping-Jäger hier verwendete Dispositivkonzept eher an die *Apparatus*-Analysen anschließt, zeigt sich erneut, inwiefern Mediendispositive innerhalb von Machtkonstellationen überhaupt erst konstituiert werden. Foucault hat solche Überlegungen weniger weiterverfolgt, da es sich mit dem

„Laut/Sprecher Hitler" offensichtlich mehr um repressive Herrschaftspraktiken handelt, als es etwa den inkorporierten Machstrukturen einer Disziplinargesellschaft entspricht. Vielleicht ließe sich der Laut/Sprecher-Apparat aber als Machttechnologie eines übergeordneten NS-Dispositivs verstehen, der die ideologischen Vorstellungen des Rassismus medial konfiguriert und auf die Wahrnehmung dahingehend deterministisch einwirkt, als dass es Subjekte mit einer radikal nationalen Identität produziert. Nicht umsonst stehen Großveranstaltungen mit ähnlichen medialen Ensembles auch heute noch unter dem Verdacht, eine faschistoide Ästhetik zu bedienen.[28]

Deutlich wird hieran aber vor allem, dass ein Denken in singulär sich von anderen Elementen abgrenzenden Mediendispositiven als irreführend erscheint, da Medien stets konstitutive Elemente von Dispositiven darstellen und wiederum von diesen bedingt werden. Mediendispositive aber, als eben technisch-räumliche Strukturen, können als Mikrodispositive größerer Ordnungssysteme verstanden werden, da eben z. B. auch das Kino oder der Laut/Sprecher von Dispositiven hervorgebracht werden und auf eine gesellschaftliche Dringlichkeit antworten. So macht auch Tanja Gnosa diese Interdependenz von Macht, Wissen und Medien sichtbar. Denn man hat es bei „Dispositiven stets mit Konfigurationen von diskursiven, institutionellen und medialen Elementen zu tun, die erst unter der Maßgabe einer kulturellen Anforderung [...] sich zu je spezifischen Institutionen, Diskursen und Medien konstituieren" (Gnosa 2018, S. 347).

2.4 (Sound-)Ästhetische Dispositive

In seinen Überlegungen zur medialen Konfiguration elektronischer Musik hält Rolf Großmann die traditionelle Musikwissenschaft oder eine altkonservativ kritische Theorie der Musik, wie sie Adorno vertreten hat, vor dem Hintergrund aktueller musikalischer Phänomene für kaum noch anschlussfähig (vgl. Großmann 2012, S. 207). Die elektronisch produzierten Klänge verweigern sich einem methodischen Zugang über die Hermeneutik musikalischer Schrift und machen ihn sogar nahezu obsolet. Diese neuen ästhetischen Formen und Strategien verlangen nach einer ebenso potenten Theoriebildung, um so vielleicht nicht Gefahr zu laufen, den gesamten popmusikalischen Kanon auf eine Formel aus drei bis vier Akkorden her-

---

28 Tanja Gnosa bleibt eine solche Einordnung des „Laut/Sprechers" (Epping-Jäger) in die Dispositivkonzepte schuldig, obwohl sie selbst innerhalb ihrer Arbeit mit einer Fußnote darauf verweist. „Inwiefern hier tatsächlich von einem ‚Dispositiv' die Rede sein kann, wird sich zeigen (vgl. dazu Kapitel 8)." (Gnosa 2018, S. 333.) Gnosa geht im entsprechenden Kapitel dann aber nicht weiter auf Epping-Jägers Dispositiv-Verständnis ein.

unterbrechen zu wollen. Großmann sieht hier die Vorteile in der Vieldeutigkeit eines medienorientierten Dispositivbegriffs:

> Wie kaum in einem anderen Begriff des philosophisch-ästhetischen Diskurses zerfließen in ihm die Grenzen zwischen Subjekten und Objekten, zwischen Realem, Künstlichem und Imaginärem. Er ergänzt die Disponiertheit, die wir dem Individuum zuschreiben, durch das Dispositiv, das Ensemble von Prozessen und Phänomenen, in dem diese Disposition entsteht. Und er versucht, über eine Topologie einer konkreten (An-)Ordnung innerhalb eines kulturell oder in diesem Falle ästhetisch wirksamen Raums eine Beschreibung und Erkenntnis der Verhältnisse innerhalb dieses Zusammentreffens zu ermöglichen. [...] Er rückt Medien, Werkzeuge, Haltungen, sedimentierte kulturelle und situative Strukturen ins Zentrum, in dem bisher Werke, Autoren und deren Rezeption standen [...]. (Ebd., S. 208)

Mit dem Dispositiv gelingt nach Großmann eine Erneuerung des klassischen musikwissenschaftlichen Begriffsbestecks zugunsten eines konstruktiven medialen Analyseverfahrens komplexer technikkultureller Beziehungen in ästhetischen Prozessen. Hierfür wählt er den Baudry'schen Ansatz der *Apparatus*-Theorie als Ausgangspunkt seiner Ausführungen und entscheidet sich gegen die Dispositiv-Konzeption von Foucault (vgl. ebd., S. 210), da es ihr an „medienästhetischem Profil" (Großmann 2008b, S. 7) fehle. „Die Apparatustheorie [...] thematisiert eine Topologie der Medienapparate und des Menschen – zum Zweck der Klärung ihrer Verhältnisse im ästhetischen Prozess." (Großmann 2012, S. 210) Gleichzeitig aber wendet er sich mit Giorgio Agamben dezidiert gegen absolute Setzungen der Technikgläubigkeit und den Verdacht, lediglich einen Technodeterminismus neu zu formulieren:

> Tatsächlich führt es nicht weiter, ein Apparate-Dispositiv anhand seiner technischen Konstellation als dominante Rahmung jeglicher Erfahrung zu umreißen. Insbesondere ästhetische Dispositive beruhen [...] auf einer Öffnung bestehender Rahmung durch Zweckentfremdung und Konventionsbrüche. [...] Technische Mechaniken determinieren mediale Funktionen und Optionen, wirksam werden [...] allerdings nur einzelne Elemente dieser Determination, und auch diese sind nur verständlich vor dem Hintergrund des technikkulturellen Dispositivs, das jeweils fokussiert wird. (Ebd., S. 211)

Ästhetische Dispositive lassen sich nach Großmann nur durch die hybriden Verflechtungen von Subjektpositionen und den betreffenden medienkulturellen Bezugsrahmen verstehen. „Aus dieser Sicht gibt es nicht das *Dispositiv*, sondern ein Ensemble von jeweils im Hinblick auf das Erkenntnisziel ausgewählten Elementen und Relationen, in denen Medienapparate spezifisch kartographiert sind." (Ebd., Hervorhebungen i. Orig.) Beispielhaft zeigt er nun die Methode einer solchen Dispositivanalyse anhand drei musikalischer Phänomene: das Werkdispositiv bei John Cages *Imaginary Landscapes No. 4*, die maschinelle Klangkontrolle innerhalb moderner elektronischer Musik sowie Urheberrechtslagen bei phonographischen

Klangarchiven im Kontext von Dub und Hip-Hop. Alle diese Dispositive zielen auf neue Formen des Wissens um ästhetische Wahrnehmung und somit auch auf die Konstitution neuer Hörweisen.

In den Kompositionen von Cage bestimmt das Werk als kulturell etablierte Struktur in Form einer Partitur aus schriftlichen Anweisungen den ästhetischen Prozess. Die verwendeten Radioapparate im Stück *Imaginary Landscapes No. 4* folgen demnach zunächst der Idee traditioneller Musikinstrumente, jedoch ist die konkrete Klangproduktion nicht unmittelbar Gegenstand derartiger notierter Kontrollmechanismen. Die Notation gibt vielleicht die Senderfrequenz des Radios, die Dauer und die Lautstärke vor, die tatsächlich erklingenden Sounds allerdings sind rein aleatorisch: „Das Dispositiv des Werks wird auf seine strategische Funktion (durchaus im Sinne Michel Foucaults) fokussiert, es dominiert den ästhetischen Prozess selbst, nicht mehr eine klanglich strukturierte Musik." (Ebd., S. 212) Was letztlich zu hören ist, zieht seinen ästhetischen Wert also weniger aus den tatsächlich produzierten Radioklängen als vielmehr aus den im Medium Schrift gespeicherten Werkangaben. Es erklingt das Werk als technikkulturelles Dispositiv.

Der ‚*vor*geschriebenen' instrumentalen Kontrolle stehen neue mediale Dispositive der Popmusik entgegen. Digitale Klangmaschinen, wie Sampler oder Drum-Sequenzer, überführen die Tradition musikalischer Schriftlichkeit in ein experimentelles Spiel, in ein Resonanzverhältnis zwischen Mensch und Maschine. Neue Interfaces, wie Drumpads, Computertastaturen oder Lauflichter, bieten so ganz eigene ästhetische Produktionsweisen, die auch über die reine Klangkontrolle durch digitale Codes weit hinausreichen:

> Der Widerspruch zwischen dem Versprechen totaler digital codierter Kontrolle und der experimentellen Praxis des Spiels mit dem Apparat bildet eine der wesentlichen Voraussetzungen für das Entstehen des ästhetischen Prozesses „Techno". [...] Verbunden ist damit eine Dissidenz zu traditionellen Dispositiven des Musikinstruments: Das in der rigiden Praxis des instrumentalen Spiels herrschende Ensemble von Disziplin, Hierarchie, Körper und Rationalität, seine Virtuosität ist transformiert in ein neues mediales Spiel. (Ebd., S. 213)

So lassen sich etwa für das ästhetische Dispositiv des *Samplings* ganz eigene kulturelle und technologische Dispositionen und Voraussetzungen herausarbeiten, die lediglich auf Basis der Gerätearchitektur nicht hinreichend zu verstehen sind. Das rhythmisch taktile Programmierspiel mit der Drum-Maschine wird beim Hardware-Sampler, wie zum Beispiel bei der MPC von Akai, um die Möglichkeiten der akustischen Aufzeichnung und Wiedergabe erweitert. Reale Klänge werden in ähnlicher Weise spiel- und manipulierbar wie synthetische Sounds. Aus der kulturellen Praxis des DJings, dem Arbeiten mit Präformierungen phonographischen Archivmaterials, ergeben sich dann technikkulturelle Hybridisierungen und ganz spezifische ästhetische Strategien. Fragmente ganzer vorproduzierter Werke werden als gleichberechtigte Klänge neben anderen Maschinensounds verarbeitet und fabrizieren einen ganzen Kosmos aus medienkulturellen Referenzen. Ob es Filmdialoge, gesprochene Nachrichten oder kurze Teile aus bekannten Popsongs sind, alles kann als musikalisches Material dienen. Die körperliche Kontrolle über die Mechanik eines Instruments wird im Umgang mit solchen Produktionsapparaten weniger bis überhaupt nicht mehr relevant. In den Fokus rücken nun vielmehr Klangarchive und Mediendispositive, die sich in ihrer Verwendung jenseits von Abbild- und Übertragungsmedien positionieren und selbst zum Gegenstand ästhetischer Prozesse werden. So vollzieht sich letztlich auch der mediale Wandel, bei dem sich das Tonstudio zum Instrument und der Musiker zum Produzenten wandelt (vgl. ebd., S. 214). Damit einher gehen ganz eigentümliche Verschiebungen im Werte- und Machtsystem der Musik selbst, wie Großmann am Beispiel des Dub-Genres zeigt.

> Der jamaikanische Dub-Remix basiert auf einer frühkapitalistischen Vermarktungssituation, in welcher der Eigentümer der Produktionsmittel die Rechte der Verwertung beansprucht. Diese Kräfteverhältnisse sind ein Musterbeispiel für das Zusammenspiel von Kontrolle, Kontrollverlust und Generativität neuer Optionen von technikkulturellen Dispositionen. (Ebd.)

Aus diesen netzartigen Verknüpfungen von Archivarbeit, Produktionspraktiken und apparativen Konstellationen entstehen ästhetische Konzepte, die sich ihrerseits wieder in technikkulturelle Konfigurationen einschreiben. Nur so lassen sich etwa Dub oder Hip-Hop in Bezug zu traditionellen Begriffen wie Werk, Komposition oder Autorenschaft setzen, wodurch eben eine Neujustierung von Musizieren und Produzieren sichtbar wird. Der Produzent als musikalisch-technischer Leiter dominiert hierbei den künstlerischen Modus, wo früher der Komponist, die Musiker oder der Werkgedanke entscheidend waren.

Methodologisch produktiv in Großmanns beispielhafter Anwendung seiner Dispositivanalyse ist hierbei nun die eigentlich wenig subtile, dennoch nicht eindeutig ausformulierte Synthese Foucault'scher ‚Macht'-Theorie mit der ‚Apparate-Theorie' nach Jean-Louis Baudry. Bereits auf metatextueller Ebene strukturiert Großmann Teile seiner Analyse entlang der Begriffe Werk, Archiv, Kontrolle und Wissen. Versteht man das Werk als musikalische Aussage (Diskurs) und Kontrolle als Machtstrategie, offenbaren sich hier jene großen Begrifflichkeiten, die in Foucaults Denken einen zentralen Stellenwert einnehmen, nur bei Großmann eben mit der Erweiterung einer technisch-medialen Dimension:

> Entscheidend an diesen neuen Formen ästhetischer Erfahrung und Wissensphänomenen ist, dass es sich hier um technikkulturelle Prozesse handelt, die in heterogenen Ensembles erzeugt werden, in denen Medienapparate eine konstitutive Rolle spielen. (Ebd., S. 216)

Anhand der oben dargestellten Phänomene – Werkstruktur, maschinelle Klangkontrolle, Instrumentalspiel und körperliche Disziplinierung sowie Autorenschaft, Urheberrecht und die kapitalistische Verwertung phonographischer Archive – berührt Großmann Aspekte gesellschaftlicher und institutionalisierter Machttechniken und skizziert Fluchtlinien althergebrachter Ordnungsprinzipien. Innerhalb dieser dynamischen Machtverhältnisse formieren sich immer auch Widerstandsbewegungen, die scheinbar stabilisierende Gefüge auflösen und subversiv unterwandern, um anschließend womöglich eigene Gesetzmäßigkeiten zu festigen. „Bleiben solche Transformationen jedoch zumeist subtil oder uneigentlich [...], ist es gerade an Kunst oder der ästhetischen Praxis [...] diese jeweils zu verstärken, auszutesten oder experimentell zu forcieren" (Mersch 2012, S. 34). An diesen Schnittstellen zeigen sich deutlich die Produktivität von Macht und ihr Subjektivierungspotential. So wird Sampling als strategischer Angriff auf ein konventionalisiertes Urheberrechtsverständnis im Hip-Hop etwa zum konstitutiven Element eines technikkulturellen Dispositivs, bei dem Machtfragen neu debattiert werden müssen.

Entlang der Frage nach ästhetischen Prozessen innerhalb machtstrategischer Verflechtungsstrukturen scheinen sich demnach Sollbruchstellen ermitteln zu lassen, die nicht nur Grenzbereiche von Dispositiven, sondern ein gänzlich Anderes erfahrbar machen. Ästhetik als künstlerische Praxis ist so auch bei Dieter Mersch etwas, was sich nur jenseits von Machtdispositiven verorten und ihre Wirksamkeit *ex negativo* reflektieren lässt:

> Wir stehen niemals außerhalb dispositiver Formationen, vielmehr sind wir immer schon Teil ihrer *Maschinerien* und in ihre Kräfte und *An-Ordnungen* verstrickt [...]. Das Ästhetische spielt darin keine Rolle, oder wenn, nur eine untergeordnete Rolle, sofern wir an die *Politiken* der Künste denken, ihre Entfaltung von Gegenoffensiven, die an den Feldlinien dispositiver Strukturen ihre Sprengungen oder Konversionen vornehmen. Soll daher die Rede von *ästhetischen Dispositiven* Sinn haben, dann weit eher durch die Initiierung interventorischer oder parasitärer Eingriffe, die die Produktion der Macht unterbrechen oder umkehren. (Ebd., S. 29, Hervorhebungen i. Orig.)

Aufbauend auf einem Begriff des Ästhetischen, den Mersch von Jacques Rancière entlehnt, bietet die Kunst als politische Kraft des ästhetischen Regimes die Möglichkeit eines Dissenses (vgl. Rancière 2008).[29] Sie wird als eine „Praxis der Diffe-

---

29 Hier heißt es z. B. auch: „Damit die Kunst Kunst ist, muss sie politisch sein" (ebd., S. 13). Und: „Das Thema des ‚Widerstands' der Kunst ist also etwas ganz anderes als eine Doppeldeutigkeit der Sprache, von der man sich befreien könnte, indem man beides, die Konsistenz der Kunst und den politischen Widerspruch auf die jeweilige Seite verweist. Es bezeichnet vielmehr die intime und paradoxale Verbindung zwischen einer Idee der Kunst und einer Idee der Politik." (Ebd., S. 34).

renz" (ebd., S. 35) produktiv, als etwas, was entgegen der eigenen Ordnungssystematik operiert, die das Ästhetische überhaupt erst ermöglicht: „Der Begriff eines ‚ästhetischen Dispositivs' bildet folglich ein Oxymoron [...]." (Ebd. S. 34) Es ist erneut die bereits von Judith Butler in ihrer Ambivalenz gekennzeichnete Doppellogik, die das Foucault'sche Machtmodell herausfordert:

> Kunst reflektiert im Rahmen dispositiver ‚Be-Dingungen' auf diese selbst, sie ‚ent-grenzt' und ‚ver-setzt' sie, kehrt sie um und arbeitet dabei mit den selben Anordnungen, Konstruktionen und Gefügen und der sie begleitenden Diskursen, Materialitäten und Technologien; sie ruft deren ‚Formationen' auf, um aus ihnen ihr ‚Nicht', ihre Lückenhaftigkeit oder Alterität hervorzulocken und aus ihnen ihr durch Paradoxierung *ad absurdum* zu führen. (Ebd., S. 35, Hervorhebungen i. Orig.)

Das Moment solch strategisch gelungener Manöver fasst Mersch unter dem Begriff „singuläre Paradigmata".[30] (Ebd.) Ähnlich wie Großmann verweist Mersch in diesem Zusammenhang gegenständlich dann auf Cages Arbeiten zu „verdrängten Geräuschen und der Stille" (ebd., S. 36). Das Stück „4'33'"" oder eben auch „Imaginary Landscapes No. 4" als „singuläre Paradigmata" verfahren mit einer gewissermaßen ästhetischen Negativform insofern experimentell, weil sie das technikkulturell etablierte Werkdispositiv, wie mit Großmann bereits oben angeklungen ist, unterminieren und angreifbar machen. „4'33'"" stellt viel mehr als eine bloße Verweigerung traditioneller Auffassung dar von dem, was Musik ist. Cage zeigt hier einen möglichen Differenzpunkt des (abendländischen) Konzert-Dispositivs, also eine aus vielfältigen Elementen bestehende Ordnung aus kulturhistorisch vorgeformter Regularien und Normen. So besteht das, was zu einem gewissen historischen Zeitraum sich als musikalische Darbietungsform etabliert hat, aus diskursiven und auch nicht-diskursiven Vorbestimmungen. Dazu zählen etwa die architektonischen Formen des Aufführungsraums, das Werk und die Notationssysteme musikalischer Parameter, der Konzertsaal als soziokulturelle Begegnungsstätte oder auch musikwissenschaftliche Diskursen. All diese unterschiedlichen Glieder ordnen den Machtraum des Konzerts, den Cage sich aneignet, um ihn in seiner Disponiertheit zu überführen:

> Deswegen gehört zur Kunst unmittelbar das *Experimentelle*: Es lotet die offenen, unbestimmten Stellen der dispositiven ‚An-Ordnungen'/Diktate und ihrer Konstellationen aus, um aus ihnen

---

[30] „Das Reservoir des Ästhetischen ist die *Negativität*. Ihre Erzeugung ist an Modelle geknüpft. Sie bilden Modelle der je exemplarischen Sprengung. Deshalb sprechen wir von *singulären Paradigmata*. Sie sind singulär, weil sie bestimmte Facetten der dispositiven ‚An-Ordnungen' zu unterlaufen oder zu öffnen versuchen; und sie fungieren als Paradigmata, weil sie lediglich ‚Exempel statuieren', die modellhaft eingreifen." (Ebd., Hervorhebungen i. Orig.).

‚Augen-Blicke' einer Reflexion zu provozieren und hervor*springen* zu lassen. (Ebd., Hervorhebungen i. Orig.)

Im Bereich der Popkultur lassen sich mit dem Album *The Life of Pablo* (Kanye West 2016) des US-amerikanischen Rappers Kanye West durchaus Analogien zu den subversiven Strategien der Neuen Musik schließen. Hierfür bedarf es zunächst eines Verständnisses darüber, dass das *akustische* Werk eines Künstlers in der Popmusik, neben audio*visuellen* Formaten, wie dem des Musikvideos oder dem Live-Konzert, wesentlich das Album darstellt und in seiner historischen Form maßgeblich von der Beschaffenheit akustischer Speichermedien bedingt worden ist. West veröffentlichte sein Werk 2016 zunächst exklusiv über die Streaming-Plattform Tidal, an deren Gesamtumsatz er zudem mit eigenen Geschäftsanteilen partizipiert. Bis 2018 arbeitete er nun allerdings einzelne Stücke weiter aus, fügte neue Titel hinzu, modifizierte einzelne Arrangements, änderte Texte, ersetzte Gastbeiträge oder optimierte das Mischverhältnis des Klangbilds. Auf der Tidal-Plattform werden die entsprechend bearbeiteten Werkversionen über einen Zeitraum von zwei Jahren nach und nach aktualisiert.[31] West nutzt also die Voraussetzung der manifesten Infrastruktur des Werk-Dispositivs und deutet das Pop-Album als Software, als Programm mit veränderbaren Codes. Über mehrere Aktualisierungen hinweg experimentiert der Künstler nicht nur mit dem musikalischen Material, sondern zugleich mit den neuen digitalen Distributionsstrategien. Dabei dekonstruiert er die Abgeschlossenheit des Werks und legt das Album als offenen und modularen Entwurf vor, wobei sich die Streaming-Plattform in ihrer Binnenstruktur zusätzlich als Content-Management-System offenbart. Einerseits lässt sich mit Dieter Mersch hieran also ein „singuläres Paradigma" beobachten, eine Praktik der Differenz, die neue Handlungsoptionen in das Schema des Werk-Dispositivs einbringt und „Risse"[32] in dessen Machtgefüge hinterlässt. Andererseits wird hier, im Sinne Großmanns, die apparative und technikkulturelle Anordnung von Smart-Devices auf die Struktur des Musikalbums übertragen. Der ubiquitäre Zugriff auf Informationen provoziert im Netz offensichtlich die verdichtete Produktion ständig neuer Inhalte, die wiederum die Nutzer zur Jagd nach Updates vor die Bildschirme zwingt. Durch die regelmäßige Aktualisierung der Albumtracks über die erwähnte Plattform bedient Kanye West eben diese Ideologie des Content-Managements und verlinkt sie

---

31 Schon bei der als großes Spektakel inszenierten Albumpräsentation im Madison Square Garden am 10. Februar 2016, bei der zugleich seine neue Modekollektion beworben wurde, moderierte Kanye West ungemasterte Songs an, die er dann im Zuge einer Modeschau vorstellte.
32 Mersch entlehnt den Begriff des Risses hierbei von Roland Barthes, den er wie folgt zitiert: „Inhalte ändern zu wollen [...] ist zu wenig, vor allem gilt es, in das System des Sinns Risse zu schlagen." (Barthes 1978 zit. nach Mersch 2012, S. 35).

mit seiner künstlerischen Interpretation des Werkbegriffs.[33] Dabei deutet diese Neuinterpretation des Werk-Dispositivs auch auf die Labilität der Streamingdienste als Medienarchive hin, denn es existiert innerhalb des digitalen Kosmos nur noch die Albumversion, die der Künstler zuletzt geteilt hat. Ferner zeigt sich deutlich, dass Medialitäten und mediale Praktiken im Dispositiv mit berücksichtigt werden müssen, da sie die Vermutung zulassen, als Machtinstrumente oder sogar als zentrale Machtfaktoren zu operieren:

> [D]ie Wirkungen des Dispositivs – oder die besondere ‚Leistung' seiner zugrunde liegenden medialen Praktiken – bestehen in einer gleichsam ‚diktatorischen' [...] Präskription von ‚Positionen', denen *Mächtigkeit* darin liegt, eine *Wirk*lichkeit zu erzeugen, die darin ebenso sehr ihre ‚Härte' [...] erweist, wie sich an ihr gegenfinale Strategien einer Opposition entzünden können. (Mersch 2012, S. 33, Hervorhebung i. Orig.)

2.5 Macht als Medieneffekt = Medien als Machtfunktion

Die entscheidenden Ausgangsüberlegungen für eine Theoriebildung der Dispositive bauen auf zwei Urszenen auf: dem panoptischen Gefängnis und dem Höhlengleichnis. Gemeinsam dienen beide Bilder als Denkfiguren von Anordnungen, bei denen Subjektpositionen prädeterminiert sind. In beiden Fällen werden Subjekte als Gefangene innerhalb eines übergeordneten Systems entworfen. Beide Konzepte befragen auch die Konstituierung subjektiver Wahrnehmung und ein daraus hervorgebrachtes Bild von Realität – sie fragen nach Bedingungen von Wissen und Wahrheiten. Beide Dispositive operieren in ihrem Grundmuster unterhalb der Wahrnehmungsschwelle und konstruieren das Subjekt als Unterwerfungsfigur. Ein Sprechen über Dispositive bedeutet demnach immer auch ein Sprechen über Machtverhältnisse, die das Subjekt auf einen bestimmten Platz, wenn auch nur temporär, festlegen. In beiden Netzen dieser Machtordnungen stellt sich aber immer auch die Frage nach ihren Maschen, den Freiräumen, Widerstandsorten und Unordnungen. Opposition ist demnach immer eine bedingende Option der Dispositive. Auf dieser kongruenten Metaebene erscheint es so zunächst auch ganz unerheblich, ob es sich hierbei nun um die Disziplinarmacht eines Panoptismus oder die Macht als Medieneffekt, als Realitätsillusion in der platonischen Höhle oder im Kinosaal handelt. Bemerkenswert ist hierbei allerdings jetzt schon, dass beide Machtformen als Element der jeweils anderen erscheinen können. So ist der Ki-

---

[33] Gewissermaßen erinnert dieses Verfahren auch an Andy Warhols Reproduktionsästhetik. Beide Künstler nutzen die Mechanismen von Massendistributionsmaschinen als Strategien einer eigenen ästhetischen Inszenierung.

nozuschauer im Idealfall gleichermaßen diszipliniert wie innerhalb einer sich medial durch Überwachungs- oder Abhörtechnologien konstituierenden Disziplinargesellschaft. Macht und ihre Schemata werden demnach immer auch durch Medien erzeugt. Medien stehen dabei wiederum in einer Interdependenz zu Machtdispositiven. Dispositive sind also Doppelakteure, die das Subjekt in seiner Freiheit gleichzeitig als automatisch gesteuert hervorbringen. Wesentliches Unterscheidungskriterium zwischen den Dispositiven sind die jeweilige Akzentuierung von und das Erkenntnisinteresse an Macht- oder Medieneffekten innerhalb eines heterogenen Systems. Die Überführung dieser beiden Konzepte zu einer Methodologie, die sowohl mediale wie auch machttheoretische Ordnungen in der Analyse berücksichtigt, erscheint mit Blick auf die bereits an dieser Schnittstelle anknüpfenden Programme als durchaus konstruktiv und soll auch der vorliegenden Arbeit als Untersuchungsstruktur dienen. So lässt sich ein für diese Arbeit produktiver Dispositivbegriff entlang folgender Haupteigenschaften zusammenfassen:

1. Dispositive sind Ordnungen mit strategischer Funktion, die auf bestimmte medienkulturelle Anforderungen reagieren. Die jeweiligen Strukturen, die sie bedingen, sind Aushandlungsorte von Machtfragen. Macht steht hierbei unmittelbar in Beziehung zu Wissen.
2. Innerhalb von Dispositiven wirkt Macht produktiv, da Subjektivierungsprozesse ausgelöst oder forciert werden. Machttechniken verlaufen dabei unterhalb der Wahrnehmung und können vom Subjekt inkorporiert und gegen sich selbst gerichtet werden. Macht wird somit dezentral wirksam, das Subjekt bewegt sich dabei in einem ambivalenten Verhältnis zwischen Autonomie und Unterwerfung.
3. Widerstände und dissidente Manöver stürzen keine Dispositive, können aber einen möglichen Differenzpunkt freilegen. Ästhetik und Kunst als Praktiken der Differenz nehmen dabei besondere Stellungen ein.
4. Medien und mediale Praktiken sind, neben Wissen und Macht, stets konstitutive Teilbestände von Dispositiven und bilden innerhalb dispositiver Programmatik die Grundkonstellation für Wahrnehmung. Apparate bzw. technisch-räumliche Dispositive bilden mediale Anordnungen, die wesentliche Elemente dieses Effektes darstellen können.

Hieraus ergeben sich hinsichtlich akustischer Mediendispositive nun entsprechende Fragestellungen und methodologische Verfahrensweisen. Zunächst erscheint es grundlegend, die jeweiligen Komponenten des Dispositivs und hierarchisierten Ebenen zu identifizieren, um sie in ihrer Disposition zueinander zu verstehen. Dabei liegt die These nahe, dass die vorliegende Arbeit zum Tonstudio und seinen entsprechenden Medientechnologien und -praktiken signifikante Teilkonstellationen eines übergeordneten Sounddispositivs analysieren möchte. Sound stellt hierbei einen diskursiven Gegenstand innerhalb der Medien- und Kulturwissenschaft dar, der zugleich auch nicht-diskursive Praktiken oder eben Ungesagtes umfasst: Studioexperimente und Performances zwischen unüberlegten Akten, Unfällen und Affektivität. Mit dem eröffnet sich ein neuer Horizont für die Untersuchung klanglicher Phänomene jenseits der traditionellen, auf Notenschrift basierenden Analyseverfahren der Musikwissenschaft. Sound erscheint nun als ein Netz, das zwischen vielschichtigen Verknüpfungen akustischer Produktionsinstanzen als Machtplan fungiert und institutionell, (non-)diskursiv, architektonisch, technologisch oder auch ökonomisch bestimmt wird. Aus dieser Perspektivierung auf die Studioproduktion ergibt sich mit dem Sounddispositiv eine konkret machtstrategische Formation, zusammenhängend und bestehend aus professionellen Tonstudios, Heimstudios und deren praxisorientierten Lehrinstitutionen und Ausbildungsstätten, Diskursen aus Wissenschaft und Studiopraxis zu Akustik, Medientechnik oder Musik, performativen Elementen und medienpraktischen Spielen (wie z. B. *Crooning*, Scratching oder Sampling), technisch-räumlichen Studiokonfigurationen und Gerätearchitekturen sowie aus Soft- und Hardware-Unternehmen wie etwa Neumann, Neve oder Native Instruments. Innerhalb dieser Elemente des Sounddispositivs ergeben sich nun Fragen nach der Handlungsmacht und Subjektivation von Künstlern, Ingenieuren oder Produzenten. Dabei gilt es nach mikrophysischen Machtpraktiken zu fragen und danach, wie diese unscheinbaren Regulierungen medial konstituiert, gestört oder stabilisiert werden: Welche Subjekte werden also durch das Sounddispositiv im Tonstudio bedingt? Wie wirkt hierbei die Architektur des Studioraums machttheoretisch? Welche Hörweisen produzieren akustische Mediendispositive wie das Tonstudio, und wie bildet sich hierbei so etwas wie ein Hörregime heraus? Welche Wissensformen werden hierbei verhandelt, und wie schreibt z. B. ein Wissen rund um den Sound- und Studioapparat unmittelbar am Werk mit? Welche Machtformen sind in der Soundproduktion überhaupt aktiv, und was sind zum einen die jeweiligen kulturellen Anforderungen, unter denen sie aktiviert werden, und wo lassen sich zum anderen die Orte des Widerstandes erkennen? Wie produktiv sind gegenkulturelle Praktiken generell? Lässt sich hierbei vielleicht die These bestätigen, dass sich avantgardistische und genuin künstlerische Impulse nur als oppositionelle Strategien zum Dispositiv verhalten, womit sie demnach als singuläre Paradigmen zu verstehen sind? Oder wird das Studio als kreativer Freiraum bereits durch repressive Produktionsweisen dekonstruiert, bevor an dieser Stelle Autonomie überhaupt als Möglichkeitsform denkbar wird?

3 Material und Medialität

Studios bilden allgemein ein „key setting for aesthetic and material production" (Farís und Wilkie 2016, S. III). Die technisch-räumlichen Vorrichtungen für Schallaufnahmeverfahren, in diesem Zusammenhang also das Mediendispositiv des Tonstudios, haben dabei auf unterschiedlichen Ebenen zu einer Neubewertung musikalischen Materials geführt. Im Zuge der Entwicklung auditiver Produktions- und Rezeptionstechnologien werden Medientechniken zum einen immer wieder als eigenständige Instrumente, also Elektronik als praktisches Basismaterial von Musik, verwendet. Zum anderen eröffneten die neuen musikästhetischen Praktiken ein Umdenken über die Beschaffenheit der akustischen Materialität der Musik selbst. „Der Komponist und der Elektrotechniker werden zusammenarbeiten müssen" (Varèse 1983, S. 17),[34] prognostizierte Edgar Varèse bereits 1922, um den Klang als „[d] as Rohmaterial von Musik" (ebd., S. 15)[35] vom temperierten System tonaler Ordnung des Abendlandes zu befreien. Unter dem Materialbegriff können demnach sowohl die rein physisch, taktil erfahrbaren Dinge und (Klang-)Objekte als auch die quasi immaterielle Form von (kulturalisierten) Schallereignissen zusammengefasst werden. Materialität ist hierbei immer der „Träger einer Information [und] in diesem Verständnis Medium" (Wagner 2010, S. 867). Medien sind zudem niemals nur neutrale Vermittler oder als unabhängig, „als ablösbarer Träger einer Form oder einer Idee" (ebd., S. 867f.) zu verstehen. Eine realisierte Form aus einer schöpferischen Idee resultiert vielmehr aus einer direkten Korrespondenz, aus einem Resonanzverhältnis mit dem Material. Die studiotechnologischen Klangexperimente der elektronischen Musik gelten diesbezüglich sicherlich als emblematisch und evident. Entscheidend ist im experimentellen Umgang mit dem Medien- oder Soundmaterial nun, dass es als bereits formalisierte und auch automatisierte, künstlerische Technik zu begreifen ist.[36] Dies lässt Fragen nach der Handlungsmacht von Technologien und künstlerischer Autonomie aufkommen. Denn wenn „[k]ünstlerische Techniken [...] in technische Medien um[schlagen], Einzelverfahren in ganze Systeme der Aufnahme und Wiedergabe" (Kittler 2010, S. 21), unterliegen sie auch statischen Regelwerken und schematisierten Prozessen. Das Material entfaltet so eine ihm immanente Macht, wobei Macht in einem Foucault'schen Verständnis und

---

34 Zit. nach einer Vorlesung an der Princeton University. *Rhythmus, Form und Inhalt Die Befreiung des Klangs*, 1959.
35 Zit. nach einer Vorlesung an der University of Southern California. *Musik als ars scientia*, 1939.
36 „Künstlerische Techniken heißen [...] wissensgesteuerte Verfahrensweisen beim Schaffen von Werken, die anders als Inhalte gelehrt und formalisiert werden können, unter den hochtechnischen Bedingungen von heute also auch automatisiert." (Kittler 2010, S. 15).

im Anschluss an Susanne Witzgall nicht ausschließlich als Ausgangspunkt von Herrschaft und Repression verstanden sein soll,

> sondern auf die dynamischen Kräfteverhältnisse und Aktionspotentiale, die sich in künstlerischen und [klang]gestalterischen – aber auch in wissenschaftlich-technischen sowie [...] ökonomischen – Prozessen zwischen den einzelnen Einheiten der Netzwerke und Assemblagen aus Materialien, Dingen, Menschen, Bedeutungen und Zeichen herausbilden und sich wiederum in Material und Materie manifestieren. (Witzgall 2014, S. 20)

In einem ersten Schritt ist es im Folgenden deshalb wichtig, auditive Terminologien zu unterscheiden. Denn wer sich mit dem Tonstudio als Apparat der Musikproduktion beschäftigt, sieht sich unweigerlich mit unterschiedlichen Definitionen akustischer Phänomene konfrontiert. Schall und Klang bilden in diesem Zusammenhang basale Kategorien. In einem erweiterten und differenzierten Verständnis kulturalisierten Schalls rücken daraufhin der Begriff des Sonischen und letztlich Sound als Medieneffekt in den Mittelpunkt. Das vertrackte Begriffssystem aus physikalischen und (musik-)ästhetischen Terminologien soll für Schallaufnahme- und Wiedergabeverfahren im Tonstudio durch eine medien- und kulturtheoretische Erörterung präzisiert werden.

Anschließend werden das Tonstudio sowie Sound als Objekte des Begehrens oder Begehrensursachen untersucht. Ausschlaggebend sind in diesem Zusammenhang verschiedene Fetischkonzepte, die sowohl die Innenarchitektur des Studio-Designs als auch die materielle Klangebene von musikalischen Objekten betreffen. Dabei offenbart sich das Sample als produktives Datenfile und gleichzeitig als Ware innerhalb einer dem zugrunde liegenden Archivlogik. Auf soundästhetische Begehrensformen wird von Seiten professioneller Unternehmen für Musiktechnologien mit entsprechenden Produkten werbewirksam reagiert, wodurch zunächst subversive Strategien und künstlerische Praktiken nicht nur kommerziell kompatibel gemacht, sondern vor allem standardisiert und normiert werden. Das Sounddispositiv erhält durch die folgenden Analysen der die Prozesse im Tonstudio infrastrukturell bedingenden Elemente somit seine ersten Konturen.

3.1 Klangmaterie und das Sonische

In der Akustik werden mit dem Begriff des Schalls Druckschwankungen in einem elastischen Medium, etwa durch schwingende Gasmoleküle (Luftschall), bezeichnet. Nehmen hierbei Schallwellen einen Idealzustand einer reinen, unendlich verlaufenden Sinuskurve an, wird von einem Ton gesprochen. Diese Form des physikalischen Tons hat in der Musik seine Entsprechung lediglich als synthetisches Erzeugnis, also zum Beispiel durch den Impulsgenerator eines Synthesizers. Was als akustisches Ereignis sowohl in der Umwelt als auch in der traditionell mechanischen Musik hörbar ist, wird physikalisch eher als Geräusch oder Klang definiert. Klang besteht hierbei aus mehreren periodisch sich überlagernden Sinusschwingungen, bei dem sich die Frequenzen harmonisch zueinander bewegen. Beim Geräusch sind diese Schwingungsvorgänge unregelmäßig, und die Frequenzen verhalten sich unharmonisch. Die begriffliche Äquivalenz des physikalischen Klangs wäre annähernd die des musikalischen Tons, wobei reale Klänge eben akustisch deutlich vielschichtiger aufgebaut sind. Der musikalische Klang hingegen versteht sich eher als simultane Erscheinung mehrerer Töne, wie bei Akkorden (vgl. Dickreiter u. a. 2008, S. 43). Wenn nun im Folgenden jedoch von Klang gesprochen wird, ist hiermit die von Peter Wicke vorgeschlagene Begriffsverwendung gemeint. Klang versteht sich hierbei

> in jener grundsätzlichen Bedeutung der Akustik, wo er für Schall mit einer bestimmten Struktur steht – eben jener Struktur, die mechanische Klangerzeuger wie alle herkömmlichen Musikinstrumente generieren. Das ist Schall, der in Abhängigkeit von der Art der Schwingungserregung (Schlagen, Streichen, Blasen) gekennzeichnet ist durch bestimmte Ein- und Ausschwingvorgänge in der Zeit sowie in Abhängigkeit vom schwingungserregenden System durch eine Reihe von Teil- bzw. Partialtönen, die als Resonanzschwingungen über der erzeugten Grundschwingung (Grundton) entstehen. Physikalisch betrachtet ist Klang in diesem Sinne des Wortes nichts anderes als entsprechend komplexe Schalldruckverhältnisse. Im Ergebnis des Musizierens werden sie jedoch als eine bestimmte Klanggestalt wahrgenommen. (Wicke 2008a, S. 1)

Klang wird hier zunächst nicht unmittelbar in der musikalischen Bedeutung als eine Überlagerung mehrerer Einzeltöne gedacht, sondern als durch mechanische Instrumente wie Schlagwerk, Violinen oder Posaunen erregte Resonanzen, die addiert zur Grundschwingung oszillieren. Dabei unterscheidet sich offenbar das Schallereignis mit einer bestimmten, subjektiv intendierten und geformten Struktur von dem Geräusch mit unbestimmter Schallstruktur (ebd., S. 3). Das Geräusch wird in diesem Zusammenhang eher als Zufallsprodukt begriffen und Klang, mit dem Eintritt des Klangerzeugersubjekts, in einen ästhetischen Bedeutungskomplex verstrickt:

> Als Klang fungiert in der Musik nämlich nicht einfach das akustische Medium in seiner Physikalität, also die messbaren Schalldruckverhältnisse, sondern diese werden durch das Musizieren, den Vorgang der intentionalen Klangerzeugung, in ein kulturell definiertes Bezugssystem (Tonsysteme, ästhetische Paradigmen etc.) hineingestellt und erst dadurch ästhetisch relevant, zum Bestandteil dessen, was in unterschiedlichen Kulturen auf durchaus unterschiedliche Weise als „Musik" verstanden ist. Dem liegt die prinzipielle Unterscheidung von Schall als dem physikalisch-akustischen Träger von Klang und Klang als dem materiellen Medium von Musik zugrunde. (Ebd., S. 1f.)

Der physikalische Klang wird kulturell semantisiert und verliert dadurch seine (schein-)ontologische Konstitution, was gleichzeitig auch bedeutet, dass Klangkonzepte als kulturelle Paradigmen der Musik vorgelagert sind. Wie in einer bestimmten Kultur zu einer gegebenen Zeit über Klang gedacht wird, ist eben keine Absolutheit, sondern strukturiert den musikalischen Prozess bereits im Vorfeld. Der Umgang mit den moderneren Schallaufnahmeverfahren der Studiotechnik lassen laut Wicke nun das totalitäre Klangverständnis kollabieren, da Klang sich hierbei eben unausweichlich als gestaltbares Material offenbart. Schall wird im Speicher- und Wiedergabevorgang durch das Mediendispositiv Tonstudio auf eine bestimmte Weise (räumlich, zeitlich, technologisch, ideologisch) kulturalisiert, so dass Klang als seine spezifische Wahrnehmungsform hörbar wird:

> Ob Klang in der Aufnahme als technisches Abbild der akustischen Wirklichkeit, als Repräsentation oder Simulation derselben oder aber als ein von den akustischen Gegebenheiten letztlich unabhängig konzipiertes Artefakt aufgefasst ist, hat nicht nur Auswirkungen auf die produzierten Klanggestalten, sondern auch auf deren sinnliche Perzeption, die dem ästhetischen Vorgang ihrer Wahrnehmung als Musik vorgelagert ist. Es ist nicht nur ein jeweils bestimmtes Klangbild, sondern viel grundlegender noch auch ein jeweils bestimmtes Konzept von Klang, das aus dem kreativen Umgang mit der Aufnahmetechnik resultiert. (Ebd., S. 3)

Wicke kritisiert parallel den in seinen Augen eher unscharfen Hilfsbegriff ‚Sound', der sich im Zuge der Technologisierung von Musik im Fachvokabular etabliert hat und dem lediglich ein Verständnis vom Klangbild einer Musikaufnahme zugrunde liegen soll. Um die missverständliche Bedeutung des musikalischen Zusammenklangs nun von der Form des Klangs als „kulturalisierte[r] Schall" (ebd.) zu trennen und sie zu dem von ihm als ungenau bestimmten Soundbegriff abzugrenzen, schlägt Wicke das Konzept des Sonischen vor:

> [Das Sonische] verweist in seiner allgemeinsten und ursprünglichen Bedeutung als Bezeichnung für das Hörbare zwar auf die Materialität des akustischen Mediums, verbindet dies aber durch den Bezug auf das Hören mit dem hörenden Subjekt, also mit einer kulturhistorischen Dimension. Das Sonische ist [...] das mit den jeweiligen Modi der Klangerzeugung und ihrer Technologie sowie den Soundscapes (Murray R. Schafer) einer Zeit und Gesellschaft verbundene Konzept von Klang. Dies ist den Instrumenten der Klangerzeugung ebenso eingeschrieben wie den Modi des Musizierens. Allerdings geht diese Ebene weit über die Musik hinaus, macht diese vielmehr als integralen Bestandteil der Audio-Kultur einer Gesellschaft fassbar. (Ebd.)

Das Akustische – Schallereignisse als Schwingungsvorgänge in einem flexiblen Medium – und das Ästhetische, also die kulturalisierte Wahrnehmung des Subjektes, bilden das Modell des Sonischen. Dadurch eröffnet das Sonische einen Binnenraum zwischen dem Realen und dem Symbolischen – eine Denkfigur, die Klangkonzepte innerhalb des Kulturellen als apriorisch reflektiert, und ein Dispositiv, welches sich aus diskursiven als auch nicht-diskursiven Praktiken konstituiert und der Wahrnehmung als unsichtbarer Filter vorgeschaltet ist. Das Sonische bezeichnet die kulturelle Formung physikalischer Schallereignisse ganz im Allgemeinen, und das nicht nur im musikalischen Sinne, sondern meint etwa auch das Klang-Design urbaner Räume. Im Tonstudio wird diese konzeptionelle Klanggestaltung allerdings ausdrücklich beobachtbar. Die ästhetischen Strategien entwickeln sich hier mit den Technologien stetig weiter, so dass aus dem experimentellen Umgang mit der Medientechnik auch immer neue Klangkonzepte entstehen können. Da nun aber, wie von Wicke selbst herausgearbeitet, die studiotechnischen Produktionen ein grundlegendes Verständnis über das Sonische mitbestimmen, erscheint es unumgänglich, diesen medientechnischen Verfahren eine eigene ästhetische Beschreibungsebene zuzugestehen. Es ist ein Aspekt, auf den auch Wolfgang Ernst bereits kritisch hingewiesen hat, da die sonische Qualität technischer Medien „komplexer ist als das rein akustische Material und die Mechanik der Instrumente. Das Sonische ist durch das akustische Material zwar vorgegeben, aber damit nicht hinreichend definiert. Dies meint noch nicht Musik, aber mehr als nur reine Physikalität." (Ernst 2008, S. 3) Mit dem Sonischen ist nämlich nicht automatisch eine Differenzierung zwischen mechanischer Klangerzeugung sowie den technologischen Verfahren ihrer Speicherung, Elektrifizierung, Manipulation oder Reproduktion gegeben. Diesem Kurzschluss soll im Folgenden eine weitere entscheidende Bedeutungsdimension hinzugefügt und dafür der Begriff ‚Sound' medienwissenschaftlich reanimiert werden:

> The term "sound" has taken on a peculiar material character that cannot be separated either from the "music" or, more importantly, from the sound recording as the dominant medium of reproduction. [...] [T]he idea of a "sound" appears to be a particularly contemporary concept that could hardly have been maintained in an era that did not possess mechanical or electronic means of reproduction. (Théberge 1997, S. 191)

3.2 Im Medium erklingt der Sound

Sound ist zu einem Universalbegriff der medien- und musikwissenschaftlichen Erforschung von auditiver Kultur avanciert. Innerhalb des mittlerweile institutionalisierten Forschungsfelds der Sound Studies werden nicht nur musikalische, sondern allgemein akustische Phänomene vor dem Hintergrund ihrer kulturellen, sozialen, historischen oder medialen Bedingungen reflektiert. Dabei profitiert vor allem auch die bisher auf Analyseverfahren der Notenschrift beruhende Musikwissenschaft von einer paradigmatischen Erweiterung vom „System Ton zum System Sound" (Helms 2003, S. 197). Durch eine eher interdisziplinäre Ausrichtung auf Klangphänomene vollzieht sich sowohl eine methodologische Horizontverschiebung als auch eine diskursive Öffnung von traditionellen hin zu eher zeitgenössischen Formen der Musik. Pop und seine Soundkulturen werden zu Erkenntnisobjekten und stehen nicht länger nur unter dem bloßen Verdacht der kulturindustriellen Reproduktion. Dabei sind in der musikalischen Produktionsästhetik der Pop- und Rockkultur elektroakustische Prozesse der Klanggestaltung bekanntermaßen von besonderer Signifikanz, deren medientechnische Voraussetzung wesentlich auf den weiterentwickelten Speicher- und Wiedergabemedien der Phonographie beruht.[37] Für diese Verfahren der Tonproduktion erscheint der Soundbegriff als durchaus programmatisch, „weil Sound das Unaufschreibbare an der Musik und unmittelbar ihre Technik ist" (Kittler 2012, S. 50), wie Friedrich Kittler in seiner Lesart des Songs „Brain Damage" von Pink Floyd als Kurzgeschichte der auralen Wahrnehmung im Zeitalter techno-akustischer Medien formulierte. Ausgehend von der Wort- und Begriffsverwendung im Deutschen emanzipierte sich Sound von einem Synonym für Klangbildung oder Klangfarbe im Kontext der Jazzmusik (vgl. Schätzlein 2005, S. 25). Der Begriff wird nun explizit medientechnisch semantisiert und füllt eine entscheidende Leerstelle im Verständnis von künstlerischen Praktiken in der Tonstudio-Produktion:

> Der Stellenwert von Interpretation, Komposition und Notation (im konventionellen Sinne) rückt gegenüber der Technik in den Hintergrund – der durch den Umgang mit Tonstudiotechnik erzeugte charakteristische Klang wird zum musikalischen Markenzeichen. Und es geht nicht mehr nur um den Sound des Musikers oder der Band, sondern auch um den des Produzenten und des Labels/Studios. (Ebd.)

Die hochtechnisierten Verfahren der Musikproduktion, also das Speichern und Bearbeiten von Schallereignissen, sind damit immer auch Soundproduktionen. Im Anschluss an Kittler soll für die vorliegende Untersuchung daher eine solche Begriffsdefinition zugrunde gelegt werden, in der Sound immer als medientechnisch prozessierter Schall verstanden wird. Wenn im Kontext der Musik hier also von Sound die Rede ist, ist damit zunächst nicht etwa die besondere Klangcharakteristik eines Raums, eines akustischen Instruments oder einer Stimme gemeint. Erst mit

---

37 Hermann Rauhe wies u. a. 1968 bereits auf den Stellenwert der Produktionstechnologien für die Musikanalyse hin: „Eine musikalische Gestalt umfaßt genetisch wie historisch primäre Komponenten wie Diasthematik, Rhythmik, Harmonik und Form, die untereinander wiederum hinsichtlich ihres Stellenwertes variabel sind. Zu diesen ‚Primärkomponenten' treten als ‚Sekundärkomponenten' die Instrumentation sowie im Bereich der U-Musik das Arrangement und als ‚Tertiärkomponenten' zum Zwecke der klanglichen Realisation Interpretation und in der medienvermittelten Musik Aufnahme- und Wiedergabetechnik. Diese letzteren haben seit Verbreitung der Technischen Mittler zunehmend an Bedeutung gewonnen und transformieren die Sekundär-, ja sogar die Primärkomponenten durch die elektroakustischen Verfahren [...]." (Rauhe 1968, S. 179).

der Schallwandlung durch mechanische Speicher- und Wiedergabeprozesse (Phonographie), elektroakustische (Mikrophone, Verstärker, Tonbandgeräte) sowie digitale (DAT, CD, Sampler, Computer) Schalltransformatoren oder durch synthetisch generierte Frequenzen (Tonfrequenzgeneratoren, Synthesizer, Vocoder) wird Sound als theoretisches Konzept hier als anschlussfähig erachtet. Dann können auch die akustischen Eigenschaften eines Raums mittels Aufnahmeverfahren technisch nutzbar gemacht und soundtheoretisch betrachtet werden.

Schall ist jedoch nicht gleich Sound, wie Matthias Rieger anhand der „Lehre von Tonempfindungen als physiologische Grundlage für die Theorie der Musik" von Hermann von Helmholtz zu zeigen versucht hat (vgl. Rieger 2003). Sicherlich hat Helmholtz wesentlich die statische Grenze von musikalischem Klang und Geräusch im weitesten Sinne physikalisch aufgelöst. Ein solch musiktheoretischer Kurzschluss von Schall und Sound erscheint aber doch eher als Kunstgriff, um eine Kompatibilität zwischen der eigenen Arbeit und akustischen Phänomenen der Gegenwart herzustellen. Wenig subtil offenbart Rieger selbst diese Simplifizierung, wenn er eingesteht:

> Einen wesentlichen Anteil an der Popularisierung der Helmholtzschen Welt des Schalls hatte Thomas Alva Edison mit seinem Phonographen. Dieser Vorläufer des Grammophons hatte eine weitaus größere Überzeugungskraft als alle physikalischen Experimente und mathematischen Berechnungen. Man musste sich nicht abmühen, komplexe Theorien über die Physiologie und Physik des Klanges zu verstehen, sondern konnte im Wohnzimmer lauschen, was Helmholtz beschrieb: Musik als Schallereignis. (Ebd., S. 193)

Musik als Schallereignis und gleichermaßen als „Sound-Production" (ebd., S. 192) zu beschreiben kann nur unzureichend damit begründet werden, alles „auf den kleinsten physikalischen Nenner bringen" (ebd., S. 195) zu wollen. Schattentheater und Film sind eben auch jeweils mehr als nur Lichtspiele. Die jeweiligen ästhetischen Qualitäten sind vermittelt und werden kulturell somit auch immer über ein Medium geformt. Die Phonographie ist nicht nur trivialer Verteiler für die von Helmholtz erarbeiteten Forschungsergebnisse, sie stellt vielmehr eine mediale Zäsur und somit auch die phänomenologische wie auch epistemologische Apriori für Sound dar. Kurz gesagt: Erst mit der Phonographie werden Musik und allgemein auch Schall als Sound erfahrbar.

Wer Sound als spezifisch medialen Effekt begreift, überwindet auch die in der Alltagssprache synonyme Verwendung im Sinne von Stil. Mit Sound und Stil wird hier eine bestimmte Menge von Elementen zu einem typischen Merkmal geformt (vgl. Helms 2003, S. 213), die sich vor allem auf Ebenen heterogener Systeme wie Genres (Rock-Sound, Hip-Hop-Sound usw.), Zeitabschnitten (Sound der 80er Jahre usw.) oder Orten (Philly-Sound, Detroit Techno usw.) häufig als kulturelle Zuschreibungen festsetzen. Auf der Betrachtungsebene von Individualmerkmalen

(Sound eines Tonstudios, eines Geräts oder des Gesangsstils eines Musikers) lassen sich beide Begriffe hingegen recht klar voneinander differenzieren. So ist es als Stilistik zu verstehen, auf welche Weise etwa Frank Sinatra seine Stimme einsetzt und in ein Mikrophon singt. Aber *Crooning* wiederum ist eben nicht nur ein Vokalstil, sondern vielmehr das Ergebnis einer Kombination aus Stimme und Technik. Es ist ein Soundeffekt, der nur als medientechnisch prozessierter Gesang entstehen kann:

> On any level the term style usually involves a discription of the technical elements of the music. But a more complete assessment of a style takes into account certain things in the music that are not readily illustrated, verbally or graphically – certain aspects of performance, for instance, that are associated with, but not notated in the music. (Byrnside 1975, S. 160)

So haben auch z. B. viele Rockgitarristen eine markante Art, ihr Instrument zu bedienen, doch erst in Verbindung mit übersteuerten Verstärkeranlagen und *dentes* entsteht der signifikante Hendrix-Sound. Vielmehr noch sind diese persönlichen Stile Produkte aus einem Zusammenspiel bzw. einem Resonanzverhältnis von Mensch und Maschine. Hierbei reagieren die charakteristischen Spiel- oder Gesangstechniken unmittelbar auf Medientechnologien. Das Medium bedingt dabei den Stil und ist Voraussetzung für die individuelle Soundsignatur:

> Nur sehr schwer ist dagegen die Frage zu beantworten, was am Rock 'n' Roll wirklich neu war und nicht lediglich auf einer Neuausrichtung bereits bestehender Stile darstellte. Viele Techniken lassen sich auf Vorläufer im Rhythm & Blues zurückführen – die Verwendung von Formen mit wiederholtem Refrain [...], die Verwendung von melodischen Wendungen und Gesangstechniken [...]. Neu war deren Stellenwert im Rock 'n' Roll und daß sie hier im Rahmen eines Genres zelebriert wurden, das auf den Massenmarkt zielte, diese Spieltechniken mit Themen verband, die auf Heranwachsende zugeschnitten waren [...], in einem Produktionskontext, der mittels der sich schnell entwickelnden Aufnahmetechnik die ästhetische Bedeutung von Sound in den Vordergrund rückte (z. B. die charakteristischen Echo-Effekte, die in den Sun-Studios in Memphis kreiert wurden, wo unter anderem auch der junge Elvis Presley aufnahm). (Middleton 2001, S. 81)

Wenn Sound also konsequent medientechnisch verstanden wird, erweisen sich etwa kompositorische Stimmführungen, wie „polyphone oder homophone Setzweisen" (Kneif 1978, S. 220), als weniger soundspezifisch, sondern vielmehr als besondere Kompositionsstile. Auch eher allgemein von Sound als „akustische[m] Klang" (ebd.) oder „Klangfarbe" (ebd.) zu sprechen, ist demnach nur im technischen Medium ergebnisreich. Umgekehrt folgt daraus unweigerlich aber auch, dass es ebenso problematisch ist, Sound als kategorischen Sammelbegriff für die „musikalische Eigenart einer Gruppe" (ebd.) oder einer „lokal oder zeitlich näher angebbaren Musikrichtung" (ebd.) einzuführen und nur vom technischen Medium her zu betrachten. Denn die jeweils eingesetzten Produktionsmittel und -verfahren lassen sich isoliert betrachtet nicht unbedingt immer auf die musikalischen Marker und individuellen Stile zurückführen. Das *Slapback*-Echo bei Elvis Presley ist sicherlich stilprägend für den Sound vieler seiner Produktionen gewesen, dennoch ist dieses Tape-*Delay* nicht der Elvis-Sound. Es ist die stilistische Gesangsperformance im Resonanzverhältnis mit einem Medieneffekt, was diesen charakteristischen Sound zum Ergebnis hat. Auch ist dieser Effektsound nicht auf seine Verwendung durch den Produzenten Sam Phillips und die Sun Studios herunterzubrechen. Dieses *Delay* ist zunächst das Resultat eines Produktionsverfahrens, bei dem mit Hilfe einer zweiten Bandmaschine das aufgenommene Audiosignal zeitlich verzögert wird. Und die gezielt wiederholte Anwendung dieses Verfahrens innerhalb eines bestimmten sozio-kulturellen Rahmens (Genre, Tonstudio, Musiker u. a.) kann solche Formen musikalischer oder soundästhetischer Muster erzeugen, dass sie als akustisches Markenzeichen wahrgenommen und somit als Soundsignatur konstitutiv werden. So werden *Slapback-Delays* eben nicht nur bei Sam Phillips oder Elvis, sondern etwa auch im Kontext von Dub-Musik als Soundzeichen relevant.

Nun zeigt sich anhand eines dezidiert medientechnisch gewendeten Soundbegriffs aber auch, dass, wie bereits Frank Schätzlein konstatiert hat, mit Sound auf dieser Ebene noch verschiedene Variablen bezeichnet werden, etwa

> die gesamte Tonebene (der akustische Anteil) eines Mediums mit allen unterschiedlichen Schallereignissen, einzelne nicht identifizierbare Klänge oder Geräusche (Sounds, Sound Effects), das Sounddesign, also die gezielte (künstlerische) Gestaltung des Akustischen in den Medien (Tonspur bei Film und Fernsehen, Hörfunk, Tonträger, Internet, Software/Computerspiel/Multimediaanwendung), den charakteristischen Klang der Produktionen eines Komponisten, Tonmeisters, Sounddesigners und/oder Regisseurs oder den charakteristischen Klang bestimmter medientechnischer Geräte und Einrichtungen. (Schätzlein 2005, S. 28)

Fasst man diese Beschreibungen im Wesenskern zusammen, lässt sich festhalten, dass mit Sound das Medium hörbar wird. Denn wenn Sound der signifikante Klang bzw. die Sonifikation eines Apparats oder eines Medienverbunds, also einer komplexen Verschaltung mehrerer Gerätschaften aus Platinen und Elektronikbauteilen, ist, dann haben alle technisch prozessierten Schallereignisse auch eine individuelle Soundcharakteristik. Die gesamte Tonebene oder künstlerisch gestaltete Audiospur eines Mediums können demnach sicherlich nach diesen spezifischen Kriterien, also dem medialen Anteil einer akustischen Ebene, beschrieben werden. Lediglich als Synonym für die gesamten Schallereignisse eines Mediums erscheint der Soundbegriff dann jedoch konturlos hinsichtlich seines medienästhetischen Profils und wird somit eher beliebig oder gar unbrauchbar. Bezeichnet man mit Sound also exemplarisch unidentifizierbare Geräusche einer Tonaufnahme, sogenannte Effekt-Sounds oder die klangliche Handschrift eines Produzenten, bezieht man sich immer auch auf den Eigenklang der hierbei verwendeten Produktionsmedien. Diese sind konstitutiv für die Oberflächenbeschaffenheit des jeweiligen Sounddesigns eines Einzelklangs oder einer gesamten Tonaufnahme: „Sound erscheint jetzt als zentrale Kategorie des Musizierens, die die besondere Textur einer Aufnahme, ihr klangliches Gewebe, beschreibt." (Wicke 2001, S. 37) Versucht man diese Sounddefinition bis auf ihre elementare Basis zum Ende zu führen, wird schnell klar, dass Sound als mediale Teilmenge, ganz im Sinne Kittlers, nur hinreichend aus dem Innenleben der Technologien erklärt werden kann:

> Technologien aber, die die Schrift nicht bloß unterlaufen, sondern mitsamt dem sogenannten Menschen aufsaugen und davontragen, machen ihre Beschreibung unmöglich. Mehr und mehr Datenströme vormals aus Büchern und später aus Platten oder Filmen verschwinden in den schwarzen Löchern oder Kästen [...] Aber machbar scheint es an den Blaupausen und Schaltplänen selber [...] Wem es also gelingt, im Synthesizersound der Compact Discs den Schaltplan selber zu hören [...] findet ein Glück. (Kittler 1986, S. 3ff.)

Sound ist somit das Ergebnis eines *Blackboxings* und da Sound von keinem Schriftmedium repräsentiert werden kann, verliert sich in diesen Blackboxes „die Suche nach dem Material des Sounds [als] der Versuch, analog zum System Ton ein neues Paradigma der kleinsten Einheit der Musik auf der Grundlage der Sache des Verbreitungsmediums [Notenschrift] zu bilden" (Helms 2003, S. 207). Es ist eine Spur, die auch Wolfgang Ernst in seiner Auseinandersetzung mit dem Begriff des Sonischen aufnimmt, wenn er sagt: „Eine Kulturgeschichte des Sonischen [...] ist Medien- als Signalanalyse. Der Begriff des Sonischen verhilft dazu, Musik nicht einseitig auf das Semiotische zu reduzieren." (Ernst 2008, S. 3) Das hier vorgeschlagene Konzept von Sound korreliert an dieser Stelle stark mit dem, was Ernst die Sonik nennt, also die „medientechnisch operationalisierte Form von Klang [...]" (ebd., S. 2). Sonik bzw. das ‚medientechnisch Sonische' sowie Sound bilden demnach gleichermaßen Beschreibungsebenen für techno-mathematische Signalprozesse, wobei Musik in diesem Zusammenhang sich eben nicht vollständig in einem Zeichensystem abbilden lässt. Genau hier befindet sich Sound in einem fruchtbaren Spannungsfeld zwischen dem Realen und dem Symbolischen. Die realen Schallschwingungen, gleichgültig ob von einer Stimme, einem mechanischen oder synthetischen Instrument erzeugt, werden durch Medien, Schaltkreise oder Mikrochips reproduzierbar und zum gestalterischen Basismaterial von Tonstudioproduktionen. Auf der Ebene der Platinen ist Sound dabei als medientechnischer Effekt, als reine Medialität zu verstehen. Da es eben dieser Effekt ist, der einen grundlegenden Parameter und bestimmenden Faktor für ästhetische Urteile innerhalb des Ton- und Aufnahmestudios darstellt, erscheint es als notwendig, dass „Sound nicht mehr als das angesehen wird, was der Musik akzessorisch anhaftet. Sound ist zum formenden Element der Musik selbst geworden." (Sander 1977, S. 83)

Mit der Unterscheidung von Medium und Form ließe sich dieser Aspekt mit Niklas Luhmann einer medientheoretischen Erweiterung unterziehen: „Weder gibt es ein Medium ohne Form, noch eine Form ohne Medium." Seine Differenzierung baut auf dem von Fritz Heider eingeführten Sinnzusammenhang von Ding und Medium auf, wobei Sound nach Luhmann als Form des Mediums Tonstudio zu verstehen wäre. Grundlegend ist hierfür allerdings, dass die Form gegenüber ihrem Medium einen Zustand fester elementarer Kopplungen voraussetzt:

> Das heißt: auch Medien bestehen aus Elementen bzw., in der Zeitdimension, aus Ereignissen, aber diese Elemente sind nur sehr lose verknüpft. Relativ zu den Ansprüchen an Dinghaftigkeit oder Form können sie geradezu als unabhängig voneinander gelten. [...] Formen entstehen dagegen durch Verdichtung von Abhängigkeitsverhältnissen zwischen Elementen, also durch Selektion aus Möglichkeiten, die ein Medium bietet. Die lose Kopplung und leichte Trennbarkeit der Elemente des Mediums erklärt, daß man nicht das Medium selbst wahrnimmt, sondern die Form, die die Elemente des Mediums koordiniert. (Luhmann 2008, S. 124f.)

Das Tonstudio nach Luhmann als Medium zu erfassen bedeutet daher, zunächst die einzelnen Elemente des Studiomediums als flexible Verschaltung zu begreifen. Studioräume und die entsprechenden Technologien erscheinen auf einen ersten oberflächlichen Blick, oder genauer gesagt in ihrer konkret beobachtbaren Form, vielleicht als eine rigide Struktur. Bei präziserer Überlegung offenbaren sich die technischen Geräte in ihrem Verhältnis zueinander, die raumakustische Funktionalität sowie die unterschiedlichen Regelzustände einzelner Apparate an sich als dynamische und aktivierbare Gestaltungselemente. Das Studio als Medium ist kein starres Konstrukt. Ebenfalls besteht jedes realisierte Studiokonzept aus vielleicht (sehr) ähnlichen, aber eben auch unterschiedlichen Elementen. Mit dem Sound einer Schallaufzeichnung werden diese losen Kopplungen nun als eine Form, als ein temporärer Zustand fester Ordnung und Steuerungsmomente des Studioapparats, wahrnehmbar: „Die Stabilität des Mediums beruht auf der Instabilität der Formen, die ein Verhältnis fester Kopplung realisieren und wieder auflösen." (Luhmann 2020, S. 209) Das Medium bleibt dabei unhörbar. Ein spezifischer Sound formt sich somit durch das kombinatorische Potential, was durch das Medium des Tonstudios organisiert wird. Anhand eines beispielhaften Produktionsprozesses bedeutet das die Zusammensetzung der verwendeten Produktionsmittel, also etwa die Auswahl und räumliche Anordnung der Mikrophonierung, Instrumente und Effektgeräte, darüber hinaus natürlich sämtliche in diesem Kontext ausgeführten Parametereinstellungen der Medientechnik. Das Studio kann aber auch als eine Materialisierung des Mediums Musik gedacht werden:

> Zusätzlich aber schafft sich die Form des Musikkunstwerks ein eigenes ‚Woraus' der Selektion, einen Raum sinnvoller kompositorischer Möglichkeiten, auf den die fixierte Musik in einer

> Weise zugreift, die als Auswahl kenntlich ist und andere Kompositionen nicht bindet. [...] Auch wenn die Musik sich mit Hilfe von Instrumenten gut klingende Töne schafft, kann in diesem Medium zunächst wieder jeder Ton auf jeden folgen oder mit jedem kombiniert werden; es sei denn, daß die Form des Musikstücks anders entscheidet. Auch hier wird also zunächst wieder durch besondere Vorkehrungen ein Medium geschaffen, in das Form sich einprägen kann; auch hier lose Kopplung und strenge Kopplung. Infolge der Differenzierung von Komposition und Aufführung entwickelt sich außerdem ein besonderes Medium der Notation, das zunächst nur als technisches Hilfsmittel benutzt wird, dann aber auch als Medium für die Aufnahme graphischer Formen entdeckt wird, die optisch einschränken, was die Musik sich erlaubt. (Luhmann 2008, S. 127f.)

Gemessen an dem, wie in Luhmanns Medientheorie der Kunst die Formen einer Evolution, einer „Steigerung des Auflöse- und Rekombinationsvermögens, als Entwicklung immer neuer Medien-für-Formen" (ebd., S. 132), ausgesetzt sind, erschaffen musikalische Formen neue Medien. Mit der Erfindung der medientechnischen Schallaufzeichnung ist ein solcher Evolutionsprozess für die Musik gleichermaßen beobachtbar. Der Phonograph, ursprünglich eingeführt als Diktiergerät, wurde als Medium von der Musik gewissermaßen okkupiert, wodurch sich neue musikalische Formen durch die Kombination alter und neuer Elemente bilden konnten. Durch die deutlich eingeschränkten Klangqualitäten der frühen Phonographie geht der daraus erwachsene Wunsch nach originalgetreuer Abbildung spätestens mit dem Magnettonband in High Fidelity auf. Alle medialen ‚Evolutionsstufen' haben zweifelsohne ihre eigenen musikalischen Formen hervorgebracht. Dabei erscheint es anhand der Produktionsästhetik eines Phil Spector sich jedoch mit am eindrucksvollsten zu exemplifizieren, dass das Tonstudio vom reinen Abbildungsmedium zum Medium der Soundform funktionalisiert wurde. „Die Form schafft sich ein kunsteigenes Medium, indem sie es für die Ausdrucksabsichten benutzt." (Ebd., S. 130f.) Die *Wall of Sound* ist demnach als die Form des Mediums ‚Tonstudio' zu denken.

Daher vollzieht sich seit der Möglichkeit, Schallereignisse zu speichern und wiederzugeben, also Sound zu produzieren, eben auch eine fundamentale Verschiebung von Machtverhältnissen innerhalb der Musik. Traditionelle Ordnungen, wie die Hegemonie der Notenschrift als Speicher- und Distributionsmedium, die klassische Instrumentallehre oder der Konzertsaal als Herrschaftsbereich der elitären, bildungsbürgerlichen Hochkultur büßen ihre Monopolstellung ein. Die alten hierarchischen Systeme lösen sich in der Musikproduktion allerdings nicht auf, sondern strukturieren sich neu. So stehen Dirigenten, Orchester und der Konzertsaal in gewisser Weise einer neuen Formation aus Produzenten, Studiomusikern und dem Tonstudio gegenüber:

Nicht nur in der Rockmusik ist das Verhältnis von Komposition zur Aufführung, nachdem die Technik so entscheidend die Faktur der Musik mitbestimmt, völlig irrelevant geworden. Die Rangordnung heißt Technik, Interpretation, Komposition. Nicht was gemacht wird, auch nicht wie es gemacht wird, sondern womit es gemacht wird, bestimmt die Qualität einer Musik, deren Progressivität nicht in der Erneuerung musikalischer Dimensionen[,] sondern in der Umwertung einzelner Parameter besteht. Das Wechselspiel zwischen Technik und Musik beginnt bei den Instrumenten und den Apparaten, die zur Manipulation des Instrumentenklangs dienen, schließt das System der Verstärker, Mikrophone, Lautsprecher mit ein und endet schließlich bei den Aufnahmeverfahren in den Studios und bei den Herstellungsprozessen der Schallplattenindustrie. In diesem komplizierten System der Produktion von Musik hat der Musiker, der nichts weiter als sein Instrument auf herkömmliche Weise spielt, schon kaum mehr einen Platz. Der Musiker selbst ist zu einem Tontechniker geworden, der beispielsweise an der Gitarre den Klang mit Hilfe von Umschaltern und Überblendereglern während des Spiels verändert und zwar unabhängig von den Einstellungen des nachgeschalteten Verstärkers oder den Manipulationen des Technikers am Mischpult. (Sander 1977, S. 83)

Die soundtechnischen Prozesse zur Fabrikation von Klängen bedingen zum einen neue Professionalisierungsschübe und zum anderen damit auch eine gewisse Neuordnung konservativer Denkmuster in der Musik. Auch differenzieren sich diese Machtstrukturen stetig weiter aus und bilden mit jeder tontechnischen Zäsur eigene technikkulturelle Dispositive. So lässt sich das von Wolfgang Sander herausgearbeitete teleologische Prinzip von Rockmusik, wobei die Tonaufnahme am Ende der musikalischen Komposition steht, heute im Techno oder Hip-Hop kaum mehr halten. Bereits die Beatles arbeiteten mit dem Tonstudio und den Aufnahmeverfahren als eigenständigen Instrumenten, indem sie Tonbänder manipulierten und bereits aufgenommene Klänge in die Musik integrierten. Jedes dieser beispielhaft angeführten Genres entwickelte im historischen Verlauf eigene Konventionen, Normen und Standards, die immer zwischen Momenten der Unterwerfung und Selbstermächtigung entstehen – eine entscheidende Dynamik, die auch ständig das Urheberrecht und den arbeitstechnischen Leistungsschutz im Studio berührt (vgl. Ernst 1995).

3.3 Soundfetischismus und Studiodesign

Sound ist zum beherrschenden Fetisch der Rockmusik" (Sander 1977, S. 83) oder, um es genereller zu formulieren, der Musikproduktion geworden. Mit Sound als abstrakte Variable eines musikalischen Begehrens rückt automatisch das Mediendispositiv des Tonstudios in den Mittelpunkt konkret beobachtbarer Objektbegierden. Denn an die technischen sowie räumlichen Konfigurationen des Studioapparats richten sich gewisse Vorstellungen hochfetischisierter Soundideale, die mittels bestimmter Produktionsgeräte oder Raumanordnungen angestrebt und wiederum durch das Studiodesign repräsentiert werden. Dazu gehören der schaltungstechnische Aufbau von Multifunktionswerkzeugen wie Mischpulte, Effektgeräte oder Dynamikprozessoren gleichermaßen wie deren Oberflächenästhetik. Auch die Innenarchitektur und das Interieur des Studios sowie beispielsweise vergoldete Kabelstecker gehören in die ‚magische Welt' dieser Soundfetische. Zum Phänomen des Fetischismus allgemein schreibt Hartmut Böhme unter Bezugnahme auf Marcel Mauss' „Theorie der Magie":

> Fetischismus und Magie gehören insofern zusammen, als Magie der Versuch ist, die Welt unter Kontrolle zu bringen, genau dies sollen Fetische leisten. Sie zeigen ferner eine performative Struktur: Sie haben eine Agency, kraft deren sie die eingeschlossenen Mächte zur Entfaltung bringen. Sie sind mithin dingliche Agenten von Macht. Darum auch konnten die technischen Geräte der Europäer als Fetische verstanden werden. Sie offenbaren in der Wahrnehmung der Afrikaner, was Fetische per Definition sind: Kraftwirkung. (Böhme 2006, S. 190)

Fetische wären hiernach zunächst Dinge, denen eine Art von magischem Eigenleben zugeschrieben wird. Sie sind Träger, also Repräsentanten einer Macht, mit deren Hilfe die Welt unter Kontrolle gebracht und symbolisch geordnet werden kann. Wenn nun also im Rahmen der Studiotechnik und -räume von Soundfetischen die Rede ist, eröffnet sich hierdurch in gewisser Weise ein ähnlich ‚magisches Milieu': Tonstudios sind Fetische der Klangkontrolle. Im Bereich der Popkultur bilden mythologisierte Überhöhungen sogenannter ‚magischer Momente' während der Tonproduktion ein ähnlich beliebtes Narrativ, um besondere Künstler-Performances und Aufnahmeprozesse zu (v)erklären,[38] wie es die Fetische in Stammesgesellschaften als Erklärungsmodell für Heilungen oder Krankheiten leisten. Die Phil-Spector-Produktion des Songs „Be My Baby" (The Ronettes 1963) von The Ronettes zum Beispiel kommentierte ein Zeitzeuge wie folgt: „And I heard it coming back.

---

[38] Albin J. Zak III spricht in Anlehnung an Walter Benjamin hierbei von einer Übertragung der Aura: „What I am calling ‚transferal of aura' is often referred to by recordists simply as ‚magic'. The word comes up agian and again in interviews, and it seems a fitting one for the life-giving process it describes. For records represent more than the expression of their creators' talent, ideas, emotions, and influences; they also capture physical presence and action. The performative acts of all those involved in the record-making process form the substance of the work, the sinews of its being. While the process has its mundane, even tedious, apsects, at some point int the making of a successful record there is a magical transferal of aura from artists to artifact." (Zak III 2001, S. 20.) Die Aura, sprich die ritualisierte Situiertheit eines Werks in Raum und Zeit, also „[d]as Hier und Jetzt des Kunstwerks – sein einmaliges Dasein an dem Orte, an dem es sich befindet" (Benjamin 1981, S. 11), bedarf somit eines Transfers ins technische Medium, um seine Präsenz oder eben seine „Magie" reproduzieren zu können. „For records and films represent not a shriveling of aura, but rather, a transferal of aura. And it is this transferal that is at the heart of the poetic process in the technologically mediated arts." (Zak III 2001, S. 19).

And it was a miracle, it was glorious. [...] And that is where the magic came, between the wires and the booth Phil got magic." (Tymieniecka 2009) Die hier geschilderte Szene bezieht sich auf die Differenz zwischen einer musikalischen Performance und dem prozessierten Klangergebnis dieser Einspielung durch den Studioapparat. Dem zitierten Statement ging die Beobachtung des Zeitzeugen voraus, dass die Instrumentalisten im Studioraum während der gesamten Tonaufnahme ungenau und teilweise fehlerhaft spielten: „there was a lot of imperfection out there" (ebd., TC: 6:02–6:06). Was auf Tonband allerdings gespeichert und zurückgespielt wird, ist im Klangbild offenbar stimmig, Fehler sind nicht mehr zu identifizieren. Das von Phil Spector arrangierte Aufnahmesetting, also die räumliche Anordnung der Musiker, die Positionierung der Mikrophone im Verhältnis zur Raumakustik und alle weiteren Justierungen des technischen Equipments, übernimmt hier die Funktion eines magischen Korrektivs. Die Regulierung der Unordnung, die angeblich irgendwo zwischen den Kabeln und dem Aufnahmeraum (der „Booth") geschieht, wird in den Blackboxes der Studiotechnik verortet. Diese unsichtbare Kraftwirkung gehört ins mythische Reich der Soundfetische, und zwar im Sinne einer Doppelung, wie es Louise Meintjes am Beispiel des Recording Studios herausgearbeitet hat:

> "Housed inside its machines are the fetishized worlds of science and sound. Just as the studio's technology plays a part in fetishizing the sound it produces, so do the complexity and beauty of the sound in turn intensify the aura of the technology." (Meintjes 2012, S. 270)

Wird also ein bestimmter Sound fetischisiert, richtet sich das Begehren gleichzeitig auf die zur Herstellung des Sounds verwendeten Medientechniken. Das Studiodispositiv und der dort produzierte Sound sind jeweils Korrelate eines Soundfetischismus.

Ein prominentes Beispiel solch eines fetischistisch aufgeladenen Objektbegehrens zeigt sich in der Erfolgsgeschichte eines der vier konstruierten Neve 8028-Mischpulte des englischen Elektrotechnik-Ingenieurs Rupert Neve. Ursprünglich wurde die Konsole zu Beginn der 1970er Jahre in den legendären Sound City Studios (Los Angeles) installiert und 2011, nach deren Insolvenz, vom Ex-Nirvana-Drummer und jetzigen Foo Fighters-Frontmann Dave Grohl aufgekauft. Das Pult hat regelrecht Rock- und Popgeschichte produziert und den Sound u. a. von Neil Young, Red Hot Chili Peppers, Johnny Cash, Guns N' Roses oder Metallica geprägt. Laut der technischen Spezifikation handelt es sich bei diesem analogen Flaggschiff um einen 28-Kanal-Mixer mit 16 Bussen und 1084 EQs ohne Automation, also ohne die Möglichkeit, Steuerzustände zu speichern und wiederherzustellen. Für Grohl ist das Neve 8028 medientechnische Voraussetzung für seine erfolgreiche Karriere und Grundlage seines künstlerischen Schaffens:

> I wouldn't be here today, if it were not for this board. This board is responsible for the sound of "Smells Like Teen Spirit", or *Nevermind* the record. It's because of this board, that it sound of the way it did and had a sound that any other where. I don't know if I would be here. So I always felt like, this board is responsible for everything I came after it. (Grohl 2014, TC: 02:14–02:37)

Grundsätzlich bildet ein Mischpult für Generationen der Musikproduktion das Herzstück in Ton- und Aufnahmestudios. Hier laufen alle Signale über die einzelnen Kanäle zusammen und werden letztlich von den Produzenten, Ingenieuren oder Technikern überwacht und gesteuert. In zentraler Position vor dem Fenster der Regie mit Blick in den Aufnahmeraum ist das Soundboard mit seinen vielen Knöpfen, Schiebereglern sowie leuchtenden LEDs als ikonisches Bild ins kollektive Gedächtnis eingeschrieben und entfaltet dabei oft eine futuristische Wirkung: „People say it looks like a spaceship." (Kunihiro Imazeki, zit. nach Mayes-Wright 2014, TC: 22:29–22:40) Mit der bloßen Investition in diese Form des technologischen Kapitals markieren Aufnahmestudios ihren Status innerhalb der Musikindustrie. Studiobetreiber weisen mit solchen finanziellen und technischen Anlagen ihre Professionalität und fachliche Qualifizierung aus, oft damit zugleich auch die der mitarbeitenden Ingenieure und Techniker (vgl. Meintjes 2012, S. 266). Denn in diesen komplexen Verschaltungen von Relais und Bedienelementen ist ein Wissen fixiert, das sicherlich auch durch eine entsprechende Imposanz der Studiotechnologie repräsentiert, hervorgehoben und verstärkt wird. Der Musiker Cat Stevens berichtet in diesem Zusammenhang: „Im Studio war ich immer ziemlich eingeschüchtert mit all den Toningenieuren, die jeden Knopf kannten und wussten[,] wie alles verkabelt ist. Ich kam mir vor wie in einem Raumschiff." (Cat Stevens, zit. nach Chermayeff und Le Goff 2016b, TC: 30:10–30:18) Mit dem Wissen um die Funktion der Apparate im Allgemeinen und durch das Mischpult im Besonderen zertifizieren Produzenten quasi ein Stück weit die Qualität ihrer Produktion.

In besonderer Weise gilt dieser Klassenwert nun für das von Grohl erworbene Neve 8028 aus den Sound City Studios, da es sich hierbei erstens um eine limitierte Sonderfabrikation und eben kein Serienprodukt vom ‚Fließband' des Herstellers handelt. Zum anderen trifft dies natürlich gerade deshalb zu, weil dieses Produktionsmedium bereits eine lange Geschichte aufweist und sich der genau mit diesem technischen Material produzierte Sound in die Hall of Fame der Musikproduktionen eingespeist hat. Die Soundsignatur von Sound City gehört sicherlich zum soundästhetischen Kanon der Rockkultur (Grohl 2013), wobei sich dadurch gewisse Idealvorstellungen eines Klangbilds an das technische Dispositiv richten. Der Sound der Konsole, wie das Analoge im Allgemeinen, wird häufig als besonders ehrlich und unverfälscht beschrieben.³⁹ Es sind Klangattribute, die vor allem in dem vom Blues entlehnten Selbstverständnis der Rockmusik ein Stereotyp darstellen und darin aufgehen: das natürliche, echte und raue Leben, wie es oft als Aufbegehren gegen die elitäre und (spieß-)bürgerliche Gesellschaft der Elterngeneration u. a. von Johnny Cash, Neil Young oder Bruce Springsteen besungen oder etwa von James Dean in seinen Außenseiterrollen verkörpert wurde, wird zum narrativen Referenzpunkt eines soundästhetischen Ideals. Neben der klanglichen Authentizität kommt der Faktor der ‚analogen Wärme' hinzu, die gerade in Zeiten der Digitalität wieder rehabilitiert und marktfähig gemacht wird, was offensichtlich wiederum auf ein gesteigertes Interesse an Vintage- und Retroästhetiken reagiert.⁴⁰ Innerhalb dieser kulturellen Konstellation wird das Neve 8028 als Objekt des Begehrens verehrt und fetischisiert: „Young bands come in and they just want to smell it, cause it has a smell, smells like wires burning. This will outlive us all." (Dave Grohl, zit. nach 60 Minutes 2014, TC: 01:17–01:29) Das Studio 606, wo die Mischkonsole derzeit in Betrieb ist, wird für Künstler, Journalisten und besonders privilegierte Fans zum Wallfahrtsort, wo der unsterbliche Geist des Rock 'n' Roll multisensorisch erfahren werden kann. Dadurch verdoppelt sich die Fetischisierung des Pultes um olfaktorische und taktile Sinnesmodalitäten. Der Geruch von altem Staub und angesengten Kabeln reichert das Narrativ der popikonischen Bedeutsamkeit durch ein deutlich auratisierendes Moment an. Das Begehren richtet sich eben nicht nur an den signifikanten Sound (vielleicht wird es dadurch aktiviert), sondern an die vollständig, sinnlich erfahrbare Präsenz und den Besitz des Materials.⁴¹ An anderer Stelle sagt Grohl hierzu auch: „There is a life inside this board. This board sounds like [...] no other board in the world. And you turn it on, and it smells like burning wire and dust. And it does something specific, it has a personality." (Grohl 2014, TC: 02:54–03:09) Zum einen findet hier eine Beseelung der Dinge im Sinne eines animistischen Glaubens statt. Zum anderen wird mit dem Begriff der Persönlichkeit sicherlich auch ein Anthropomorphismus bedient. Darüber hinaus jedoch handelt es sich bei diesen Zuschreibungen um eine nahezu ehrfürchtige Bewunderung der historischen Bedeutung dieses Produktionsmediums. Schließlich bildet das Neve 8028 nicht nur die technologische Voraussetzung des eigenen künstlerischen Werdegangs, sondern durch seine Schaltkreise wurde und wird nach wie vor Popge-

---

39 Vgl. o. V.: *Analoge Synthesizer*, in: https://www.soundandrecording.de/thema/analog-synthesizer [Zugegriffen am 29.01.2022].
40 Zum Phänomen der Retromanie siehe auch Reynolds 2012.
41 In einem anderen Video-Beitrag fordert Dave Grohl eine Journalistin u. a. auf, das Mischpult zu berühren und die Wärme zu spüren. Es habe für ihn in Zeiten von Heimstudios und Internet noch etwas Romantisches. Für die Journalisten fühle es sich „sexy" an, wodurch das Neve 8028 eine sexualisierte Konnotation erhält (vgl. Grohl 2014, TC: 03:31–03:49).

schichte vertont. Der Sound großer Namen wurde durch den Studiomixer geprägt, und gleichzeitig haben sich Elton John, Santana oder Grateful Dead in dem Pult verewigt. Mit Hilfe des Fetischs wird hier eine Form der Ahnenverehrung betrieben, wobei die großen Heroen der Popkultur angebetet werden. Dies lässt sich Dave Grohl sogar handschriftlich auf der Oberfläche des Mischpultes signieren, wodurch sich etwa Paul McCartney oder Stevie Nicks wortwörtlich in das Material einschreiben und die mit dem Produktionswerkzeug produzierte Rockgeschichte beglaubigen.

Auch die Innenarchitektur, der Einrichtungsstil und das Studiodesign werden mit Fetischen ausgestattet. Hierfür erweist sich ein Blick in das Studio des Filmkomponisten Hans Zimmer innerhalb seines Firmenkomplexes Remote Control Production in Santa Monica als aufschlussreich.[42] Während Studioräume in der Regel nur für angemeldete Personen zu betreten sind, ist es für die nachfolgende Untersuchung überaus hilfreich, dass ein Produzent vom Rang eines Hans Zimmer, ähnlich wie Dave Grohl, seine Studiotüren für zahlreiche Interviews und Filmdokumentationen geöffnet hat, auf die zudem online zugegriffen werden kann. Denn Tonstudios sind vorwiegend Räume mit begrenztem Zugang, die für Außenstehende generell verschlossen bleiben.[43] Dadurch erhalten diese Klangtempel die Aura von heiligen Stätten und forcieren das Bild vom magischen Milieu:[44] „The presence of the complex interiors play a part in generating an atmosphere of mystery and hidden potency, for they can be revealed – always only in part – to those who know how to access them, while they are hidden from ordinary view." (Meintjes 2012, S. 268)

Bei Hans Zimmer lässt sich nun der Gedanke der fetischisierten Tonstudio-Objekte durch die mediale Inszenierung seiner Studioräumlichkeiten, anhand virtueller Studiotouren und Berichte, weiter vertiefen: Das Interieur im barocken Stil mit rotem Polstermobiliar, ornamentalen Wandverzierungen sowie nussbrauner Holzvertäfelung erzeugt eine Atmosphäre des Geheimnisvollen, Mystischen und zugleich auch stark Erotisierenden. Auf einer ästhetischen Ebene bewegt sich das

---

42 Hans Zimmer ist darüber hinaus als Musikproduzent u. a. Berater und Mitentwickler für diverse Musiktechnologien, etwa die Musikproduktionssoftware Cubase von Steinberg oder Spitfire Audio, tätig. Im Bereich der Popmusik ist er bei der Band The Buggles als Komponist und Instrumentalist auf einem modularen Synthesizer für den Hit „Video Killed the Radio Star" mitverantwortlich gewesen. Am 1. Januar 1981 sendete der US-amerikanische Musikfernsehsender MTV das dazugehörige Musikvideo zum eigenen Programmstart.
43 Zum Konzept des Tonstudios als Heterotopie siehe Kapitel 5.
44 Der Begriff Klangtempel verweist in diesem Zusammenhang auf die Publikation Cogan und Clark 2003. Zu Tonstudioräumen in Kirchen und Kapellen siehe Kapitel 5.4.

Raumdesign irgendwo zwischen Rotlicht und Harry Potter[45], was als mythisches Narrativ den Fetischcharakter fortschreibt. Zimmer gibt zum Beispiel selbststilisierend an, dass „that part of the inspiration was a 19th century brothel in Vienna" (Hans Zimmer, zit. nach Vary 2013). Szenekollegen und andere Weggefährten sprechen in Anbetracht der Studioatmosphäre von einer „riesigen Vagina" (James L. Brooks, zit. nach Riecker und Schneider 2011, TC: 08:43–08:46) oder „Gebärmutter" (Gore Verbinski, zit. nach Riecker und Schneider 2011, TC: 08:53–08:55). Dieses sexualisierte Motiv wird zudem durch ein Werk von Egon Schiele in ungefähr linker Raumposition unterstrichen, welches einen Schiele-typischen Männerakt (vermutlich auch als Selbstbildnis) zeigt. Die Studiotechnik ist in diesem durch-designten Raum vollständig integriert, wobei die in den Wandregalen installierten Soundmodule Raumgrenzen bilden. Durch die Beleuchtung mittels zusätzlicher Lichtspots wirken die Maschinen wie Exponate ausgestellt, was dem Studio eine deutlich museale Aura verleiht. Die Technikschränke enthalten alte analoge Soundgeneratoren aus der Frühphase synthetischer Klangerzeugung, wie den ersten modularen Synthesizer von Bob Moog (1964). Die retrofuturistischen Interfaces wirken neben den digitalen und computergestützten Systemen wie Reliquien aus einer längst vergangenen Epoche.

Das fetischisierte Setting der Studioräume, in denen Zimmer und Grohl sich medial selbst inszenieren, dienen als Machtdemonstrationen. Die Fetische sind Repräsentationen ihres jeweiligen Status innerhalb der Musikindustrie, es sind Symbole ihres Erfolges, die in einer Ästhetik des Geheimnisvollen daherkommen und ein magisches Narrativ verstärken. Anhand des Mischpultes als Produktionsmedium zeigt sich diese Kraftwirkung in besonderem Maße. Aufgrund seiner Historizität, des in die Technologie eingeschriebenen Wissens sowie seiner materiellen Beschaffenheit, vor allem durch die Größe und qualitative Verarbeitung der Bauteile, wird das Neve 8028 als Fetisch verehrt, um nun als Mediendispositiv des erfolgreichen und zum Kult gewordenen Sound City-Sounds, also als technologische Voraussetzung für die eigene künstlerische Praxis von Dave Grohl, weiter zu funktionieren:

> Ein Ding ist immer dann zum Fetisch geworden, wenn die Kraft, zu der man sich in Beziehung setzen will, ihre Wohnung in dem Gegenstand nimmt und damit ‚handhabbar' wird. Dann sprechen wir von geist- oder kraftgeladenen Dingen. Fetische sind dabei durchweg Mittel, diese Kräfte gemäß eigenen Wünschen zu dirigieren und zu manipulieren. (Böhme 2006, S. 188)

---

[45] Beispielhaft kann hier auf den Gemeinschaftsraum von Gryffindor in Hogwarts hingewiesen werden.

Der Ex-Nirvana-Drummer setzt sich über das Pult mit seinen Idolen in Beziehung und trägt ihren (analogen) Geist als Sound in die (digitale) Gegenwart hinein. Dabei transformiert er sein Studio auch in gewisser Hinsicht zur Pilgerstätte eines Ahnenkults. Der Fetisch, der ihm in seiner Karriere bereits zu Anerkennung verholfen hat, befindet sich nun in seinem Eigentum, und „[e]inem Fetisch werden magische Kräfte zugeschrieben, die auf denjenigen übergehen, der im Besitz des Fetischs ist. Wer über den richtigen Soundfetisch verfügt, besitzt somit die magischen Mittel, seine Ziele zu erreichen – besitzt den Schlüssel zum Erfolg." (Pfleiderer 2003, S. 19)

Auch auf der Ebene des Soundmaterials selbst lassen sich Fetische identifizieren, die ihre ihnen innewohnenden Kräfte zwischen Begehren und Macht entfalten. Dabei müssen wesentlich zwei Dimensionen dieses Fetischcharakters unterschieden werden: zum einen nach dem aus rezeptiver Perspektive von Diedrich Diederichsen entwickelten Zeichentypus des punktuellen Logosounds, das als Erkennungszeichen subkultureller Tribes codiert ist und als Totem fetischisiert wird (vgl. Diederichsen 2014, S. 115–132); zum anderen nach dem Aufspüren einzigartigen Klangquellenmaterials von Produzenten, das durch Kriterien einer fetischisierten Soundästhetik ausgewählt wird.

In der Popmusik-Theorie von Diederichsen ist der Rezipient von popkultureller Musik, das Subjekt, der Fan, der in seiner entscheidenden Rolle aus Teilangeboten kultureller Texte wie Videos, Cover, Kleidung oder Sounds immer neue Bedeutungszusammenhänge herstellt. Die einzelnen, sehr heterogenen Elemente können dabei als codiert verstanden, aber nur durch innerhalb subkultureller Milieus etablierte Lesarten (de-)chiffriert werden. Diese alternative Lesart selbst, eine gegen den eigentlichen Sinn gerichtete Entzifferung der Objekte, ist dann das Erkennungszeichen, durch welches sich Kollektive ein Selbstverständnis konstruieren. Ähnlich wie die Zeichenfunktion von *camp* innerhalb einer queeren Community als Identifikationspunkt dient, besitzen auch Sounds potentiell eine soziale „Form dieser Rezipienten-Ermächtigung" (ebd., S. 23). In diesem Zusammenhang führt Diederichsen den (kurzen) Zeichentypus des Soundlogos ein, welches sich vom Warencharakter des musikalischen Fetischs bei Adorno bereits vollständig emanzipiert zu haben scheint. Mit dem Fetischismus und der Warenförmigkeit der Musik vollzieht sich laut Adorno eine „Regression des Hörens" (Adorno 1938, S. 339), das mit dem „Verbreitungsmechanismus [der Musik] sinnfällig zusammen[hängt]: eben durch Reklame" (ebd.). Dabei wirken die Vermarktungsstrategien letztlich auf die musikalischen Werke selbst zurück:

> Die Werke, die der Fetischisierung unterliegen und zu Kulturgütern werden, erfahren dadurch konstitutive Veränderungen. Sie werden depraviert. Der beziehungslose Konsum lässt sie zerfallen. Nicht bloss, dass die wenigen wieder und wieder gespielten sich abnutzen wie die Sixtinische Madonna im Schlafzimmer. Die Verdinglichung ergreift ihre inwendige Struktur. Sie

verwandeln sich in Konglomerate von Einfällen, die durch die Mittel von Steigerung und Wiederholung den Hörern eingeprägt werden, ohne dass die Organisation des Ganzen über diese das mindeste vermöchte. (Ebd., S. 333)

Laut Diederichsen fällt nun seit ungefähr den 1950er Jahren der technische Fortschritt audiovisueller Medien, damit verbunden die gestalterische und strategische Perfektionierung der Werbung, mit der Konstitution von Popkultur zusammen. Die ursprünglich von Kommunikationsdesignern entwickelten auditiven Logos für Funk und Fernsehen wurden nämlich als strukturelles Element popkulturell angeeignet und später zum Signal der Popmusik selbst geformt (vgl. Diederichsen 2014, S. 116ff.). Logosounds, die punktuellen Soundsignaturen von Instrumentalisten oder Sängern, fungieren quasi als Orientierungshilfen innerhalb eines subkulturellen Kommunikationsmodells. Sie dienen als Bedeutungsanker oder codierter Fluchtpunkt und verweilen nicht weiter in einem beziehungslosen Status wie bei Adorno. Ganz im Gegenteil, sie werden aktiv rehabilitiert, semiotisch in Beziehungen gesetzt und fetischisiert:

> Lautstärke, Volumen, hohe Sounddefinition, auffälliges Crescendo oder Decrescendo und heutzutage oft: brutale Kompression – all dies sind Voraussetzungen für die Bildung dieses ersten Zeichentypus der Pop-Musik, desjenigen, den ich den kurzen genannt habe. Er hat, wie gesehen, verschiedene Funktionen, als 1.) Fetisch für das Begehren des Hörenden, der seine Hörlust um das Eintreffen und Auskosten des musikalischen (oder allgemeiner akustischen) Fetischs herum organisiert, 2.) Totem, an dem ein subkultureller Stamm seine Musik erkennt, seine Sakramente vollzieht und bei dem seine Angehörigen sich zu Hause fühlen, und schließlich 3.) als Logo und Kommunikationsbeschleuniger, unabhängig davon, um welche Form der Kommunikation es sich handelt, aber meistens um jene werbliche und kommerzielle, die den Begriff der Kommunikation ohnehin mehr und mehr usurpiert hat. (Ebd., S. 121)

Dieser erste, kurze Zeichentypus wird durch ein zweites, kontinuierliches und dezidiert durch das Studio-Dispositiv produziertes Soundzeichen ergänzt: den „Sound-Anstrich" (ebd., S. 126), das Klangbild oder die soundästhetische Charakteristik einer Aufnahme. Mitunter am eindrücklichsten lässt sich dies anhand der *Wall of Sound* definieren, eine studiotechnisch organisierte Klangdemonstration, die wie auch der erste Zeichentyp zunächst etwas Außermusikalisches ist und einen Einbruch des Realen darstellt (vgl. ebd., S. 129). Beide Zeichen, die kurzen Aufschreie Jim Morrisons in „Break on Through (To the Other Side)" (The Doors 1967) wie auch die soundästhetische Identität eines Studios mit seinen Produzenten, sind Klangkonzepte, die von außerhalb in den musikalischen Prozess eingezogen sind. Was Diederichsen allerdings entgeht, ist der Umstand, dass auch und vor allem gerade dieses zweite Soundzeichen fetischisiert wird und eine Transformation zum Totem vollzieht. Eine ‚hohe Sounddefinition' oder ‚brutale Kompression' sind nicht nur Voraussetzungen, um über ein punktuelles Zeichen zum Fetisch oder Totem zu werden, die ästhetischen Strategien werden selbst fetischisiert. Nichts anderes stellt doch der Motown- oder Philly-Sound dar: kontinuierliche Soundzeichen, die ein Begehren auslösen und Identitätsangebote über eine soundästhetische Codierung herstellen. Es sind eben spezifische studiotechnische Dispositionen, die vom Fan unter vielen anderen Angeboten identifiziert werden und ihm als Kommunikationsmedium mit anderen Fetischisten dienen. Auch die Hi-Fi-Enthusiasten mit „Surround-Systemen und Goldstrippen" (Phleps 2003, S. 16), die Sound hören, „ohne Musik zu hören" (ebd.), repräsentieren dabei ein ähnliches Begehren des zweiten Soundzeichentyps wie Anhänger der Car-HiFi-Tuning-Szene – wobei, und da schließt sich der Kreis, sich das Begehren hier wiederum auch auf die entsprechende Audiotechnologie richtet.

3.4 Soundanthologien: Samples, Waren und Archive

Nimmt man die Fetische des Soundmaterials aus der Perspektive der Produktionsästhetik in den Blick, muss man sich auch über ihre weiteren Formen und Funktionen klar werden. Soundfetische können dabei sowohl als Sample wie auch gleichzeitig als Ware und Archivmaterial erscheinen. Um diese theoretischen Fäden miteinander zu verknüpfen, kann mit dem folgenden Statement von Hans Zimmer ein thematischer Einstieg gelingen:

> It is nice to have a sonic imprint from one place, and to have everyone sitting in the right place. At the same time there is a sort of a historical thing involved. Because some of the players we have sampled extensively are not playing anymore. Or there is a cellist who had a stradivarius which he sold, waste amount of moneys to collect in Hongkong, and so it is basically gone, except I have it. And I still have that performance he gave when we sampling it. (Steinberg 2019, TC: 04:28–05:03)

Kontextuell spricht Zimmer hier von der Medienpraktik des Samplings und gibt vorher an, dass seine Kompositionen größtenteils auf Soundsamples aufbauen. Damit macht er zum einen natürlich klar, dass seine individuelle Handschrift als Produzent auf einer besonderen Qualität dieser Samples beruht und dass zum anderen sein Tonstudio gerade auch als Klangarchiv fungiert. Der Fetischcharakter von Samples wird vor allem anhand des *Crate Diggings* im Hip-Hop deutlich – wenn Beatproducer wortwörtlich zu *Soundhunter*[46] werden und in Schallplattenläden akribisch das Vinyl auf Klangschnipsel, Rhythmussektionen oder Melodiesequenzen

---

46 Der Begriff „Soundhunter" verweist in diesem Zusammenhang auch auf den gleichnamigen Dokumentarfilm (vgl. Koltz 2015).

abhören, um diese Fragmente aus ihrem ursprünglichen Zusammenhang herauszuschneiden und im eigenen Studio in digitales Basismaterial zu übersetzen. Diese Soundfiles werden dann durch einen Soft- oder Hardware-Sampler wie ein Instrument spielbar und zu eigenen Kompositionen neu kombiniert. Malte Pelleter versteht *Digging* dabei als Medienpraxis, wie er sie am Beispiel des Hip-Hop-Produzenten Madlib[47] ausgewiesen hat:

> Das Digging ist also eine Medienpraxis, ein Umgehen mit Medienmaterial im ganz handfesten Sinne. Madlib wühlt sich durch das Vinyl, um daraus ganz besondere Sounds auszugraben und um derer dann ganz materiell habhaft zu werden. [...] Sound wird hier [...] in den Medienarchiven gesucht, gefunden und ausgebuddelt. (Pelleter 2013, S. 395)

In dem durch Hans Zimmer eingeführten Beispiel bildet nun jedoch nicht das Medienarchiv des *Record Store* die Quelle, aus denen er neue Sounds erzeugt und spielbar macht, sondern ein reales Klangereignis innerhalb eines technisch-räumlichen Dispositivs dient hierbei zur Herstellung von digitalen Surrogaten. Einzelne Töne des Stradivari-Cellos werden aufgenommen, digital umgewandelt, gespeichert und in einer Samplebank eingefügt, wodurch das Instrument über ein Interface angesteuert bzw. über ein Midi-Keyboard wie ein Klavier gespielt werden kann. Wenn Zimmer nun nach diesen besonderen sonischen Abdrücken von Orten, Räumen, Instrumenten und Performances jagt, wird dadurch deutlich, dass er als Archivar von Soundfetischen auftritt. Der Zugang zu solch einem Archiv digitaler Fetische stattet ihn als Produzenten mit einer besonderen Verfügungsmacht und Zugriffsrechten auf sonische Raritäten aus. Aufgrund der materiellen Beschaffenheit sowie der kulturhistorischen Bedeutung des Stradivari-Cellos und weil sie als Speicherort der Performance des Cellisten und seiner Körperlichkeit dienen, werden die archivierten Samples zum Statusobjekt erhoben. Denn mit dieser Aufnahme bzw. mit der Kraft dieses Soundfetisches, um mit Friedrich Kittler weiterzudenken, kann auch der Geist des Cellisten immer wieder heraufbeschworen werden. Dass Schallaufnahmen ihre Künstler überleben, ist bekanntlich keine Seltenheit – wie Hans Zimmer bereits sagte, „some of the players we have sampled extensively are not playing anymore".[48] Medien, hier akustische Medien im Besonderen, „repro-

---

47 Das Pseudonym Madlib kann zum einen als Kontamination aus *mad* (engl.: böse, verrückt, wahnsinnig) und *ad lib* (engl.: aus dem Stegreif, freie Improvisation) gedeutet werden, wobei *ad libs* im Hip-Hop ein beliebtes Stilmittel sind, um die Raps etwa mit improvisierten Effekt-Lauten (wie *ah*, *uh* oder *yeah*) zu unterlegen und zu intensivieren. Zum anderen legt die Endung *lib* im Zusammenhang mit der Medienpraxis des Samplings auch die Lesart als Abkürzung für *library* (engl.: Bibliothek) nahe. Mit dem Künstlernamen Madlib (engl.: verrückte Bibliothek) ist damit ein direkter Verweis auf das Medienarchiv des Schallplattenladens gegeben.
48 S. o.

duzieren Körper" (Kittler 1986, S. 21), und diese „Reproduktion, die der Gegenstand selber beglaubigt, ist von physikalischer Genauigkeit. Sie betrifft das Reale von Körpern, wie sie mit Notwendigkeit durch alle symbolischen Gitter fallen." (Ebd., S. 22) Der Stradivari-Cellist kehrt als auditiver Wiedergänger auf Basis digitaler Samples zurück und reinkarniert durch Hans Zimmers Produktionen. Ulf Poschardt formuliert das im Kontext des DJings ähnlich: „Der Sampler macht aus Gedächtnis wieder Gegenwart und weckt erstarrtes Leben zur munteren Existenz" (Poschardt 1996, S. 228). Sampling kann somit auch als Teil der rituellen Praktik eines Totenkults, einer Geisterbeschwörung verstanden werden, denn „[d]as Totenreich ist eben so groß wie die Speicher- und Sendemöglichkeiten einer Kultur" (ebd., S. 24). Das Reale wird aus dem Medienarchiv geholt, wobei die Macht dieser (wenn man so möchte) zeremoniellen Anrufung in diesem Fall dem Produzenten, dem Eigentümer „dingliche[r] Machtmittel", obliegt (Dammann 1978 zit. nach Böhme 2006, S. 188).

Das Archiv lässt sich demnach als Ort der Produktion verstehen, wie es bereits im Denken Foucaults angelegt ist. Weniger wird es als eine passive Sammlung oder als materialisiertes Gedächtnis einer Gesellschaft bezeichnet, in der Dinge von besonderem, kulturellen Wert abgelegt oder aufbewahrt werden, eine Ansicht, wie sie etwa von Boris Groys vertreten wird (vgl. Groys 2004, S. 31). Das Archiv hat eher die Funktion „einer Praxis, die eine Vielfalt von Aussagen als ebenso viele regelmäßige Ereignisse, ebenso viele der Bearbeitung und der Manipulation anheimgegebene Dinge auftauchen lässt" (Foucault 1981, S. 188). Es bezeichnet eine systemische Grundbedingung von Äußerungen: „Das Archiv ist zunächst das Gesetz dessen, was gesagt werden kann, das System, das das Erscheinen der Aussagen als einzelner Ereignisse beherrscht." (Ebd., S. 187) Die Aussage als diskursive Praktik bei Foucault kann im Kontext der Musik durchaus als Element eines Werks, einer Komposition oder auch als soundästhetisches Statement einer Produktion verstanden werden. Um als Theorem für eine Analyse der Studioproduktion anschlussfähig zu werden, muss bei Foucault allerdings die medientheoretische Leerstelle, die seinem Archivbegriff inhärent ist, noch durch ein Aufschreibesystem besetzt werden. Denn so theoretisch offen und abstrakt, wie das Archiv als diskursive Voraussetzung zwar von ihm konzipiert wurde, bezieht es sich doch immer eher auf das Mediensystem der Schrift: „Sein Begriff vom Archiv – in Foucaults Forschungspraxis, wenn auch nicht in seiner Theorie deckungsgleich mit einer Bibliothek – bezeichnet jeweils ein historisches Apriori von Schriftsätzen." (Kittler 1987, S. 429) In Anlehnung an die bereits von Wolfgang Ernst vollzogene medientechnische Erweiterung des Foucault'schen Archivbegriffs (vgl. Ernst 2002, S. 18f.) appelliert Kathrin Dreckmann unter Verweis auf das phonographische Speichermedium: „Foucaults Archivbegriff muss dabei um die Variable eines medial-dispositiven Produktionsgerätes erweitert werden, das am Archiv selbst mitschreibt." (Dreckmann 2018, S. 63) So kann also beispielhaft das von Hans Zimmer geschaffene

Aufnahmesetting, mit Hilfe eines mobilen Tonstudios, als eben dieser medial-dispositive Apparat verstanden werden, mit dem er des Klangmaterials des Stradivari-Cellos habhaft wird, um es im virtuellen Archiv seines Speichermediums digital zu konservieren und nach Belieben wieder abrufen zu können. Während also die mechanische Speichermöglichkeit der Phonographie noch deutlich techno-deterministische Vorentscheidungen über die Konstitution der Schallquellen trifft, also das reglementiert, was über den Schalltrichter aufgenommen werden kann, ergeben sich beim Sampling aufgrund der digitalen Aufnahme- und Wiedergabeverfahren nahezu verlustfreie Abbildungsmöglichkeiten von Schallereignissen. Wo die Speicherkapazität, der Dynamikumfang und das Frequenzspektrum beim phonographischen Dispositiv technisch begrenzt sind,[49] machen etwa durch hohe Abtastraten (engl. *sample rate*) die digital gestützten Systeme eine qualitativ verlustfreie Abbildung von Schallereignissen möglich.[50] Genau darin liegt ein machtvolles Moment dieses Mediendispositivs, wie es auch Pelleter anhand des Samplings formuliert hat: „Solche Macht wäre dann nicht nur in dem zu suchen, was Medien[-Dispositive] unterdrücken, ausschließen oder verunmöglichen, sondern explizit auch in dem, was sie erst hervorbringen und als Option anbieten." (Pelleter 2013, S. 398) Das Dispositiv der digitalen Tonaufnahme eröffnet einen Möglichkeitsraum, in dem nahezu jedes Schallereignis, quasi jeder Ton an jedem Ort, mit relativ wenig technischem Equipment akustisch gespeichert und qualitativ verlustfrei kopiert werden kann. Aufgrund der mittlerweile hohen Speicherkapazitäten von Festplatten und Servern besitzen daher alle (digitalen) Studios die Technologien, individuelle Klangarchive zu produzieren, umfangreich zu verwalten und somit die Voraussetzung für neue musikalische oder soundästhetische ‚Aussagen' zu schaffen.

Das innovative Potential solcher Medienarchive wurde von der Industrie bereits erkannt und hat seine Marktfähigkeit auch schon bewiesen. Zahlreiche Unternehmen für Musiktechnologie wie Native Instruments, Toontrack oder IK Multimedia haben sich auf die Produktion von Audio-Samples spezialisiert, die u. a. in Form von ganzen Soundbibliotheken vertrieben werden. Die Produktpaletten an unterschiedlichen Klängen und Effekt-Sounds erscheinen dabei so vielfältig wie die Musiklandschaft selbst. Von jedem Genre, jedem noch so seltenen akustischen oder elektronischen Instrument und jeder Spieltechnik lassen sich entsprechende Samplepakete finden, die von Toningenieuren und Sounddesignern in minutiöser De-

---

49 Der Frequenzbereich bei Schallspeicherung auf Schallplatte im mechanischen Direktaufnahmeverfahren umfasste etwa 200 bis 2000 Hertz (vgl. Kittler 2012, S. 51).
50 Das Standardformat der Audio-CD entspricht zum Beispiel einer Abtastrate von 44,1 kHz bei einer Auflösung von 16 Bit (vgl. Volmar und Schrey 2018, S. 325). Neuere High-Resolution-Audio-Systeme und Aufnahmeverfahren arbeiten hingegen mit Samplerates von 96 kHz und einer Bit-Tiefe von 24 und höher.

tailarbeit angefertigt werden. Der Bedarf erscheint alles andere als gedeckt, blickt man auf die neuesten Entwicklungen in diesem Branchenbereich. Mit Splice (2013) oder Loopcloud (2017) gingen zum Beispiel cloud-basierte Soundkataloge online, die in ihrer Grundstruktur gängigen Musik-Streaming-Diensten ähneln. Durch ein monatliches Abonnement erhält der Nutzer hier Zugriffsmöglichkeiten auf und Nutzungsrechte für die ständig aktualisierten Sample-Datenbänke. Dabei bieten Splice und Loopcloud neben hausintern produzierten Samples vor allem Drittanbietern eine Plattform, um über die Dienste der *Sample Library Manager* ihre Produkte zu vertreiben. Diese *Sounddesign Record-Labels* bietet jedem Produzenten somit die Möglichkeit, über ein eigenes Sub-Label einen weiteren Marktzweig der Musikindustrie zu bespielen und Einnahmen zu erwirtschaften. Teilweise partizipieren die Anbieter sogar noch an den Nutzungsrechten ihrer verkauften Einzelsounds oder eingespielten Loops.

Die subversive Medienpraxis des *Crate Diggings* und die damit verbundene Anforderung, das Neue durch re-kombiniertes Archivmaterial zu erschließen, gehen letztlich in der kommerzialisierten Form cloud-basierter Soundbibliotheken auf. So ist etwa Tracklib, der „Plattenladen für Sampling", wie es in der Selbstbeschreibung des Online-Dienstes heißt, auf Grundlage von praktischem Wissen vorstrukturiert, das sich Produzenten wie Dr. Dre, Timbaland oder Swiss Beatz souverän in den Medienarchiven angeeignet und hinterher im Studio erprobt haben. Auf Tracklib werden nun nicht mehr nur einzelne Sounds, sondern ganze Songs angeboten, auf die über ein spezielles Lizenzierungsmodell zur eigenen Weiterverwertung zugegriffen werden kann. Das Herrschaftswissen des *Crate Diggings*, mit dem die großen Hip-Hop-Produzenten in den Anfängen sich noch selbst ausstatten mussten – also, wo befinden sich gut sortierte Plattenläden, welche Künstler, Labels und Genres werden dort angeboten, Veröffentlichungsdaten, die Hinweise über einen zu einer bestimmten Zeit in einem bestimmten Studio produzierten Stil geben, Händler- und Sammlerkontakte schließen, um möglicherweise Zutritt zur privaten Plattensammlung zu bekommen –, ist in dem Quellcode der Internetpräsenz mit verfasst. Tracklib verpackt dieses Wissen in eine konsumentenfreundliche Umgebung und übernimmt bereits einen großen Teil der prädigitalen Archivarbeit. Denn das Unternehmen kümmert sich nicht nur um die Verwertung der Urheberrechte, sondern leistet vor allem Hörarbeit, deren Ergebnisse beispielhaft unter der Rubrik „loops we dig" als vorselektierte Songfragmente abgelegt werden. Der Anbieter aktualisiert hier regelmäßig eine Auswahl an Stücken, die bereits nach Kriterien eines akustischen Wissensbestandes vorher durchgehört wurden. Sampling als kulturelle Praxis bedingt nämlich eine spezifische Hörweise, nach der auditives Medienmaterial abgehört und gefiltert wird. Vor allem nach freistehenden Solo-, Instrumental- oder Gesangsparts, wie Schlagzeugbreaks, Orchesterhits oder Gesangslinien, wird hierbei in der Musik gewildert.[51] Begehrt ist insbesondere formbares Soundmaterial, was sich der Neukombination, Manipulation und Weiterverarbeitung nicht z. B. durch eine überproduzierte bzw. zu hohe Klangdichte verweigert. Tracklib schaltet sich als Dienstleister nun exakt an dieser Schnittstelle zwischen Produzent und Archiv ein. Das Tonstudio als Klangarchiv wird in einem gewissen Umfang ausgelagert und fremdverwaltet, wodurch diesen Drittanbietern innerhalb des Sounddispositivs ein machtvoller Platz zugewiesen werden kann.

Die Sample-Bibliotheken, Soundkataloge und Online-Klangarchive, so kann mit Foucault festgehalten werden, dienen Künstlern als „allgemeine System[e] der Formation und der Transformation der [musikalischen und soundästhetischen] Aussagen" (Foucault 1981, S. 188). Sounds sind in diesen Archiven nicht als etwas Passives oder Weggelegtes zu verstehen, sondern sie bilden teilweise grundlegendes Basismaterial für Musik und befinden sich stets in einer produktiven Zirkulation. Vom einfachen *Stock Sound* aus der *Sound Library* der Musikproduktions-Software GarageBand von Apple verarbeiteten beispielsweise die Produzenten Christopher Stewart und The Dream den „Drum-Loop Vintage-Funk-Kit 03" zum Welthit „Umbrella" (Rihanna 2007) von Rihanna. Auch werden immer wieder prominente Samples, wie etwa der Schlagzeugpart aus James Browns „Funky Drummer" (Brown 1970), von verschiedenen Produzenten bewusst in neue musikalische Kontexte eingearbeitet, um ein gefestigtes popkulturelles und damit auch akustisches Wissen zu demonstrieren. Wer das „Funky-Drummer"-Sample benutzt, verweist gleichzeitig auf das Referenzsystem und damit auf die Funktion des (pop-)historischen Apriori des Archivs. Die Fabrikation von Klängen kann im Tonstudio also immer auch Archivarbeit bedeuten, wobei die im Archiv enthaltenen Samples, Sounds oder Loops zwar Präfigurationen, aber immer auch effektive Gestaltungsmittel in autonomen Prozessen darstellen können. In seiner den Diskursen vorgelagerten Konstitution ist das Archiv somit auch den „Presets" im Tonstudio strukturell ähnlich:

> Presets im Kontext der Musikproduktion meinen unter anderem Voreinstellungen von Parametern zur analogen und digitalen Klangbildung, Filtern, vorgegebenen Quantisierungsrastern usw. Sie kommen z. B. in Geräten und Programmen als werksmäßig vorgefertigte Musikpattern, Sounds, Rhythmen sowie Effekte (festgelegte Hallräume, Echo-Wiederholungszeiten u. ä.) vor. (Fabian und Ismaiel-Wendt 2018, S. 3a)

---

51 Die Videoreihe *Rhythm Roulette* dokumentiert anschaulich den experimentellen Umgang mit Archivmaterial innerhalb der Beat-Producer-Szene. Das Format zeigt Produzenten, die mit verbundenen Augen fünf Schallplatten in einem lokalen Plattenladen auswählen. Die auf diesen Tonträgern enthaltenen Stücke fungieren als Samplearchiv und klangliche Basis ihrer entsprechenden Beat-Produktionen (vgl. Mass Appeal O. J.).

Presets sowie deren klangarchivische Ordnungen laufen quasi als ‚Hintergrundmusik' und sind latent an der Organisation von Produktionsvorgängen beteiligt. Sie

> befriedigen Bedürfnisse und vereinfachen das Musikmachen. Presets, eher pessimistisch aufgefasst, standardisieren und sind ästhetisch hochgradig suggestiv. […] Da sich hinter der Möglichkeit der Bedürfnisbefriedigung und ästhetischen Vorstellungen immer Wissenshierarchien verbergen, sind Presets auch als symbolische und kulturelle ‚(Kapital-)Steuerungen' zu verstehen. (Ebd.)

Die systematische Katalogisierung von Sounds geht einher mit deren Kategorisierung – nach Genres, Stilen, Zeitlichkeit, Empfindungen, aber auch nach Nationalität oder Geschlecht –, wodurch gleichzeitig Stereotypisierungen oder Normierungen vollzogen werden. Die digitale Audio Workstation (DAW) Logic Pro (ebenfalls von Apple aufgekauft) teilt in ihrer Sample-Bibliothek *Jam Pack Voices* z. B. Stimmen in eine binäre Geschlechterordnung auf und hebt damit sowohl auf ein heteronormatives Selbstverständnis als auch auf eine kulturelle Vorannahme von akustischer Geschlechtlichkeit ab. Die Ordnungen der Soundarchive „speichern und erzeugen damit Repräsentationsfunktionen, verteilen und markieren Positionen, die durchaus kulturelle Wirkung haben" (ebd.). Als ein Element des Sounddispositivs justieren sie unbemerkt die Wahrnehmung von Klanglichkeit oder Soundästhetik und reproduzieren somit, wenn nicht vollständig, dann doch zumindest teilweise, ihre eigenen Ordnungsprinzipien.

Wer das Tonstudio als Soundarchiv begreifen möchte, erkennt, dass unabhängig von seinen differenten Speicherfunktionen vor dem Hintergrund mediengeschichtlicher Zäsuren – von der Phonographie über das Magnettonband bis hin zur Digitalisierung – das Archiv nach Foucault als historisches Apriori und somit als Möglichkeitsbedingung für Aussagen betrachtet werden kann. Es ist dabei allerdings nicht als abstrakt produktives, sondern immer schon als ein konkret auf das Klangmaterial bezogenes Konzept zu verstehen. Schallproduktionen unter Verwendung von Archivmaterial sind nämlich kein rein digitales Phänomen, sondern haben sich bereits mit der Entwicklung der Musique concrète als ästhetische Strategie etabliert. Der Fernmeldetechniker Pierre Schaeffer experimentierte bereits ab 1943 mit Tönen und Geräuschen aus dem phonographischen Schallarchiv des französischen Rundfunks und produzierte im Gegensatz zur späteren Schaffensphase seine ersten Werke, etwa die *Étude aux chemins de fer* (Schafer 1948), ausschließlich auf Schallplatten (vgl. Ruschkowski 2010, S. 209ff.). 1952 mischte u. a. John Cage dann mit *Imaginary Landscape No. 5* (Cage 1952) eine Tonbandkomposition aus 42 Jazzschallplatten zusammen, wobei sich diese medialen Praktiken der neuen akustischen Kunst auch als Bindeglied zwischen der radiophonen Programmgestaltung und den späteren DJ-Mixtapes sowie dem Sampling verstehen lassen.

Akustisches Archivgut in Tonstudios besitzt also stets das Potential, als Remix, Remaster oder Sample wiederverwendet und auch neu kontextualisiert zu werden. Unter dem Vorzeichen der Digitalität sind diese ästhetischen Praktiken mobilisiert worden und haben eine gewisse kulturelle Eigendynamik entwickelt. Was mit dem *Crate Digging* als gegenkulturelle Haltung zu bestehenden musikalischen Dispositiven immer wieder zu Urheberrechtskonflikten führte und führt,[52] ist mittlerweile, wie anhand der Cloud-basierten *Sample Libraries* aufgezeigt, zu einem kommerziellen Sektor der Musikindustrie herangewachsen. Sampling wurde als standardisierter Workflow in die Programme der Tonstudiotechnik integriert.

Grundsätzlich müssen daher zwei Formen des akustischen Materialzugangs unterschieden werden, die ihrerseits wiederum ausdifferenziert werden können. Gegenüberzustellen sind hierbei akustisch aufgezeichnetes Eigen- und tontechnisch gespeichertes Fremdmaterial. Unter ersteren Werkstoff fallen ganz im Sinne des ästhetischen Postulats der Musique concrète „alle mit dem Mikrophon auffangbaren Schallereignisse" (Ruschkowski 2010, S. 211), die in einem eigenständig konstruierten Aufnahmeverfahren unmittelbar gespeichert werden. Bei der Sekundärform ist dieser Vorgang bereits durch andere erfolgt, und das Audiomaterial wird nur über externe Medienarchive zugänglich. Hierunter fallen zum einen die bereits erwähnten Schallplattenläden und privaten Musiksammlungen, Soundbibliotheken oder Sample-Archive, zum anderen Videotheken, Videoportale und Streamingdienste. Da quasi jedes Schallereignis als Sample-Quelle dienen kann, kann deshalb auch jede Ansammlung von Audiomaterial als Archiv fungieren.

Entscheidend ist hierbei nun, dass die beiden Materialzugänge unterschiedliche Qualitäten und mediale Anforderungen besitzen. Während Hans Zimmer im Mediendispositiv des Aufnahmestudios seine individuelle Klangbibliothek produziert, nutzen *Crate Digger* ein subkulturelles Spezialwissen beim Durchstöbern von Vinylbeständen. Im Angebot kommerzieller Sample-Manufakturen kulminieren beide Strategien nun vollständig zur Dienstleistung und Ware. So bieten eben auch renommierte Musiker und Produzenten aus unterschiedlichen Genres wie OZ, Hauschka oder Hans Zimmer ihr Sounddesign in Zusammenarbeit mit Unternehmen der professionellen Audiobranche an. Beispielhaft kann hierfür die britische Firma Spitfire Audio angeführt werden, die seit 2007 u. a. in den vom Beatles-Produzenten Sir George Martin gegründeten Air-Studios diverse Sample-Libraries produziert. Mit diesen unternehmerischen Strategien reagieren die Hersteller, wie Jonathan Sterne es gemeinsam mit dem Präsidenten des Musiktechnologieherstel-

---

52 Der Rechtsstreit zwischen Moses Pelham und den Düsseldorfer Elektropionieren Kraftwerk um das Urheberrecht eines vom Mannheimer Produzenten benutzten Samples des Titels „Metall auf Metall" zeigt die juristische Brisanz dieser Medienpraktik (vgl. Zeit online 2020). Vgl. Kraftwerk 1977; Setlur 1997.

lers Universal Audio, Matt Ward, hervorgehoben hat, auf ein grundsätzliches Begehren in der Musikproduktion:

> Some lust after the equipment because they know it was used on their favorite recordings. And some are just learning the craft of sound recording but want to purchase a well-known tool with the hope that it has a little bit of magic inside that will rub off on them. (Ward zit. nach Sterne 2019, S. 94)

Dem Bestreben der Musikproduzenten wird hier ein Motiv zugrunde gelegt, das vor allem einen Impetus kennzeichnet, so klingen zu wollen wie die eigenen Idole. Damit wird gleichzeitig ein akustisches Vorbild konstruiert, ein Soundideal, das über einen Identifikationsprozess intendiert wird. Auch nach Lacan ist „[d]as Begehren [...] das Begehren des Anderen" (Lacan 1978, S. 44), wobei in einem erweiterten Verständnis dieses Leitsatzes nicht das Subjekt als Objekt des Begehrens eines Anderen, sondern sich das Begehren auf ein Objekt richtet, das vom Anderen begehrt wird. Demnach ist „das Objekt des menschlichen Begehrens [...] wesentlich ein Objekt, das von jemand anderem begehrt wird" (Lacan zit. nach Evans 2020, S. 57). Mit Inbesitznahme der Studiotools und Soundobjekte, die bei den vom Produzentensubjekt begehrten Aufnahmen verwendet worden sind, eignen sich die Beteiligten die soundästhetische Infrastruktur des Anderen an und nehmen es sich zum akustischen Leitbild. Das eigene Begehren ist demnach das soundästhetische Begehren des Anderen.

Über diesen Prozess der Identifikation funktionieren Werbestrategien im Allgemeinen. Doch besonders in der Entwicklung von digitaler Studiotechnologie wird eine solche Form des Begehrens als schematische Voraussetzung in das Produkt bzw. in die Software integriert und angeboten. Im Werbetext der digitalen Emulation des Neve 1084 Preamps von Universal Audio heißt es zum Beispiel: „Jetzt kannst du [...] mit Künstler-Presets von Darrell Thorp (Beck, Radiohead), Jimmy Douglass (Pharrell, Timbaland) [und] Joe Chiccarelli (Jason Mraz, Beck) mischen."[53] Ein entscheidender Geschäftszweig der Firma Universal Audio ist die Simulation analoger Produktionsgeräte für deren Einbindung in computergestützte Systeme. Den digitalen Nachbildungen werden vorprogrammierte Steuerzustände (Presets) hinzugefügt, die Soundtexturen erfolgreicher Produktionen in wenigen Schritten abrufbar machen sollen. So bietet auch der Produzent OZ, wesentlich mitverantwortlich für das Sounddesign von Hip-Hop-Musikern wie Drake oder Travis Scott, seine *Signature-Sounds* als vorfabrizierte Sample-Pakete an.[54] Wenn Vertriebslizenzen für originale Soundsamples von professionellen Sample-Labels jedoch nicht erworben

---

53 Neve 1084 Preamp & EQ (Universal Audio 2022).
54 https://sellfy.com/ozmusiqe/p/c56xai.

werden können, werden eigene Sounddesigner beauftragt, entsprechende Klänge nachzubilden, um so dennoch am jeweiligen Musikgeschäft zu partizipieren:

> Drill (Trap sub-genre) is gaining huge popularity and this new collection brings exactly those sounds. Giving you chance to jump on exciting trend and gain success! Inspired by main players in the genre: Pop Smoke, Fivio Foreign, AXL Beats, Drake, Travis Scott and the list goes on. (LANDR 2022)

In diesem Zusammenhang offenbart sich nicht nur Musiktechnologie, sondern auch das individualisierende Signum moderner Produktionen, das Design von Audio-Samples als Warenform. Samples zirkulieren als akquirierbare Files im Datenfluss der Medienarchive. Falls sie auf legale Weise gratis bereitgestellt werden, dienen sie meistens als Werbemittel und verweisen lediglich auf einen übergeordneten Artikel. Entsprechend funktionieren die von Spitfire Audio angebotenen „Labs"[55], im wahrsten Sinne des Wortes ‚Sample', als repräsentative Stichprobe der eigentlichen Ware. Sound wird im Zuge der Digitalisierung von Musikproduktionen damit einmal mehr zum Produkt und vom kapitalistischen Wertesystem aufgesogen:[56]

> By becoming "consumers of technology," many musicians have been able to take advantage of the enormous productive potential of new digital technologies. At the same time, however, they have witnessed the incursion of capitalist relations upon their creative practices at the most fundamental level [...]. (Théberge 1997, S. 255)

Soundproduzenten sind daher immer schon als *prosumer* (eine Amalgamierung der englischen Substantive *producer* oder auch *professionist* und *consumer*) zu verstehen: Sie sind Fabrikanten, die sowohl Produkte als Konsumgüter wie auch zur professionellen Weiterverarbeitung gestalten (Sterne 2019, S. 98f.). Musikproduzenten produzieren eben nicht nur Musik für die eigenen Fans, sondern mittlerweile auch Sounds für andere Produzenten. Dadurch entsteht ein komplexes selbstreferentielles und ökonomisches System, was sich gleichzeitig als ein wirkmächtiges Sounddispositiv konstituiert, in dem auch immer wieder Fragen nach

---

55 „An infinite series of free software instruments, made by musicians and sampling experts in London, for anyone, anywhere." (Spitfire Audio 2022).
56 Vgl. hierzu auch Jonathan Sterne: „Without making claims for music technologies in all times and places, it should be clear that modern music technologies have emerged in the broader context of capitalism and within a capitalist music economy. Instruments and sound-processing devices are bought and sold for profit. Music making and consumption operate according to a range of market logics, however distorted. Although state sponsorship of some music is an exception, even then the goal is as often as not some kind of intervention in the international markets for music and musicians." (Sterne 2019, S. 96).

Kreativität, Autonomie und Individualität auftauchen: „Arcade is a sample playground with tools to transform it all so it sounds like you." (Output 2020) Der Hersteller Output inc.[57] zielt mit seiner Werbestrategie zum eigenen Loop-Archiv Arcade auf genau diesen Punkt:

> All this is to say that we Westerners tend to live in a musical world that is at once ideologically individualistic, as ideas of talent, genius, and expression suggest [...], and in which individual activity depends on accumulations of labor and collections of objects working in concert. (Sterne 2019, S. 96)

Tonstudios lassen sich aufgrund ihrer apparativen Disposition demnach als ein medientechnologisches Depot, eine erwirtschaftete Sammlung von Geräten, Instrumenten oder Werkzeugen verstehen. Viele große Einrichtungen besitzen im Sinne von Prototypen ein immenses Kontingent an Mikrophonen und einen erweiterten Maschinenpark, um jeglichen soundästhetischen Anforderungen zu genügen.[58] Nicht selten werden hierbei auch ältere Modelle, Einzel- oder Spezialanfertigungen als Archivgut gelagert, um potentiell etwa gewisse Retroästhetiken bedienen zu können. Seitdem digitale Produktionsverfahren bei Schallaufnahmen in Verwendung sind, befinden sich darüber hinaus auch vermehrt umfangreiche Software und Sample-Bibliotheken im Besitz der Studiobetreiber. Audio-Files werden hierbei als kreative Ressource gehandelt. Ein entsprechendes Datenmanagement erlaubt es Produzenten, akustisches Sample-Material innerhalb einer Sharing Economy anzubieten, zu verwalten oder zu erwerben. Digitale Datenarchive dienen in diesem medientechnischen Produktionskontext gewissermaßen als individualisierte und warenförmige Soundanthologien.

Im Fetischkonzept entlarvt sich dabei eine gewisse Doppellogik. Soundfetische entmystifizieren sich in diesem ökonomischen Systemzusammenhang als das, was Marx unter Warenfetischismus versteht. In einer durch latente Entfremdungszustände durchkreuzten Moderne nämlich verliert das Individuum einen konkreten Bezug zum Wert der eigenen Arbeit. Die Warenform nimmt dabei quasi einen essentialistischen Status ein:

---

[57] In der Selbstbeschreibung des Unternehmens heißt es: „Output is a global leader in music creation, inspiring people at all levels – from newcomers to professionals. Launched in 2013, Output's software is used by hitmakers such as Kendrick Lamar, Bjork, Justin Timberlake, Rihanna, Imagine Dragons, Coldplay, and Drake to name a few. It has also been used to create the scores to films and shows such as Game of Thrones, Stranger Things, Black Panther and more. Output is a 2018, 2019 & 2020 inc5000 fastest growing company winner." (Output 2020).
[58] Die Air Studios besitzen gegenwärtig zum Beispiel etwa 316 Mikrophone unterschiedlicher Preisklassen in ihrem Sortiment (vgl. Air Studios 2022).

> Das Geheimnisvolle der Warenform besteht also einfach darin, dass sie den Menschen die gesellschaftlichen Charaktere ihrer eigenen Arbeit als gegenständliche Charaktere der Arbeitsprodukte selbst, als gesellschaftliche Natureigenschaften dieser Dinge zurückspiegelt, daher auch das gesellschaftliche Verhältnis der Produzenten zur Gesamtarbeit als ein außer ihnen existierendes gesellschaftliches Verhältnis von Gegenständen. [...] Dies nenne ich den Fetischismus, der den Arbeitsprodukten anklebt, sobald sie als Waren produziert werden, und der daher von der Warenproduktion unzertrennlich ist. (Marx und Engels, S. 86)

Durch komplexe Produktionsverhältnisse, Arbeitsteilung oder Geld entsteht eine abstrakte Beziehung zu Arbeitsleistung und Tauschwert, wodurch ein Bruch mit sozial bindenden Funktionen erst wieder durch den Fetischcharakter eine Kompensation erfährt (vgl. Böhme 2006, S. 318). Dadurch, dass die gesellschaftlich fabrizierten Produkte als von der eigenen Arbeit unabhängig zirkulierende Waren wahrgenommen werden, haftet ihnen ein entfremdetes Wesen an. „Sie zeigen den Schein der Selbstständigkeit, etwas Naturhaftes und Außermenschliches." (Ebd., S. 319) Die Warenfetische entfalten eigentümliche Kräfte jenseits der eigenen Erfahrungswelt, so dass ihr „Gebrauchswert im Tauschwert verschwindet" (ebd.).

Soundfetische scheinen sich nun ständig zwischen der Warenform und ihrer ‚unveräußerlichen Dinghaftigkeit' zu bewegen. Zudem erscheint ihre jeweilige Gestalt ganz unabhängig von diesem Doppelstatus zu sein. Ob es sich nun um medientechnische Produktionsapparate, das Studiodesign oder um spezifische Klangcharakteristiken eines Samples handelt, ist dabei unerheblich. Ebenso ob Soundfetische aufgrund ihrer Qualitäten im Produktionszusammenhang oder aus rein rezeptionsästhetischer Perspektive fetischisiert werden – wobei zwischen Produktion und Rezeption im Tonstudio wiederum ein wechselseitiges Verhältnis besteht. Der Warenfetisch steht der Fetischform als individualisiertes Unikat diametral gegenüber. Hartmut Böhme charakterisiert diese ‚unveräußerlichen Dinge' folgendermaßen:

> Da sie dem Warentausch und der funktionalen Gebrauchslogik nicht unterstellt sind, können sie als Resonanzkörper Erwartungen und Wünsche funktionieren, sie können zur Ausstattung eines Ich werden, sie können die Zeit konservieren und Garantien gegen den Verfall darstellen: durch ihre Authentizität, ihre Originalität, ihre Einzigartigkeit. Sie sind Unikate in einer Welt der Serien und Kopien. Für sie gilt nicht mehr der quantifizierende Kalkül der Warenäquivalenz, durch den noch das verschiedenste gegeneinander aufrechenbar ist. Das Unikat ist unvergleichlich, inkommensurabel, relationslos. Es ist zu einem symbolischen Ding geworden – jenseits des Tauschs, der Gabe, der Ware. Zwar kann alles zur Ware werden, und alles kann Ware gewesen sein; doch in dem Moment, wo ein Ding mit dem Status des Unveräußerlichen belegt wird – in einer Sammlung, im Museum, in der Kirche, im Privatbesitz –, transsubstantiiert sich seine ontologische Struktur. Es ist keine Ware, kein Gebrauchsding mehr; es ist, jenseits der Religion, sakral geworden. Der Besitzer mag an keinen Gott glauben, aber er glaubt an sein unvergleichliches Objekt, den Hausgott. Die Fetische und unveräußerlichen Dinge sind

die Penaten der Moderne; gleichgültig, wo sie aufgestellt sind – in der Vitrine einer Wohnung oder den Hallen eines Museums. (Ebd., S. 305f.)

Das Prinzip der Aneignung, das individualisierende Moment, bei dem ein Ding oder eine Ware als zur eigenen Persönlichkeitsstruktur dazugehörig geformt und letztlich identifiziert werden, erscheint als wesentliches Element der Fetischisierung erster Ordnung. Semiotisch werden die Fetische dabei mit eigenen Bedeutungen aufgeladen, sie symbolisieren dabei das Selbst und dienen als Zeichen von etwas Singulärem jenseits des Warenverkehrs. Wie von Michel de Certeau als Antithese zur Theorie eines disziplinierten Subjekts formuliert wurde, besitzt der autonome Konsument immer die Möglichkeit, eine ästhetische Gegenstrategie zu entwickeln und sich aus seiner scheinbar passiven Rolle zu befreien:

> Das Gegenstück zur rationalisierten, expansiven, lautstarken und spektakulären Produktion ist eine *andere* Produktion, die als „Konsum" bezeichnet wird: diese ist listenreich und verstreut, aber sie breitet sich überall aus, lautlos und fast unsichtbar, denn sie äußert sich nicht durch eigene Produkte, sondern in der *Umgangsweise* mit den Produkten, die von einer herrschenden ökonomischen Ordnung aufgezwungen werden. (De Certeau 1988, S. 13)

Nichts anderes erfolgt beim Sampling einer Performance auf einem Stradivari-Cello oder beim *Crate Digging* selbst. Klangobjekte werden mittels technisch-räumlicher Apparaturen auf Basis kultureller Wissensformen zu eigen gemacht. Sie werden durch eine Reihe von kreativen Anwendungen und Arbeitsschritten (Editing, Equalizing, Dynamisierung etc.) medientechnisch erbeutet und assimiliert. Die akustischen Basismaterialien werden als Soundfragmente habhaft und in eigene Bedeutungszusammenhänge verwoben. Diese Fetische werden dann, wie bereits gezeigt, nicht selten unter dem Vorzeichen einer kapitalistischen Wirtschaftsordnung als Soundsignaturen in den Warenzyklus zurückgespeist. Die subversiven Aneignungspraktiken werden in eine Warenform zurück transformiert und somit als neues Standardverfahren ausgewiesen. Wer also den Hans Zimmer-Sound begehrt, kann die epischen Orchestersektionen aus den betreffenden Hollywood-Blockbustern als Datenfile auf *Spitfire Audio* herunterladen und in die eigene Sample-Library integrieren. Wer die Sounds von Travis Scott nutzen möchte, zahlt um die 40 Schweizer Franken für ein entsprechendes Sample-Paket von *OZ*.[59] Soundfetische können daher mehrfach den Prozess der Fetischisierung als Ware und Unikat durchlaufen. Die werbewirksamen Versprechen der Industrie für Musiktechnologie, die sich auf das soundästhetische Begehren des Anderen richten, sind Repräsentationen eben dieses Warenfetischismus:

---

59 https://sellfy.com/ozmusiqe/p/SoIJ.

> Der Warenfetischismus wird sich als Antriebskraft erweisen, bei der die Bereitschaft zu zahlen nicht von der Rationalität begrenzt wird, *nicht zahlen zu können*, sondern vom Wunsch und Begehren, mit der Versprechenssemantik der Ware zu verschmelzen – und dafür *zahlen zu wollen*. [...] Dies macht den seltsamen Doppelstatus der Ware als Fetisch aus, Ding und Symbol, Immanenz und Transzendenz, *uno loco* zu vereinen. (Böhme 2006, S. 287, Hervorhebung i. Orig.)

Die den Sounds zugeschriebenen Symboliken wirken als machtvoller Reizpunkt der Warenform. Die tief anschwellenden Streicher- oder Bläsersätze der Zimmer-Filmkompositionen sind aufgrund ihrer medialen Disposition unweigerlich verknüpft mit narrativen Elementen, Figurationen oder auch Imaginationen. Gleiches gilt im Rahmen der Popmusik, wo sich biographische Ereignisse oder Erfahrungen als ein kollektives Lebensgefühl an spezifische Idealsounds koppeln und damit einen werbetechnischen Nährboden für einen bestimmten Begehrenstypus bilden. Entsprechend bewirbt Output inc. die Sample-Bibliothek *The 60s*: „Oh the times, they were a-changin'. From Motown to Haight Street, Woodstock to Abbey Road, the Golden era of music brought forth surfy guitars, hippie grooves, and walls of sound in an explosion of drug-fueled creativity." (Output 2020) An dieser Stelle offenbaren sich die von den Hitsville Recording-Studios, Brian Wilson oder Phil Spector produzierten kontinuierlichen Soundzeichen in ihrer begehrten Warenförmigkeit.

Auch idealtypische Waren, wie Autos oder eben auch Musiktechnologien, können aus dem Status einer zweiten, dem Werteverfall unterworfenen Ordnung individualisiert und damit zum „intimen Ding" (Böhme 2006, S. 304) aufsteigen. Ausgediente Objekte oder veraltete Gebrauchsgegenstände können etwa mit entsprechender Hinwendung aufgewertet und wieder auratisiert werden. Das Beispiel des Oldtimers, das Hartmut Böhme als Ego-Erweiterung und Ich-Substitut anführt, lässt sich auch auf das von Dave Grohl angekaufte Neve 8028-Mischpult aus den Sound City Studios übertragen:

> Es verkörpert das Ich, so wie umgekehrt das Ich sich in ihm verdinglicht hat. [...] Ein hochgehaltenes, gepflegtes Ding, dem Verehrung und Liebe gilt, von dem irgendwie der Bestand eines Ich abhängt, ein Ding das Opfer verlangt (der Hingabe, der Wartung, der Investition), in einem eigenen Haus unter Hüllen geschützt [...]. (Ebd., S. 305)

Wie Susan Schmidt-Horning mit dem Toningenieur Tom Lubin bereits dargelegt hat, richtet sich die ästhetische Fetischisierung eines Sounds demnach gleichzeitig auf die Produktionsapparate und somit, wie am Beispiel von Grohl ausführlich gezeigt, auf eine spezielle Technologie des Mischens, so Lubin: „The desired sound may come from a state of the art device, or a vintage piece of equipment, since it is ‚the sound' which determines the desirability of such device." (Lubin 1996, S. 42) Horning ergänzt: „and ultimately, the desire for new sounds has turned the devices and the sounds they create into commodities." (Schmidt-Horning 2013, S. 220) Die analogen Medientechnologien wie Bandmaschinen oder Mischpulte werden von der Digitalisierung nun quasi warenförmig aufgesaugt und stellen renommierte und auch kleinere Projektstudios vor existentielle Herausforderungen. Eine soundästhetische Rückbesinnung als Effekt oder markttechnisches Kalkül einer Retromanie rechtfertigt nicht zwangsläufig eine Investition in solche Apparate. Die Hersteller von Musiktechnologien wie eben Neve, SSL oder Universal Audio reagieren mit deutlich kostengünstigeren Alternativen auf diese Trends. Für diese Form der Faszination und des Begehrens bedarf es einer Identifikation, einer persönlichen Verbindung mit der Geschichte und deren symbolischer Aneignung durch das Objekt. Grohl vollzieht diese Fetischisierung, zumal er diesen Aneignungsprozess audiovisuell dokumentiert und diesen Ermächtigungsgestus medial umfangreich inszeniert. Er führt so eine ritualisierte Wiederbelebung des Fetisches aus.

4 Raum, Architektur und Kontrolle

Raumfragen sind bekanntlich Machtfragen. Dabei reflektieren räumliche Strukturen nicht nur Machtverhältnisse, sondern stabilisieren und forcieren Machtpositionen. Architektur lässt sich in diesem Zusammenhang zunächst als ein räumliches Konzept, als ein konstruierter oder erbauter Raum und in einem erweiterten Verständnis als Dispositiv und Machttechnologie begreifen. Denn durch architektonische Konfigurationen werden gesellschaftliche Ordnungen zum einen sichtbar (vgl. Dauss und Rehberg 2009, S. 112). Zum anderen jedoch werden alltägliche Erfahrungsräume auch produziert, organisiert und gesteuert. In Anlehnung an Foucault wirkt Raumarchitektur somit konstitutiv für die Wahrnehmung einer Kultur, sie wird internalisiert und arrangiert gesellschaftliche Prozesse. Laut Ludger Schwarte speist sich eine Architektur mit solch einem Anspruch auf „Planung, Formung und Führung" (Schwarte 2009, S. 13) aus einer „ästhetisch generierte[n] Macht" (ebd.). Denn bautechnische und alltagspraktikable Funktionalitäten verschmelzen in der Architektur mit künstlerischen Elementen zu einer wirkmächtigen Ästhetik.

> *Die Architektonik als technische Festschreibung der Ästhetik* im Horizont des alltäglichen Lebens ist [...] eine Machttechnologie, die die Individuen dressiert, als Masse produziert und durch Wenige beherrschbar macht. Sie erzwingt ein beherrschtes Verhalten, ein bestimmtes Fühlen und Denken. (Ebd., S. 13, Hervorhebung i. Orig.)

Die durch die Architektur entworfenen Räume bilden und reflektieren ein gesellschaftliches Orientierungs- und Leitsystem ebenso, wie sie soziale Praktiken hervorbringen und institutionalisieren. Das Gebaute erscheint demnach weniger in seiner starren Objekthaftigkeit, als es vielmehr einen dynamischen Handlungsraum eröffnet bzw. soziokulturelle und ästhetische Erfahrungen ermöglicht. Somit kann Architektur eben nicht nur dahingehend befragt werden, welche (politischen) Machtformen sie symbolisiert, wie sie Mobilität oder Aktionspotentiale determiniert, sondern auch welche (kreativen) Freiräume und Subkulturen durch gebaute Umwelten entstehen können. Ein Denken über Architektur ist dahingehend mehr als ein Raumdenken über geometrische Relationen.

> Architektur ist als räumliche Anordnungs-, Beherrschungs- und Bedeutungsform jedoch nur unzureichend beschrieben. Aus dem Zusammenspiel von Oberflächen, Benutzern und Umgebung oder von Partikeln, Beobachtung und Energie entstehen Qualitäten, die nicht auf artikulare Volumen oder Raumrelationen zu reduzieren sind. Die Plastizität verwendeter Materialien, Terrain, Licht, Feuchtigkeit, Klang, Hall, Schatten, Druck, Temperatur, Farben, Texturen, Konturen bringen ein Klima hervor, das die Wahrscheinlichkeit sozialer Ereignisse steigern oder mindern kann. Daher sollte der Architekturbegriff nicht auf Raumerfahrungen beschränkt bleiben. Auch wäre es wenig überzeugend, auf der einen Seite Architektur als einen

> Prozess des Arrangements eines Ensembles von Möglichkeiten verstehen zu wollen und sie auf der anderen Seite nur als Objekt der Erfahrung zu erörtern, denn man müßte zumindest auch erörtern, inwiefern die Erfahrung nicht nur eine Erfahrung von architektonischen Objekten ist, sondern selbst bereits aus Architekturen hervorgeht und von diesen strukturiert wird. (Ebd., S. 28)

An einer ähnlichen Schnittstelle, also Architektur zum einen als Artefakt innerhalb eines kulturellen Symbolsystems und zum anderen als Katalysator gesellschaftlicher Prozesse, setzen auch architektursoziologische Fragen an. Besondere Aufmerksamkeit richtet sich hierbei auf die „Effekte dieser Artefakt-Welten […]: was an ihnen provozierte und was alsbald übernommen und zum allgemeinen Dispositiv wurde, so dass wir uns unseres Anders-Gewordenseins durch diese Architektur gar nicht mehr bewusst sind." (Delitz 2009, S. 77) Standardisierte Wohnkonzepte, die für die allgemeinen Lebensbedingungen eine gewisse Mustergültigkeit besitzen, resultieren maßgeblich aus dem Entwurf der avantgardistischen Architektur des 20. Jahrhunderts. In ihrer logischen Konsequenz formen solche bautechnischen Modellierungen Subjekte und strukturieren auch soziales Leben.[60] Besonders ist hierbei, dass sich die sozialen Effekte eben auch über die Expressivität der Architektur und damit über ihre Affektivität herstellen lassen.[61]

> Es ist etwa anzunehmen, dass grundsätzlich jede differenzierte, das jede geteilte Gesellschaft in ihren Institutionen verwiesen ist auf die Fähigkeit der Architektur, zu erzeugen, zu faszinieren: die Einzelnen in diesem sinnlich wahrnehmbaren, stets präsenten Medium an sich zu binden. Insofern die Architektur Körperhaltungen und Wahrnehmungen auf Dauer stellt, sie immer erneut auslöst, institutionalisiert sie die Affekte, macht die Einzelnen zu je verschiedenen vergesellschafteten Wesen mit je spezifischen Bedürfnissen und Begierden. (Delitz 2009, S. 77)

Entscheidend für den Tonstudiobau ist nun, dass mit der von Wallace Clement Sabine begründeten Raumakustik als Wissenschaft von „akustischen Erscheinungen in geschlossenen Räumen" (Dickreiter 1987, S. 25) die Architektur grundlegend eine ästhetische und funktionale Erweiterung erfahren hat. Während seiner Forschungen zur raumakustischen Optimierung eines Vortragssaals der Harvard University (Fogg Lecture Hall, 1935 in Hunt Hall umbenannt) entwickelte Sabine 1898 die

---

60 Vgl. ebd. Dies wird von Heike Delitz u. a. am Beispiel der Einbauküche verdeutlicht: „Die Einbauküche jedenfalls hat sich durchgesetzt und mit ihr ein spezifisches Geschlechterverhältnis und eine spezifische Bewertung der Hausarbeit gegenüber anderen Aktivitäten, etwa dem Sport. Diese Architektur hat auch in anderen Aspekten das elementare Lebensmilieu faktisch verändert, so sehr sich auch die Bewohner zunächst dagegen zu wehren suchten, und so viel sie auch umbauten und umnutzten: Etwas von der neuen Idee ist, so wäre zu vermuten, an ihnen hängen geblieben." (Ebd.).
61 Für Deleuze und Guattari ist die Architektur daher die „erste der Künste", da ihr eine rahmende Funktion zukommt (Deleuze und Guattari 1996, S. 222).

mathematische Grundlage der Raumakustik als physikalischen Zusammenhang von Raumvolumen, Gesamtabsorptionsgrad und Nachhallzeit. Aufgrund dieser in Abhängigkeit zueinander stehenden Parameter lassen sich architektonische Maßnahmen zur Beherrschung der akustischen Raumbeschaffenheit ableiten, wie etwa der Entwurf einer spezifischen Raumgeometrie oder die Entscheidung über das verwendete Baumaterial für die Wandoberflächen. Aus diesen Erkenntnissen resultierte 1900 letztlich das von Sabine in Anlehnung an das Leipziger Gewandhaus entworfene akustische Konzept und damit auch die Bauweise der Symphony Hall in Boston.

Die Wirkmacht des architektonischen Dispositivs verstärkt sich nun einmal mehr dadurch, dass die subjektiven Lebenswelten über die Raum- und Bauakustik auch auf auditiver Wahrnehmungsebene konkret steuerbar werden.[62] Die räumlichen Ordnungen der auralen Architektur sind somit ebenso konstitutiv für soziodynamische Prozesse mit all ihren Machtimplikationen, wie es bereits etwa die visuellen Formprinzipien sind. Dieser Entwicklung vom Architekten hin zum Akustikdesigner ist bereits Murray Schafer aus ästhetischer und ökologischer Perspektive nachgegangen (vgl. Schafer 2010, S. 336 ff.). Schafer verwies bereits auf die unterschiedlichen Machteffekte durch die akustische Gestaltung der Umwelt in der Auseinandersetzung mit Lärm und Stille:

„Lärm ist gleich Macht", ist eine recht grobe Gleichung. „Stille ist gleich Macht" ist feiner, aber genauso wirkungsvoll. Je näher man an Personen mit riesiger persönlicher Macht und großem Einfluß kommt, desto mehr ist man von der Stille beeindruckt. Das gilt für Könige genauso wie

---

62 Eine grundlegende Unterscheidung von Bau- und Raumakustik aus der direkten Arbeitspraxis gibt etwa die Plattform Baunetz Wissen der Heinze GmbH in Berlin: „Die Bauakustik beschreibt den Schallschutz von Gebäuden. Aufgabenstellung ist der Schutz von Aufenthaltsräumen gegen Geräusche aus fremden Räumen, gegen Geräusche aus gebäudetechnischen Anlagen und gegen Außenlärm. Auf Grundlage der Landesbauordnungen sind hierbei Mindestanforderungen zur Sicherstellung des Gesundheitsschutzes einzuhalten. Bei darüberhinausgehenden Komforterwartungen kann für Wohnräume bei Planungsbeginn ein erhöhter Schallschutz vereinbart werden. Bei der Planung stehen die bauakustischen Systemgrenzen im Vordergrund, z. B. Wohnungstrennwände, Treppenhauswände, Wohnungstrenndecken oder Außenbauteile. Ziel der Raumakustik ist die Sicherstellung der gewünschten akustischen Qualität für die geplante Nutzung. Im Vordergrund steht zumeist die einwandfreie Sprachkommunikation und die hierzu erforderliche Begrenzung der Nachhallzeit. Schallabsorbierende Systeme ermöglichen inzwischen auch gestalterisch anspruchsvolle Lösungen, sodass die Raumakustik in der Architektur eine zunehmend größere Beachtung erfährt. Prominentes Beispiel ist die Oberfläche im großen Konzertsaal der Hamburger Elbphilharmonie. Aber auch in der täglichen Planungspraxis kann durch geeignete Maßnahmen die Wirkung schallreflektierender Oberflächen (Sichtbeton, große Verglasungen, harte Bodenbeläge) gemindert werden, um den unbefriedigenden akustischen Eindruck ‚halliger' Räume zu dämpfen. Besondere Anforderungen bestehen bei der Realisierung inklusiver Nutzungsformen, z. B. in Schulen." (Gigla o. J.).

für Heilige. Und selbst heute kann man sehen, wie der Präsident eines Unternehmens von unerwünschten Unterbrechungen abgeschirmt wird: Sein Büro liegt hoch über dem Verkehrslärm; die Fenster sind gut isoliert; seine Sekretärin fängt seine Anrufe ab. (Schafer 2006, S. 150 f.)

Wenngleich das hierarchische Verhältnis in letzterem Beispiel nun eher unter bauakustischen Gesichtspunkten zu verstehen ist, lassen sich auch für die Raumakustik des Tonstudios im Folgenden ähnliche Machteffekte feststellen. Vor allem ist der funktionale Zusammenhang von Architektur, Akustik und Macht kein ausschließlich modernes Phänomen. Obwohl erst mit Sabine die Raumakustik als bewusstes Gestaltungsmittel und somit als ästhetische (Macht-)Strategie gezielt nutzbar gemacht werden konnte, lassen sich in der Frühgeschichte der Akustik bereits intuitiv-reflexive Momente mit den klangästhetischen Aspekten von räumlichen Anordnungen oder bautechnischen Materials herausarbeiten. Echo und Nachhall erscheinen hier bereits als produktives Element für musikalische Darbietungen.

4.1 Frühgeschichte der Raumakustik

Der römische Architekt Marcus Vitruvius Pollio (1. Jh. v. Chr.) behandelte in seinem Werk *De architectura* antike Bauweisen aus ästhetischer und praktischer Perspektive. Hierbei schließt er vornehmlich an die mathematischen Grundlagen der proportionalen Saitenschwingverhältnisse des Pythagoras an, auf dessen Arbeiten u. a. das europäisch-harmonikale Denken in Intervallen basiert. Aus Virtuvs Beschreibungen geht hervor, dass sich aus bestimmten akustischen Aufführungspraktiken wesentlich zwei Baustile entwickelten: das *theatron* und das *odeon*. Beide Bauwerke sind in halbrunder und nach oben hin mit aufsteigenden Sitzreihen um die erhöhte Bühnenplattform errichtet worden, wodurch sich der Schall optimal in alle Richtungen ausbreiten konnte. Diese Bauweise prägt bis heute die Anordnung vieler Theater- und Musikhäuser. Eine bemerkenswerte bauakustische Leistung sind die unter den Sitzen des antiken Theaters angebrachten Vasen, die den Akteuren als Resonatoren zur Stimmregulierung gedient haben könnten:

> Since resonance vases were tuned according to the Greek scales, they probably allowed actors and choir singers standing exactly at the center to control intonation, loudness, timbre and voice carrying because each vase reproduced only its own resonance frequency and only if this specific frequency of sound entering the vase was loud enough. (Baumann 2011, S. 21)

Das für musikalische Wettkämpfe entworfene *Odeon* unterscheidet sich wesentlich durch eine flache Überdachung und strukturale Oberflächenbeschaffenheit der

Wände, wodurch eine kürzere Nachhallzeit produziert und die Qualität der Präsentationen verbessert werden konnten (ebd.). Im Gegensatz zur recht trockenen Akustik des *theatron* wurden für musikalische Aufführungen Orte geschaffen, die also einen deutlichen Raumanteil zur Musik hinzuaddierten. Beide Bauformen deuten so auf ein produktives Resonanzverhältnis zwischen Akteur und Bauakustik hin, welches den künstlerischen Gebrauch der Stimme im theatralen und musikalischen Kontext beeinflusste und mitunter prägte.

Ein weiteres kreatives Spiel mit der eigenen stimmlichen Resonanz und dem Widerhall zeigt sich in besonderer Weise an den künstlichen Höhlensystemen auf Syrakus: dem ‚Ohr des Dionysios'.[63] Durch den Abbau von Kalkstein im fünften Jahrhundert v. Chr. ergab sich als Nebeneffekt innerhalb einer Höhle eine spezielle Verstärkung des Schalls, die bis heute erhalten ist. Hieraus entstanden Erzählungen um den Kriegstyrann Dionysios I., die wahrscheinlich auf eine Begegnung zwischen dem Archäologen Vincenzo Mirabella und Michelangelo Merisi da Caravaggio im Jahr 1608 zurückgeht (vgl. Mirabella 1613, S. 89).[64] Für Dionysios I. soll der Steinbruch der Anatomie des menschlichen Ohres nachempfunden worden sein, womit er sich die Tunnelverbindungen zu seinem Schlafgemach als Gehörgang akustisch nutzbar machen konnte, um in den Latomien den Qualen der Gefangenen zu lauschen (vgl. Kircher 1684, S. 58 ff.). Damit diente ihm die Akustik der Architektur als Machtinstrument – wobei diese Deutung eines antiken Bauwerks unter akustisch-funktionalen Gesichtspunkten schließlich 1673 in den Darstellungen Athanasius Kirchers aufgehen und symptomatisch für die Renaissance mit ihrer Faszination für Flüstergalerien, Gegensprech- und Abhörarchitekturen scheint (vgl. ebd.).[65]

---

63 In der griechischen Mythologie lassen sich am Beispiel der Figur der Echo ebenfalls bereits akustische Denkweisen erkennen und daraus resultierende künstlerische Praktiken ableiten. So bezeichnet Echo zunächst grundlegend den Widerhall. Echo wurde von der Gattin des Zeus aus Rache bei einer Intrige die Sprachfähigkeit insofern genommen, als dass sie nur noch in der Lage war, letzte an sie gerichtete Worte zu wiederholen. Echo gehört zu der Nymphenart der Oreaden, deren Wirkungskreis vornehmlich die Berge sind (vgl. Roscher 1897–1902, S. 519 ff.). Die Reflektionen des Schalls wurden also in Umgebungen bestimmter Berg- und Felsformationen oder in Höhlen und Grotten lokalisiert, die sich vor allem durch hart reflektierende Oberflächen, durch die Materialität von Gestein kennzeichnen lassen. Der hier entstehende akustische Effekt prägte als Stilmittel dann eine Form der Dichtung, nämlich die des späteren Echogedichtes oder Echoliedes. Was erstmals prominent in der antiken Lyrik bei Gauradas als Dialog zwischen Narziss und Echo seine Niederschrift fand, entwickelte sich vor allem in der Frühen Neuzeit als literarisch-musikalisches Phänomen und später in der arkadischen Poesie der Schäferdichtung weiter. In der Regel werden hierbei Verszeilen in Fragen formuliert, denen das Echo antwortet.
64 Der Maler legte u. a., inspiriert von dem Höhlenbau, die Szene in seinem Werk vom „Begräbnis der Hl. Lucia" in den Latomien von Syrakus an (vgl. Martens 1846, S. 663).
65 Norbert Miller findet in der Geschichte des Tyrannen Phalaris von Akragas entscheidende Hinweise auf die Entstehung dieser Legendenbildung: „Es braucht nur an die Erzählungen vom

Darüber hinaus berichtet Mirabella über die Beschaffenheit des Widerhalls in der Höhle,

> Antonio Falcone, sein Lehrer im praktischen Theile der Musik, habe einen Kanon gesetzt, worin nur zwei Stimmen singen, die beiden andern durch das Echo gebildet werden, und das Ganze eine vollkommene vierstimmige Harmonie ausmache (Parthey 1834, S. 185).[66]

Der Kunsthistoriker und Philologe Gustav Parthey konnte dieses Phänomen während seiner Reisen durch Sizilien experimentell zwar nicht verifizieren (vgl. ebd., S. 185), jedoch kann das Denken über ein musikalisches Spiel mit den akustischen Raumbedingungen hier durchaus als ein Novum betrachtet werden. Denn es ist nicht erst bei Athanasius Kircher, wie der Elektro- und Raumakustiker Jürgen Strauss geschlussfolgert hat, sondern schon bei Mirabella „eine akustische Raumantwort als kompositorisch gebundener Akteur von Musik benannt" (Strauss 2009, S. 13). Wohl aber stößt man bei Kircher erstmals auf einen explizit in Notenschrift ausformulierten Chor, der mittels Pausensetzung die Impulsantwort der Schallreflexion in die Komposition mit einbezieht (vgl. Kircher 1684, S. 37).[67] Architektonisch bedingte Abhörpraktiken und eine gleichzeitig musikalische Nutzung des Raumhalls finden hier zusammen.

Ausgehend von der wiederbelebten Faszination an antiker Baulehre, die sich noch maßgeblich auf die Analogie von Lichtstrahlen und Schallwellen stützte, fand Kircher durch seine akribischen Feldstudien zur Charakteristik des Halls anhand der Kuppelbauten größerer Kirchen heraus, dass sich durch die Positionierung von Schallquelle, Hörer und Wölbung die Nachhallzeit verändern und aktiv gestalten ließ. Er erkannte letztlich das ästhetische Potential in Hall und Echo und wollte die Räume der großen katholischen Gotteshäuser für den Klang und die Musik produktiv mit berücksichtigen. Kircher erkennt, dass sich in Abhängigkeit von der Hallzeit eine Verdoppelung oder gar Vervielfachung der Stimmen erzielen und sich dieser Effekt als gestalterisches Element nutzbar machen lässt.[68] Denn die Innen-

---

ehernen Stier des Phallaris [sic!] erinnert zu werden, die der Legende vom Ohr des Dionysios als Vorbild gedient hat. Danach drangen aus diesem Wunderwerk des Erzgusses die Todesschreie der dann verbrannten Opfer als Wohllaut an das Ohr des Richters und Henkers." (Miller 1985, S. 76).
66 Im Original vgl. Mirabella 1613, S. 89.
67 Natürlich sei an dieser Stelle darauf verwiesen, dass, wie Inga Mai Groote u. a. am Beispiel des zweistimmigen „Ave virgo, virga Jesse" (um ca. 1240) zeigt, durch die räumliche Trennung der Chorhälften in *sinister* und *dexter chorus* sowie deren korrelierenden Stimmwechsel bereits „die sich aus liturgischen Gewohnheiten ergebende räumliche Dimension der Aufführungsweise liturgischer Musik tatsächlich einkomponiert" wurde (Groote 2015, S. 40).
68 Auch Dorothea Baumann hebt hervor, dass sich Monteverdi im Zuge seines eigens für die Eröffnungsfeier des *Teatro Farnese* in Parma komponierten Werkes *Torneo di Mercurio e Marte* (1628)

wand- und Deckenkonstruktionen der hohen Kathedralen ihrer Zeit besaßen durch den nackten Stein eine lange Hallfahne, die Schallinformationen eher unpräzise in Gehalt und Lokalisierung werden lassen – ein Umstand, der sicherlich maßgeblich die Kompositionen der gregorianischen Chöre mit prägte, auf den der Protestantismus jedoch reagieren musste, damit die Predigten besser verstanden wurden. So wurden die Kirchen auf die Sprachverständlichkeit des Predigers hin ausgerichtet: Die Räume wurden verkleinert, wodurch sich die Abhörpositionen zwischen Publikum und Redner verringerten. Neben schallabsorbierenden Stoffbahnen, welche die Mauern der Seitenschiffe verdeckten, wurde eine Neuordnung der Sprech- und Sitzkonstellation vorgenommen. Die Kanzel des Pfarrers und die Sitzbänke waren nun entgegen der traditionellen Anordnung zentral zueinander ausgerichtet, wobei die Seitenplätze auf Emporen gestellt wurden. Die aus dem Protestantismus resultierende Machtverschiebung innerhalb der Kirche hatte demnach auch eine dezidiert raumakustische Reformation zur Folge. Es war eine Architektur, die in ihrer akustischen Neusituierung die evangelischen Gottesdienstordnungen nicht nur symbolisierte, sondern auch funktional stabilisierte und damit auch normalisierte.

Die präziseren akustischen Bedingungen beeinflussten auch die musikalische Aufführungspraxis, welche ihrerseits wieder auf die kompositorischen Inhalte zurückwirkte. So lassen sich aus diesen pragmatischen raumakustischen Veränderungen auch wesentliche ästhetische Entwicklungen der darauffolgenden Musik-

---

in einem Brief an den Architekten für den Bau einer Empore für das Orchester aussprach. Seinen Bestrebungen nach wollte er eine Musik präsentieren, die dem großen Baumwerk gerecht werden sollte (vgl. Baumann 2011, S. 29). Anhand nur dieser beiden ausgewählten Beispiele lässt sich zwar sagen, dass eine Wechselseitigkeit von physikalischem Raum und musikalischer Komposition schon viel früher und zeitlich nahezu synchron auch an anderer Stelle bestand, jedoch es Athanasius Kircher war, der dieses Verhältnis qualitativ auf besondere Weise weiterentwickelte.

„Das Mittel oben in dem Chor Gewölb muß also gemacht werden/ daß inwendig eine kugelrunde Fläche seye/ die Orgel aber/ oder die Musicanten müssen das centrum dises kugelrunden Gewölb Mittels sich befinden/ so wird man haben/ was diß Orts verlanget wird; dann weiln alle Stimm-linien, so an dises kugelrunde Gewölb Mittel anschlagen/ gerad und eben seyn/ auch an dem Ort zurück hallen/ wo sie hergekommen/ als müssen sie einen solchen starken Laut und Thon von sich geben. Ferner/ wenn man von dem Chor einen so weit gelegen Ort sich erwählet/ als zu Widerholung/ oder Echo dreyer Sylben genug ist/ auch an dem selbigen Ort der Mauer ein kugelrund Fläche gemacht/ und zwar nach dem jenigen Ort/ wo die Leute in den Kirchen ihr meiste Andacht verrichten/ als einem centro abgemessen: So werden die Stimmen an solchen Ort sich nicht allein mächtig verstärken/ sondern auch einen ganz absonderlichen/ und von dem andern unverschieden music- oder Stimm Chor hören lassen; dann wann man das Gesang durch dreyer Sing-noten Clausuln also anordnet/ daß noch immer in einer ieglichen Clausul man so lang pausire oder schweige/ als viel dieselbige noten in dem Takt oder Zeitschlag gelten/ so werden die Menschen/ so an besagter Stelle sich befinden/ nicht anders meinen/ als seyen zweyerlei Chor/ und daß eine große Mänge Musicanten zusammen singen oder musiciren." (Kircher 1684, S. 37).

epochen nachvollziehen. Bachs Chorwerke etwa sind von häufigeren Tempi- und Harmoniewechseln gekennzeichnet, was sich auf die kurze Nachhallzeit der Thomaskirche in Leipzig zurückführen lässt, in der Bach bekanntlich selbst Kantor war (vgl. Forsyth 1992, S. 9). Auch die aus dem Theaterbau entstandenen Opernhäuser sowie die aus den Musikzimmern und -häusern hervorgegangenen Orte, Ballsäle oder auch Wirtshäuser prägten maßgeblich die musikalischen Stile und Kompositionen mit.

So formulierte auch Richard Wagner in seiner Rede zur Grundsteinlegung des Bayreuther Festspielhauses am 22. Mai 1872 seine Idee des eigenen Gesamtkunstwerkes weiter aus, indem er die Architektur und räumliche Anordnung des Opernhauses in die Konzeption seiner Bühnen- und Klangästhetik mit einbezog. Denn „[d]ieses Gebäude stellt [...] in seinem Hauptheile den unendlich komplizirten technischen Apparat zu scenischen Aufführungen von möglichster Vollendung dar" (Wagner 1873, S. 27). Durch eine spezielle Form des Orchestergrabens, den er als „mystischen Abgrund" bezeichnet, bleibt das Orchester vor den Blicken des Publikums verhüllt und macht die produktiven Bedingungen der Musik, ihre Medien selbst, unsichtbar. Denn mit den Musikern verschwanden auch die Instrumente und Notenblätter ebenso wie der Komponist und Dirigent Wagner von der Bildfläche des Aufführungsraumes. Mit der Umsetzung dieser architektonischen Neuheit durch Otto Brückwald vollzog sich hier in Teilen auch das, was Adorno in seinem *Versuch über Wagner* als eine ästhetische Entsubjektivierungsstrategie versteht (vgl. Adorno 1964, S. 87). Das kompositorische Prinzip ist dabei zwar Ausdruck eines kreativen Selbst, aber vor allem in seiner Verfügung über „[d]as koloristische Moment, über das Wagner in voller Freiheit gebietet, [...] die Domäne seines Subjektivismus" (ebd., S. 74). Jedoch werden durch die Gestaltung der Klangfarben mittels Verdopplungen und Mehrfachbesetzungen einzelner Instrumente und Stimmen oder eben auch durch die spezifische Bauform des Hauses die „Teilaktionen der Spieler vom Gesamtklang aufgesogen" (ebd., S. 77). Durch die Konstruktion des Schalldeckels über dem Orchester vermischen sich einzelne Klänge zu einem Gesamteindruck, der seine Herkunft unter eben diesen Bedingungen verschleiert. Somit werden nun nicht nur „tendenziell alle Momente der Entstehung des Klangs unhörbar" (ebd., S. 87), sondern durch die räumliche Positionierung des Orchesters auch unsichtbar. Dieser Umstand verleitet Adorno zu seiner in diesem Zusammenhang wohl berühmtesten Warenkritik an Richard Wagners Formgesetz: „Die Verdeckung der Produktion durch die Erscheinung des Produkts" (ebd., S. 90). Die Hör- und Sichtbarkeit einzelner und individueller Produktionsmomente treten hier zurück. Die Produktionsästhetik Wagners spiegelt sich gleichsam in der inneren Anordnung des orchestralen Klangkörpers wie auch in der akustisch-architektonischen Konstruktion des Gebäudes. Er schafft für seine Werke einen eigenen Aufführungsort und erweitert damit seine spezifische Vorstellung von Klangästhetik um die Dimension des Raumes zum Nachteil der Individualität einzelner Instrumentalisten.

Wie die Wissenschaftsgeschichte zeigt, bildet sich zwar das, was wir heute unter Raumakustik mit ihren hochkomplexen Mess- und Rechenverfahren verstehen, erst mit Sabine ab dem 20. Jahrhundert differenzierter aus (vgl. Sabine 1906). Dennoch lieferten einschlägige Erfahrungswerte in der Baukunst bereits grundlegende Vorstellungen über die Verbindung von Akustik und Architektur. Aus dieser Sichtweise lässt sich das Bayreuther Festspielhaus wohl eher als ein unbewusster Akt akustischer Baukunst verstehen. Jedoch kann in seiner Verflechtung mit Wagners Idealbild der Ästhetik eines Gesamtkunstwerks dieses Opernhaus als ein Wendepunkt im Denken über die Verbindung von Klang und Raum verstanden werden: auf der einen Seite nämlich „die Instrumentationskunst im prägnanten Sinne, als produktiven Anteil der Farbe am musikalischen Geschehnis [...]" (Wagner 1873, S. 73), und zum anderen die Vermischung dieser Farben zu einem vielleicht auch manchmal ungewollt diffusen Gesamteindruck durch die Klangherkunft verdeckenden Eigenschaften des Orchestergrabens (vgl. Forsyth 1992, S. 8).

Nun mag es eine historische Koinzidenz sein, dass gut ein Jahr nach der Eröffnung Bayreuths Thomas Alva Edison 1877 den Phonographen entwickelte und damit die technische Schablone für eine räumliche (und zeitliche) Entkopplung von Musikproduktion und Rezeption lieferte. Mit der aus diesem Apparat weiterentwickelten Speicher- und Wiedergabemedien entstehen neue Akteure im Bereich musikalischer und angrenzender auditiver Produktionen, deren Handlungsraum verborgen vor den Augen der Öffentlichkeit und hinter den verschlossenen Türen der Tonstudios liegt.

4.2 Raum- als Machtgrenzen im Studio

Bis zur elektrischen Verstärkung der Tonaufnahme ab den 1920er Jahren wurden die Raumkonzepte des Studios in der Frühphase der Phonoindustrie maßgeblich von den mechanischen Aufzeichnungsapparaturen bestimmt. Während die Schallaufnahmen zunächst über mobile Produktionseinrichtungen in Hotel-, Konzert- oder Theatersälen vollzogen werden, entwickeln sich auch erste Studioarchitekturen unter funktionalen und raumakustischen Gesichtspunkten heraus, so etwa das Tonstudio der Deutschen Grammophon in Berlin oder die Edison Studios in New York. In beiden Studios wurden jeweils die von ihren Betreibern entwickelten Schallaufzeichnungs- und Wiedergabegeräte für die Produktionen verwendet: der Phonograph bei Edison und das Grammophon im Studio von Emil Berliner. Die akustischen Aufnahmen der entsprechenden Medientechniken beruhen im Wesentlichen auf den gleichen mechanischen Übersetzungsverfahren bei der Speicherung auf unterschiedlichen Trägermedien. Hierbei versetzt der über einen Trichter induzierte Schall eine an eine Membran befestigte Nadel in Schwingung. Die Nadel schreibt die Schallwellen schließlich in das jeweilige Medienmaterial (Zinn, Zink, Wachs, Schellack) ein. Entscheidend für die räumliche Disposition der Aufnahmestudios ist nun jene medientechnische Voraussetzung, dass die frühen Geräte die über das Horn vermittelten akustischen Signale noch nicht in der Lage waren, sie zu verstärken. Die Schallenergie musste also vor dem Trichter aufgebracht werden. Zudem konnte der Frequenzbereich der Schallaufnahme im Vergleich zur auditiven Wahrnehmung durch das menschliche Ohr noch wesentlich eingeschränkter reproduziert werden. Um auf diese Weise eine qualitativ akzeptable Musikaufnahme zu erhalten, sind bestimmte (raum-)akustische Maßnahmen getroffen worden, um die Intensität der Schallereignisse den medialen Anforderungen anzupassen.

Zunächst müssen die Schallquellen unmittelbar vor dem Trichter angeordnet werden, um durch eine angemessene Lautstärke die Membran der Schalldose in Schwingung zu versetzen. Gemäß den medientechnischen Bedingungen der mechanischen Tonaufnahme mussten die Raumkapazitäten eben gerade so klein gewählt werden, dass nicht die Energie des Schalls durch die Erstreflektion an zu weit entfernten Wänden abklingt oder sich wie in großen Bauten zu diffusen Überlagerungen verflüchtigt. Die klangliche ‚Schönheit' einer Aufnahme konnte eben nur unter Zunahme eines angemessenen „Tonschattens" (Gauß 2009, S. 284) erreicht werden. Der Raum wurde über eine kurze Nachhallzeit so bereits zum produktiven Faktor der Musikaufzeichnung, allerdings noch auf einer eher subliminalen Ebene. Bei größeren Ensembles hatte die Raumgröße allerdings sowohl eine Umverteilung der Stimmen als auch eine deutliche Verminderung ihrer Anzahl zur Folge. Dadurch musste auch das Notenmaterial für 14 bis mutmaßlich 25 Instrumente entsprechend modifiziert werden. Die Musiker wurden bei den Aufnahmen halbkreisförmig vor dem Schalltrichter positioniert, wobei die Instrumente mit größerer Schallintensität (zumeist die Blechbläser) auf erhöhten Bänken in der letzten Reihe platziert wurden. Notenständer wurden aufgrund der räumlichen Enge an die Decke montiert. Sänger und instrumentale Solostimmen mussten während der Aufzeichnung direkt vor das Aufnahmehorn treten und relativ laut und deutlich sein.[69] Dieser Umstand verlangte eine vom Aufnahmeleiter im Vorfeld präzise choreographierte und während der Produktion dirigierte Schrittfolge der Musiker, da die Bewegungsfreiheit in den beengten Studios deutlich eingeschränkt war. Diese medientechnischen Konditionen erforderten von allen Beteiligten ein hohes Maß an Disziplin und

---

[69] Der Schallpegel durfte jedoch auch nicht zu laut sein, was die Schlagwerke zu Problem- oder „Schmerzenskinder[n]" der Aufnahmetechnik" (Gauß 2009, S. 172) werden ließ.

waren sehr fehleranfällig, so dass Aufnahmen oft unbrauchbar waren und wiederholt werden mussten.⁷⁰

Die jeweiligen Raumgrenzen zwischen Maschinen und Künstlern waren durch den Schalltrichter definiert, weshalb sich die Apparaturen noch nah am Musiker selbst befanden. Erst im weiteren Verlauf technologischer Entwicklungen differenzierten sich die unterschiedlichen Raumkonzepte voneinander, und eine räumliche Trennung in unterschiedliche Funktionsbereiche konkretisierte sich. Aus dem Quellenmaterial der unmittelbaren Anfangsphase der Phonographie lässt sich erkennen, dass die akustischen Aufzeichnungsapparate noch unverhüllt im selben Raum vor die Schallquelle aufgestellt wurden. Dies zeigen frühe Fotografien u. a. aus dem Labor von Edison in West Orange (New Jersey) (vgl. Schmidt-Horning 2013, S. 109 sowie Welch und Brodbeck Stenzel 1994, S. 108), der Pathé Records (Paris)⁷¹ oder vom Produzenten der Berliner Gramophone Company, Fred Gaisberg, in London, Budapest oder Leipzig.⁷² Auf dezidiert raumakustische Maßnahmen deutet dort noch nichts hin, lediglich die Klaviere wurden auf Podeste gestellt, so dass die Schalltrichter auf die Höhe des Resonanzraums gebracht werden konnten. Bei einer anderen Produktionsszene unter der Leitung von George Gourad in Beulah Hill England um 1888 ragt ein langes Phonographenhorn von einem offenen Balkon im Raum herunter und zielt in den darunter befindlichen Flügel.

Einen ersten Hinweis auf eine optisch vollzogene Raumtrennung und die Separierung des Studios in einen Technik- und Performancebereich liefert eine von der Zeitschrift *Talking Machine News* veröffentlichte Fotografie von 1903 (Talking Machine News 1903, S. 59). Zu sehen ist der Komiker und Sänger Dan Leno bei einer Aufnahme von The Gramophone And Typewriter Limited in London. Der Schalltrichter ragt in dieser Szene aus der Öffnung einer nicht näher bestimmbaren Trennwand. Es kann angenommen werden, dass es sich hierbei um eines der ersten Fotos des neuen Studios der Gramophone Company in der City Road No. 21 handelt, welches das Unternehmen ab 1902 dort betrieben hat (vgl. Moore 1999, S. 99). Einen zweiten Anhaltspunkt arbeitete bereits die Historikerin Susan Schmidt Horning anhand eines Berichtes aus einer Ausgabe des *Edison Phonograph Monthly*-Magazins von 1906 heraus (vgl. Schmidt-Horning 2013, S. 14). Darin wird die Architektur

---

70 Fred Gaisberg schildert die für die Künstler noch ungewohnten Tonaufnahmebedingungen anhand einer Produktion mit der Operndiva Emma Calvé: „[Down] stairs we went and we began to record. But our troubles weren't over! In the middle of the ‚Habanera' from Carmen, she turned and asked me if she was good in voice. Result – one record spoilt. Then, in another selection, she declared she could not proceed unless she was allowed to dance! Another record spoilt!" (Moore 1999, S. 98).
71 https://grammophon-platten.de/page.php?181.
72 Vgl. Herriet Hotel London, 1898 (Emil Berliner Studios 2022; Moore 1999, S. 46 f.).

des im New Yorker Knickerbocker Building von Edison neueröffneten Aufnahmewerks beschrieben.

> Diagonally across the hall is another and somewhat smaller recording room. This is used for vocal work. It also has its own peculiar equipment of traps and things that look odd to the uninitiated. A partition runs across one corner. A recording horn projects through a curtained opening in this partition. The artists see only this horn into which they sing. The Phonograph attached to the horn stands back of the partition. (o. V. 1906, S. 8)

Das Aufzeichnungsmedium befindet sich nun innerhalb eines mit Holz verkleideten Kastens – einer Blackbox – und verbirgt die Mechanik vor den Augen des Künstlers. Ähnliche Einkastungen wurden auch von der Deutschen Grammophon vorgenommen, wie eine Choraufnahme zur Brüsseler Weltausstellung von 1910 zeigt (vgl. Gauß 2009, S. 167). Eine weitere Variante räumlicher Partitionierung wurde im großen Aufnahmeraum der Edison Company mit Stoffvorhängen durchgeführt (vgl. Thompson 2002, S. 265 (Foto von 1912)). Hierbei wurden nicht nur der Phonograph, sondern auch die Seitenwände des Raums abgehängt. Dieses „sound-absorbing material" (ebd.) lässt sich laut Emily Thompson als eine raumakustische Maßnahme verstehen. Es ist zwar sicherlich davon auszugehen, dass diese Stoffbehänge eine Verkürzung der Nachhallzeit bewirkt haben. Dennoch erscheint der Medienapparat funktional weniger wegen akustischen Erwägungen als vielmehr aufgrund der Wahrung von Industriegeheimnissen verhüllt worden zu sein. Auf diesen Sichtschutz vor Industriespionage verweist bereits der aus einer Begehung des neuen Edison-Studios resultierende Bericht: „How it is equipped and how it does its work are department secrets that even the artists are not permitted to know." (o. V. 1906, S. 8) Eine gänzlich vollzogene Raumtrennung zeigt eine Szene im Tonstudio der Deutschen Grammophon auf der Ritterstraße in Berlin von 1911.[73] Hier ragen zwei Schalltrichter aus einem mit einer Tür verbundenen Maschinenraum. Der Zutritt zur Technik wird hier durch ein Warnschild reglementiert, auf dem zu lesen ist: ‚Unbefugten ist der Eintritt streng verboten', wodurch der Bereich des Aufnahmetechnikers zu einem „sacred and somewhat mysterious precinct" (o. V. 1906, S. 6), einem geheimen und heiligen Ort, erhoben wird.

Der Musikethnologe Alan Williams geht mit seiner Annahme einen Schritt weiter, wenn er es für wahrscheinlich hält, dass der Anblick der ‚seltsamen' Geräte, „things that look odd to the uninitiated" (ebd.), die Künstler in ihrer Performance stark hätte verunsichern können (vgl. Williams 2007, o. S.), was an anderer Stelle

---

[73] „1911 Berlin, Ritterstraße: Im Tonstudio der Deutschen Grammophon leitet Bruno Seidler-Winkler eine Aufnahme mit Tenor Karl Jörn. An den beweglichen Trichtern Tonmeister Charles Scheuplein von der britischen Gramophone Company." (Emil Berliner Studios 2022).

noch deutlich werden wird. Das *Blackboxing* sollte die Musiker demnach vor der einschüchternden Wirkung der Maschine schützen. Die zu dieser Zeit viel diskutierte Anfälligkeit für Störgeräusche der Schallaufnahmeverfahren sieht Williams allerdings nicht als Grund für die Abschirmung der Apparate. Die unerwünschten Nebengeräusche wurden von der resonierenden Mechanik selbst, also hinter dem Trichter, verursacht. Eine Dämmung der Schallereignisse vor dem Aufnahmehorn zur Membran hin hat auf diesen Umstand demzufolge keine Wirkung (vgl. ebd.). Innerhalb dieses Diskurses ist in Zusammenhang mit dem Telegraphon ein früherer Kommentar zur räumlichen Separierung bisher jedoch unbemerkt geblieben. In einem Artikel in der *Phonographischen Zeitschrift* von 1900 heißt es hierzu:

> Interessant ist es, dass diese Nebengeräusche bei der Aufnahme durch das neue Telegraphon ganz und gar vermieden werden können, denn hier kann die rotierende Bewegung welche zu Hervorbringung der (magnetischen) Schriftlinien erforderlich ist, in einem ganz anderen Raum stattfinden, als die Aufnahme durch die Membran des Mikrophons, weil hierfür zwei vollkommen getrennte Organe bestehen, die nur durch eine elektrische Leitung verbunden sind. Es ist dieses ein Vorteil des Telegraphons, welcher von den Phonographen nicht erreicht werden kann, denn eine mechanische Trennung von Membran und Membran-Messer oder gar eine Verlegung dieser zwei Elemente des Phonographen in getrennte Räume ist natürlich ausgeschlossen. (Phonographische Zeitschrift 1900, S. 19)

Anhand des vom dänischen Elektroingenieurs Valdemar Poulsen entwickelten Telegraphons wird hier sowohl bereits auf die verminderte Störanfälligkeit der elektrischen Aufnahme vorbereitet als auch erstmals über eine akustische und medientechnische Raumtrennung nachgedacht. Die Geschichte des Kontrollraums und gleichzeitig die des soundästhetischen Herrschaftsbereiches der Musikproduzenten nehmen hier ihren Ausgangspunkt.

Technisch realisiert werden konnte dieses ‚traditionelle' Studiokonzept zwar erst mit Einführung des Audioverstärkers, dennoch lässt sich auch in der Architektur der New Yorker Edison-Studios ein erstes Anzeichen für die räumliche Isolation von musikproduktiven Arbeitsschritten erkennen. Die Etage im Knickerbocker-Gebäude ist in zehn Räume mit unterschiedlichen Funktionen eingeteilt. Neben Büroräumen für das administrative Geschäft sowie den eigentlichen Aufnahmebereichen wurden innerhalb des Komplexes noch ein Übungs- und zwei Testräume eingerichtet. Während der Raum für Proben auf die ökonomische Dringlichkeit musikalischer Perfektion und die große Bedeutung einer disziplinierten Aufnahmevorbereitung verweist, werden in den Testräumen mediale Machtpraktiken des Tonstudios etabliert, die klar voneinander getrennte Bereiche erfordern. Ein Aufnahmeprozess wird wie folgt geschildert:

> When the recorder reaches the end of the Record the band stops. The Record is removed and carried by an assistant back to the test room. A Triumph Phonograph stands on a table at one end of the room. The horn faces several men sitting on the opposite side. These are W. H. A. Cronkhite and his assistants. Their function is to pass judgment upon the work of all Edison artists. Mr. Cronkhite is the official critic of the department. Since he entered the employ of the company nearly five years ago no master record has been turned over to the manufacturing department that has not first had his seal of approval. Mr. Cronkhite is a trained musician, a cornet player of no mean ability, and he possesses a well rounded, varied musical knowledge that makes him invaluable in his position. [...] As the wax master record is played over all present listen intently and critically. Defects are pointed out and suggestions made. It may be too loud or too weak as a whole. One instrument may be too strong or the balance may be off. Or it may have any one of a dozen other defects. Back to the recording-room go the men. The errors are explained to the band, individually or as a whole, and another record is made. Another test, and more criticisms and suggestions. Back and forth go the wax masters until the right results are secured. (o. V. 1906, S. 6 f.)

Die beschriebene Situation veranschaulicht eine Trennung von Aufnahme- und Abhörraum sowie eine Hierarchisierung des Produktionsverfahrens. Die Entscheidungsträger über die Musik- und Soundästhetik einer Schallaufnahme sind nicht die musikalischen Direktoren, Sänger oder Musiker selbst. Die Urteilsfähigkeit wird einer höheren Instanz, der Figur des Kritikers, zugesprochen. Von der Beurteilung ihrer eigenen Performance werden die Künstler regelrecht ausgeschlossen, denn der Abhörvorgang einer Tonaufnahme erfolgt in einem vom *Recording Room* isolierten Bereich. Das von Williams für die Frühphase der Phonographie konstatierte hierarchische Gefälle, „musician over technician" (Williams 2007, o. S.), muss an dieser Stelle erweitert werden auf *critic over musician*. Argumentativ etwas knapp stellt Williams seine Rangordnung zum einen anhand der ‚schützenden' Sichtbarriere zwischen Künstler und der ‚einschüchternden' Medienapparatur auf. (Zur performativen Leistungssteigerung soll hier zum Wohle empfindsamer Künstler ein ängstigendes Moment durch die Verhüllung des Phonographen unterdrückt werden. Eine im hierarchischen Verhältnis übergeordnete Position des Musikers wird hier allerdings weniger deutlich, als doch die Technik vielmehr eine dominierende Stellung einzunehmen scheint.) Zum anderen stilisiert er aufgrund des materiellen Austauschs der Stoffvorhänge durch Milchglas bei der Grammophone Company die Techniker zu Schattenfiguren der Musikproduktion (vgl. ebd.). Williams stützt seine Argumentation dabei auf einen von Jerrold Northrop Moore zitierten Artikel, in dem es heißt:

> The recording room is at the top of the building, and it has been so situated in order to remove it as far as possible from the din and turmoil of the street traffic of the busy City Road. It is lighted by means of skylights. Stretching from one end of the room is a glass partition, behind which is placed the recording machine [...] The recording horn projects through about

the center of the partition [...] In the construction of this room every possible means has been utilized to secure its perfection from an acoustic point of view. (Moore 1999, S. 99, 101)

Problematisch ist nun die raumsoziologische Deutung, „smoked glass [...] reinforces the musician-centric hierarchy by turning individual technicians into abstract ‚shadowy' figures" (Williams 2007, o. S.), und zwar gleich in mehrfacher Hinsicht. Abgesehen von einer uneindeutigen Quellenlage des hier zitierten Artikels und dessen markierter Aussparungen,[74] widersprechen die abgedruckten Fotodokumente des New Gramophone Company headquarters (Moore 1999, S. 100) einer wesentlichen Veränderung im Studiodesign durch die Nutzung von „transparent glass in place of obtrusive fabric" (Williams 2007, o. S.) ganz entschieden. Was die Fotografie tatsächlich zeigt, ist zwar die Trennung des Studios durch Milchglas, aber in zentraler Raumposition einen Schalltrichter, der aus einer schwarzen Stoffabdeckung ragt. Dies zeigt auch die Zeichnung einer Grammophonaufnahme von 1907 mit der Sängerin Madame Tetrazzini im selben Studio (Moore 1999, S. 155). Die Medientechnik offenbart sich dem Künstler also nicht, sie bleibt weiterhin verhüllt. Demnach lassen sich die Techniker weniger als obskure Randfiguren, sondern vielmehr als Geheimnishüter verstehen. Dies belegen auch folgende Zeilen des Ingenieurs Multhaupt:

> Man war ja bislang mit Fleiss darauf bedacht, alles das was irgendwie Bezug hat auf die Aufnahme als unantastbares Geheimnis zu behandeln, und wohl die meisten Aufnahmetechniker sind durch eine besondere Vertragsklausel zur strengsten Geheimhaltung der Aufnahmepraktiken verpflichtet unter Androhung einer hohen Konventionalstrafe für den Fall einer Zuwiderhandlung. (Multhaupt 1909, S. 666)

Natürlich kann auch ein prekärer Status der Aufnahmeleiter und Techniker wie Fred Gaisberg vor der großen Expansion der Plattenindustrie in Teilen nachvollzogen werden.[75] Hinsichtlich der Studioarchitektur der Edison Records allerdings

---

[74] In der entsprechenden Biographie von Fred Gaisberg ist der Quellennachweis des zitierten Artikels ungenau. Die Quelle wird ausgewiesen mit: „*The Sound Wave And Talking Machine News, March 1907, p72.*" Allerdings werden hier zwei mögliche Zeitschriftenquellen miteinander vermischt: erstens *The Talking Machine News* und zweitens *Sound Wave. The Gramophone journal* mit dem alternativen Titel *The Sound Wave and Talking Machine Record* (vgl. Hoffmann 2004, S. 2014 f.). Aufgrund eines Zugangs zum *British Newspaper Archive* konnte durch die Lektüre von *The Talking Machine News* ausgeschlossen werden, dass die Quelle hierauf verweist. *The Sound Wave and Talking Machine Record* lag allerdings nicht vor. Interessant ist, dass die Zitation offenbar Teile ausspart, die möglicherweise ein differenzierteres Bild über das Studiodesign liefern könnten. Beide Lücken wurden genau an den Textstellen gesetzt, wo der Autor auf die Raumtrennung eingeht.
[75] Williams sieht durch die hierarchische ‚Musiker/Techniker-Achse' die Hinwendung der Unternehmen von anspruchsloser zu konzertanter Musikproduktionen repräsentiert. Gleichzeitig ver-

lässt sich bereits von einer deutlich differenzierteren Machtstruktur ausgehen. Hier wurde mit dem *Test Room* die übergeordnete Funktion des Kritikers strukturell in die Musikproduktion eingeführt und institutionalisiert. Die Konstruktion eines rigiden Studiokomplexes ist entgegen den mobilen Einrichtungen darüber hinaus ein Indikator für die Etablierung einer dauerhaften Ordnung. Die räumliche Separierung bildet die Grundlage für die Souveränität und Autonomie des modernen Produzentensubjekts. Für Williams vollzieht sich mit dem Wandel dieser Raumkonzepte auch der Übergang vom Laborexperiment zu einem neuen Berufsfeld:

> The construction of specific spaces for recording, and the subsequent division of these spaces into separate domains for musician and technician illustrate the transition of the recording process from laboratory experiment to professional vocation. (Williams 2007, o. S.)

4.3 Das Studiolabor und die Handlungsmacht der Akteure

Räume, in denen künstlerisch experimentiert, geprobt und produziert wird, werden oft in Analogie zu forschenden Tätigkeiten als Laboratorien bezeichnet. Als Labor (vom lat. Verb *laborare*; arbeiten, sich anstrengen, leiden) versteht man zumeist eine Forschungsstätte und einen Arbeitsraum der naturwissenschaftlichen Erkenntnisgewinnung.[76] Dabei können Laborräume mit dem Anspruch auf eine höchstmögliche Objektivität der Empirie als sterile und von äußeren Störfaktoren isolierte Orte verstanden werden. Innerhalb einer übergeordneten Gebäudearchitektur ist das Laboratorium daher zumeist ein hermetisch abgeschlossener Bereich mit gesonderten Zugangsregelungen. Seine Grundstruktur ist so mit einem spezifischen Anspruch auf räumliche Neutralität verknüpft (vgl. Knorr Cetina 2016, S. 17 ff.).

Kulturelle Produktionen im Allgemeinen oder das Tonstudio im Besonderen nun auf labortechnische Bedingungen hin zu untersuchen, bedeutet gleichzeitig auch, (sound-)ästhetische Prozesse als Forschungspraktik zu verstehen. Die Früh-

---

weist er auf den Umstand, dass sich genau in dieser Phase berühmtere Künstler noch wenig für die Tonaufnahmen interessierten: „The emergence of this hierarchy reflects the record companies' shift away from lowbrow vaudeville toward highbrow concert music. Most well-known performers were reluctant to appear before the acoustic horn. For Fred Gaisberg, the pioneering record producer and talent scout, the utilitarian setup of early recording spaces provided little incentive for the artists of professional stature that he wished to record on behalf of the Gramophone Co. Following a temporary residency, in Gaisberg's words, in the ‚grimy' basement of a former London hotel, The Gramophone Co. set up shop in the top floor of a commercial office building in 1902." (Williams 2007, o. S.)

76 Bereits der Begriff Studio (vom lat. *studium;* Eifer, Arbeit Mühe) verweist auf eine wissenschaftliche Beschäftigung.

phase der Phonographie hat bereits gezeigt, inwieweit technologische Forschung und ästhetische Praktiken ineinandergreifen. Ein Blick auf die Klangstudien der Avantgardisten elektroakustischer Musik lässt dieses Konzept vom Studiolabor weiterhin als evident erweisen. Seien es die Arbeiten mit neueren Tongeneratoren zur synthetischen Herstellung von Klängen bei Stockhausen (vgl. Ruschkowski 2010, S. 228 ff.), die Konstruktionen kybernetischer Klangmaschinen bei den Barrons (vgl. ebd., S. 192) oder die Transmutation von konkretem Soundmaterial zur akusmatischen Verschleierung der Herkunftsquelle bei Schaeffer (vgl. ebd., S. 212): Gemeinsam ist ihnen die Erforschung neuer ästhetischer Strategien unter Laborbedingungen. Ausschlaggebend für diese Entwicklungen waren bestimmte technologische wie auch theoretische Voraussetzungen der (Elektro-)Akustik. Ausgehend vom Fourier-Theorem erforschten etwa Herbert Eimert und Karl-Heinz Stockhausen im Studio für elektronische Musik (Köln) durch apparative Versuchsanordnungen aus Tonfrequenzgeneratoren und Messtechniken den Aufbau und die Synthese komplexer Klänge aus einzelnen Sinusschwingungen. Als Forschungsziel wurde „ein Gefügigmachen der Klangfarbe zu einem seriell gestaltbaren Kontinuum aller bekannten und unbekannten [...] Klänge" (ebd., S. 233) erklärt. Auch die Musique concrète konnte später von der verbesserten Audiotechnologie des Magnettonbandes profitieren, wenn sie anhand experimenteller Verfahren mit der „Materie des Klangs" (ebd., S. 223) eine gewisse Objektivität des eigentlich flüchtigen Klangmaterials postulierte (vgl. ebd., S. 228). Dabei werden, um diesen Gedanken mit der Soziologin Karin Knorr-Cetina weiterzuführen, in Analogie zum Labor die konkreten gespeicherten Klänge im Studio von ihren „,natürlichen' Organisationsbedingungen" (Knorr Cetina 1988, S. 88) entkoppelt und zu akustischen Forschungsgegenständen. „In Laboratorien werden Untersuchungsobjekte neu inszeniert, indem sie neuen zeitlichen und räumlichen Regimes unterworfen werden." (Knorr Cetina 2002, S. 65) Auch die Klangobjekte, wie etwa die Geräusche der *Étude aux chemins de fer-trains* von Pierre Schaeffer, werden durch Tonmanipulationen auf der Zeitachse in andere akustische Raumordnungen (Mono, Stereo, Echo, Hall) gefügt. Wissenschaft und Wahrnehmung, Physik und Physiologie verschmelzen einmal mehr in der techno-ästhetischen Architektur des Studiolabors. So erscheint es auch kaum verwunderlich, dass frühe Tontechniker sich in weiße Kittel kleideten (vgl. Baumgärtel 2015, S. 235).[77]

Bei Antoine Hennion wird das Studio als Labor nun bereits in einem erweiterten Sinne zu einer doppelten Metapher: als Raum für Klangexperimente und als Beobachtungsraum für die soziologischen Zusammenhänge musikalischer Struk-

---

77 Siehe hierfür auch das Bilderarchiv aus der Geschichte des Emil Berliner Studios (Emil Berliner Studios 2022).

turen. Dabei wird der Studioraum zu einer akustisch wie auch sozial perfekt isolierten Teststation. Denn professionelle Studios werden aufgrund ihrer bauakustischen Funktionalität als Raum-in-Raum-Konstruktionen entworfen. Dabei wird eine höchstmögliche Schallisolation durch die Entkopplung des Studioraums von den Wänden, Decken und Böden erreicht. Laut Hennion wird hier quasi ein labortechnisches – also akustisches und sozialtheoretisches – Vakuum erzeugt. In diesem Mikrokosmos dient der Produzent als künstlerischer Vermittler zur Außenwelt und Versuchsleiter:

> Intermediaries are not passive functionaries administering laws (musical, economic, or cultural). They produce the worlds that they want to make work for them. They force, tear out, knit together; they have tools and techniques for isolating, measuring, testing. (Hennion 1989, S. S. 402)

Hennion zieht eine Verbindung von kultureller Produktion und labortechnischer Arbeit, um zu verstehen, wie musikalische Objekte über ein Trial-and-Error-Verfahren letztlich an die Konsumenten vermittelt werden. Das Labor dient den musikalischen Akteuren hierbei als Studienort ihrer Produktionen:

> This construction, which may be only simple acoustical and architectural technique, materializes in the most palpable sense of the term the key operation of music producers. In order to carry out tests, producers must construct a model. If a full-scale test is too expensive, they have to construct a world in miniature and try to create test conditions there that can be reproduced on the larger scale. The studio is a padded room cut off from the outside world by a heavy, soundproofed door, a room that warns off outsiders with its red light while singers, producers, musicians, and technicians are locked inside. It is a world made to the measure of people so that they can test their own creations. First, there must be isolation from the real world. (Ebd., S. 407)[78]

Das Studiolabor wird zu einem akustischen und gleichzeitig sozialen Isolationsgehäuse, in dem Laboranten durch die Kombination verschiedener ‚Rohstoffe' versuchen ein Ergebnis zu erzielen, bzw. eine Öffentlichkeit zu adressieren. Im Tonstudio vollziehen die Produzenten dafür die immer gleichen Operationen, um die fehlende Variable in der Gleichung – das Publikum – herzustellen. Dabei wird

---

78 An anderer Stelle beschreibt Hennion die akustische Isolation des Studiolabors wie folgt: "The studio is a room entirely isolated from the outside acoustically and whose interior has been transformed into a quasi deaf chamber. It has been lined with surfaces of polyhedra of various shapes and material that are meant to absorb from all angles the complete spectrum of frequencies, from wherever they are emitted in the studio. Most studios are set up in standard buildings, but veritable suspended shells or rooms on stilts separated from the outside world by a thin layer of vacuum have been conceived." (Hennion 1981, 157 f.).

das Publikum nicht als eine fixe und direkt ansprechbare Größe verstanden, sondern als eine undefinierbare Menge, die erst infolge experimenteller Strategien klare Konturen bekommt. Bereits in den Frühzeiten der Musikindustrie

> [...] half selbst eine langjährige Erfahrung nicht aus, einigermaßen verlässliche Aussagen über den Geschmack und die wechselnden Neigungen der Konsumenten zu treffen. Jedes Mal aufs Neue erwies sich die Vermarktung eines Tonträgers als ein Versuch mit mehr oder weniger offenem Ausgang. (Gauß 2009, S. 193)[79]

Nach Hennion entsteht ein musikalisches Werk aus einem experimentellen Arrangement, aus einer collagenartigen Rekonstruktion heterogener Elemente. Musik, Text oder sogar die Persönlichkeit eines Künstlers werden seziert und die einzelnen Bestandteile aus ihrem Kontext herausgelöst (vgl. Hennion 1989, S. 409). Diese Fragmente bilden schließlich das Rohmaterial, das in einer methodologischen Schleife aus Versuch und Irrtum wieder neu zusammengesetzt und dabei in weitere Kontexte (Marketingabteilung, Plattenfirma, Verlag, Freundeskreis, Konzertpublikum usw.) eingebunden, getestet und schließlich hinsichtlich seines Erfolgs gemessen wird.[80] "The studio is an apparatus for capturing raw material by extracting it from the structured networks along which it circulates in ‚normal' life." (Hennion 1989, S. 410) Entscheidend ist hier nun, dass Hennion das Studiolabor so als machtfreien Raum jenseits von Ordnungsprinzipien konzipiert.

> The door is closed. We are shut off from the organized world. In the studio there is no longer any music or public, no society or technology, no power or market, but inert objects that have been gathered in from everywhere. Not everything is there, but there is a bit of everything. We have fulfilled the first necessary condition for creating our creatures: the world is neither

---

79 Gauß bezieht sich hierbei auf einen von ihm zitierten Artikel von 1936: "Und dabei wird bei allen Fabrikaten die Auswahl unter den Neuerscheinungen mit aller erdenklichen Sorgfalt von einem ausschließlich zu diesem Zweck gebildeten Ausschuß getroffen, der von vornherein im Durchschnitt nur etwa den zehnten Teil dessen, was von Komponisten und Verlegern angeboten wird, überhaupt in den Kreis der Betrachtungen zieht. Und trotz der großen Erfahrungen, über die die Mitglieder dieses Ausschusses verfügen, läßt es sich doch nicht vermeiden, daß Platten aufgenommen werden, die sich als Versager erweisen, und auf der anderen Seite kommt es natürlich auch vor, daß man einzelnen Erscheinungen kein Vertrauen entgegenbringt, die sich später doch als wirkliche ‚Schlager', auch in der Absatzziffer erweisen. Und dabei sind es vielfach gefühls- und verstandesmäßig unfaßbar Unwägbarkeiten, die die ‚Gängigkeit' einer Platte bestimmen."
80 Bereits in der Zeitschrift *Edison Phonograph Monthly* von 1906 wird ein geschultes Gutachter-Komitee beschrieben, das die unveröffentlichten Produktionen auf einen gewissen Standard hin überprüft: "Then the required number of masters are made for the factory. It's no easy task to make master records up to the Edison standard; records that must later be played at the Edison Laboratory before a committee of twenty men, most of whom have devoted years to the mastery of record making problems of all kinds." (o. V. 1906, S. 8).

> absent nor present, it is represented. Being cut up into isolated elements that we can recombine at our leisure, it is a partial, simplified sample that we are dealing with, but one we can work on. We have cut it off from the infinite series of external influences that no variable could measure since they all interact and are inextricably linked. The transgression of laws, the refusal of established order, the reconstruction of the world, no longer refer to an in-principle demand made by artists or to a condition for creation affirmed by aesthetics. Rather, they are operations that are actually carried out by producers in the course of their experimental work. (Ebd., S. 410 f.)

Durch die Dekonstruktion sämtlicher sozialer Ordnungen und deren elementare Zergliederung in separierte Objekte wird das Studio zu einem scheinbar neutralen Beobachtungsfeld. Es wird zum Labor des Soziologen. In dieser vermeintlichen Offenheit werden Samples aus Rhythmen, Melodiefetzen, Wörter, Reime oder auch Aussprache, Haltungen und Persönlichkeitsmerkmale zu gleichrangigen Objekten innerhalb einer Versuchsanordnung, eines Handlungsprogramms. Für eine erfolgreiche Musikproduktion ist es laut Hennion wichtig, durch diese experimentelle Form eine Möglichkeitsbedingung für Neues, etwas Unbestimmtes oder für Zufälligkeiten zu schaffen. Der Produzent als künstlerischer Versuchsleiter repräsentiert dabei ein Publikum, welches sich im Produktionsprozess erst potentiell konstituiert, aber gleichermaßen wieder als Sample und unbekannte Variable funktioniert.

> The principle of the equation is to render what is absent active, to use an unknown term as if it were known. Although no one yet knows what they will be, the public can enter into relationships; be added on; divided; combined with a singer, notes, and sounds. It has been assumed that "artistic director = x (public)," and the variable x is adjusted to the others in a trial-and-error sequence. [...] [I]n the studio, the act of equation introduces variables everywhere but constructs the relationships between them very clearly. The world as a whole is excluded and then reconstructed locally, in a series of punctuated relationships between the actors. The double meaning of the word actor serves perfectly to designate these producers, whose action can be entirely characterized in terms of the representation they are able to create. (Ebd., S. 415)

Mit diesem Denkansatz steht Hennion gleich mehrfach in der Tradition der Akteur-Netzwerk-Theorie (ANT) und deshalb auch quer zu strukturalistischen Positionen. Zum einen geht die ANT eben nicht von latenten Strukturen aus, die Kulturen vorgelagert sind oder unterwandern und dessen Wirkungsmacht es offenzulegen gilt (vgl. Latour 2017, S. 264 f.). Die Beschreibung von menschlichen oder auch dinghaften Mediatoren und Übersetzungsprozessen, den Akteuren und Aktanten, ist hier vielmehr methodologischer Dreh- und Angelpunkt. Zum anderen vollzog sich die Geburt der ANT selbst als eine aus dem Geiste des Labors (vgl. Latour und Wolgar 1979). Die sozialkonstruktivistischen Forschungen von Latour, Woolgar oder Knorr-Cetina Ende der 1970er Jahre konzentrierten sich wesentlich auf den Ort naturwissenschaftlicher Wissens- und Wahrheitsproduktionen. Das Labor wird dabei als „notwendige Einheit" (Knorr Cetina 1988, S. 86) eines Konstruktionsapparats verstanden, „aus dem Realität, ‚wie sie wirklich ist', hervorgeht" (ebd.). Forschungen, respektive Operationen, unterliegen im Labor wesentlich einer (semiotischen) „Erzeugungslogik", die Zeichen und deren Referenten gleichermaßen herstellen können:[81]

> Laboratorien sind materiale Einrichtungen, die Zeichen prozessieren. Die Verarbeitungsprozesse des Labors sind immer auch Signifikationsprozesse, d. h. Prozesse, in denen Zeichen generiert und deren Referenz bzw. Bedeutung konstituiert werden. Man kann das Labor als Ort ansehen, durch den ein Strom von Zeichen fließt [...]. Es ist im weiteren Sinn ein Zeichengenerierungs- und Verarbeitungssystem. Das Labor beschäftigt sich mit einer Zeichenrealität, wobei die Problematik genau darin besteht, daß sowohl die Zeichen als auch deren Sinn bzw. Referenz im Labor konstituiert werden müssen. (Knorr Cetina 1988, S. 91)

In diesem Zusammenhang, so die dort formulierte These, werden die Laboratorien als naturwissenschaftlicher Erkenntnisort der empirischen Forschungen und Naturwissenschaften im Allgemeinen „vom ‚Sozialen' nicht nur beeinträchtigt (kontaminiert oder infiltriert), sondern sie ‚bemächtigten' sich sozialer Praktiken als Instrumente der Erkenntnisfabrikation" (ebd.). Durch diese Laboratisierungsprozesse sind Interaktionsformen, Zeichenketten oder auch an Chancen orientierten Optionen (Ausstattungen an technologischen Ressourcen, Projekt- und Drittmittelfinanzierungen, Karrieremöglichkeiten) vergesellschaftet und somit immer auch schon sozial konstruiert. Erst in einer späteren Schaffensphase versuchen Bruno Latour und andere sich dann mit der ANT von sozialkonstruktivistischen Positionen zu befreien. Mit der Gleichsetzung menschlicher und nicht-menschlicher Entitäten (Apparate, Technik, Hefe) als soziale Akteure sollen sowohl die im Technikdeterminismus als auch im Konstruktivismus starren Objekt/Subjekt-, Natur/Kultur- oder Technik/Mensch-Dichotomien überwunden werden. In der ANT geht es primär um die Beschreibung hybrider Akteur-Netzwerke, die sich aus technologischen, sozialen oder semiotischen Prozessen bilden. Den Dingen werden, wie dem Menschen,

---

81 Als prominentes Beispiel dient hier Latours Aufsatz zu Pasteurs Laborversuchen mit der Milchsäurehefe (vgl. Latour 2006, S. 103–134). In einer Reihe aus Versuchsanordnungen beobachtete und beschrieb Pasteur die Reaktionen (Gärung) der noch nicht identifizierten Substanz der Hefe. Latour weist der Hefe eine eigene Performanz nach, Aktionseigenschaften, die von Pasteur dokumentiert wurden, ohne dass es bis dahin ein konkret benennbares Ding gäbe. Erst mit dem abschließenden Forschungsbericht beziehen sich Zeichen in Verweisungszusammenhängen, Beschreibungen von reaktiven Eigenschaften auf die spezifischen Handlungsprogramme, auf den von Pasteur entdeckten Referenten der Milchsäurehefe. Latour spricht hierbei von der „Emergenz eines neuen Akteurs" (Latour 2000, S. 143).

bestimmte Aktionspotentiale zugewiesen, so dass den Artefakten eine eigene Handlungsmacht (*Agency*) zugesprochen wird. Diese (maschinelle) *Agency* lässt sich nun in den Zeichenoperationen der Labore ebenso erkennen, wie sie in Analogie zu den Ton- und Aufnahmestudios beschrieben werden kann. Eklatant ist hierbei zunächst, dass sowohl in Laboratorien als auch in Produktionsstudios audiovisuelle Übersetzungsprozesse und Abbildungsverfahren stattfinden. So werden hier wie dort etwa Messergebnisse graphisch dargestellt: Ergebnisse von Schalldruckpegelmessungen werden in blinkende LED-Leisten von Mischpulten übersetzt und durch numerische Skalen repräsentiert, Tonhöhen von Audiosignalen auf Klaviaturen abgebildet, über Displays werden Schwingungen pro Zeiteinheit oder das Stereobild einer Produktion visualisiert.[82] Produzenten gehen mit diesen Zeichengeneratoren handlungsmächtige Netzwerke ein, sie werden zu hybriden Entitäten, Akteuren der Klangkontrolle und Überwachungsorganen der Audiosignale.

Weitere semiotische Herstellungsverfahren lassen sich an Studioarbeiten beobachten, bei denen neue soundästhetische Strategien zu Klangsignaturen bestimmter Künstler werden. Wenn Sam Phillips zum Beispiel eine Verzögerung über zwei Ampex-Bandmaschinen erzeugt und der Stimme Elvis Presleys hinzugibt, entsteht etwas Drittes: ein akustischer Hybrid aus Stimme und Technik. Diese Hybridform bildet gleichermaßen das akustische Referenzobjekt eines Soundeffekts (*Slabback*-Echo) wie auch das der medialen Stimme von Elvis. Referent und Soundzeichen konstituieren sich gleichzeitig als Resultat eines Laboratisierungsprozesses. Wenn an anderer Stelle Phil Spector aus einer spezifischen raumakustischen Disposition, mehreren Aufnahmetakes und *Overdubbings* die *Wall of Sound* mischt, entstehen Klangreferenz und Soundzeichen eines bestimmten Produktionsverfahrens, eines Produzenten, einer Versuchsanordnung, eines Handlungsprogramms. Das Tape-*Delay* von Phillips oder die *Wall of Sound* von Spector können als Technik auch in andere Kontexte eingebunden sein, bleiben aber durch eine Zeichenkette mit ihren ‚Erzeugern' verbunden. Einzelne Klangobjekte oder die für Produktionsexperimente verwendeten Medientechniken können mit der ANT dabei als eigenständig handelnde Akteure verstanden werden. Denn die Stimme von Elvis oder die Bläsersätze bei Phil Spector werden durch verschiedene Versuchsreihen mit unterschiedlichem Equipment auf ihre akustische Beschaffenheit, auf ihr soundästhetisches Verhalten überprüft und bewertet. Durch Testverfahren mit verschiedener Mikrophonierung, veränderter Raumsituation, Kompressionsparameter oder Effektmischungen durchlaufen die Klangobjekte eine Reihe technischer

---

82 Ein in der professionellen Musikproduktion gängiges bildgebendes Verfahren wird etwa von der Multimeter-Software des deutschen Ingenieurbüros Pinguin unterstützt. Die Pinguin-Software visualisiert diverse audiotechnische Messverfahren, wie etwa Korrelationsgrade, Lautstärken, Frequenzen u.v.m. (vgl. Pinguin 2020).

Versuche und mediale Prozesse, bis im Ergebnis vielleicht etwas Reizvolles, etwas Neues entsteht. Nach dieser Analogisierung von Tonstudio und Labor erscheinen manche Schlussfolgerungen Latours zu laboratisierten Forschungen quasi als ästhetische Forderung an die Musikproduktion: „Wie artifiziell der Aufbau des Experiments auch sein mag, etwas Neues muss unabhängig von der experimentellen Anordnung auftauchen, emergieren, oder das ganze Unternehmen war umsonst." (Latour 2000, S. 151) In diesem Zusammenhang spielen die performativen Leistungsmomente einzelner (Klang-)Objekte eine wichtige Rolle.

> Laborversuche zielen darauf, etwas durch seine Performanz, seine Handlungen zu definieren. Dies verlangt, dass alle möglichen Situationen, Anlässe, Herausforderungen und Prüfungen angestellt werden, um die Leistungen eines Akteurs sichtbar zu machen. Die Leistungen zeigen sich darin, wie ein Akteur auf andere Akteure wirkt, wie er sie verändert, transformiert oder hervorbringt. [...] Die Versuchsanordnung zielt darauf, die möglichen Leistungen des Akteurs zu fixieren. Aus allen erdenklichen Wirkungen bleiben am Ende der Versuchsreihe nur noch einige übrig. (Bellinger und Krieger 2006, S. 31)

Potentiale einer Performance während einer Tonaufnahme entstehen gewissermaßen immer dann, wenn das ‚rote Signallicht' aktiviert wird, eine Sängerin mit ihrer Stimme zur Musik einsetzt oder ein Instrumentalist sein Instrument bedient. Darüber hinaus kann jedoch, ähnlich wie die von Louis Pasteur beschriebenen Reaktionen der Milchsäurehefe auf die entsprechenden experimentellen Methoden, mit Latour den Klangobjekten und Medientechniken selbst eine eigene Performanz attestiert werden. Die Klänge und Apparate reagieren je nach Versuchsanordnung unterschiedlich aufeinander. Sounds verändern dabei ihre Textur, ihre Kontur, ihre Räumlichkeit oder ihr Spektrum. Die Produzenten probieren unterschiedliche Signalwege, testen, bewerten und selektieren die jeweiligen Klangergebnisse. Dabei verändern sich die Soundobjekte nicht nur selbst, sondern im Falle eines musikalischen Erfolgs gleichzeitig auch den Status ihres gesamten Akteur-Netzwerkes (Produzenten, Medienmaschinen, Künstler). So wird Elvis durch den Echoeffekt in einen Prothesengott transformiert, in eine Medienfigur, seine Stimme wird zu einem Mensch-Maschine-Hybriden: vom Klang- zum medientechnischen Soundobjekt. Sam Phillips wird mit dem Tonband als maschineller Akteur zum Entdecker einer Kultfigur und zum Produzenten eines Signatursounds. Damit sich Soundsignaturen oder bestimmte Ästhetiken nun zu Referenzobjekten erheben, sind allerdings weitere Übersetzungsverfahren notwendig, die Musikproduktionen im Sinne eines abschließenden Forschungsberichts an die Öffentlichkeit vermitteln.

> Die Zeichen des Labors sind vielfach Zeichen noch ohne „Sinn" bzw. „Referenz". Ein Großteil der Zeichenarbeit des Labors besteht genau darin, die Bedeutung bzw. Referenz der unterstellten und „gesehenen" Zeichen zu fixieren. Zeichen sind im Labor also nicht unproblema-

tisch lesbar; sie stellen ein „Etwas" dar, das in ein Objekt transformiert werden muß. (Knorr Cetina 1988, S. 93)

Marketingabteilungen übersetzen die Musik so zum Beispiel in andere audiovisuelle Konzepte und unterziehen ihr Produkt operationsähnlichen labortechnischen Tests, wie die Musikproduzenten es mit ihren Klangobjekten tun. Es wird versucht, der Musikproduktion eine weitere Bedeutungsebene hinzuzufügen. Auch hierbei wird das anzusprechende Publikum erst während eines Trial-and-Error-Verfahrens hergestellt. Dies muss nicht immer gelingen, bzw. es können sich Zeichen und Referenten eben auch transformieren, zum Beispiel überschrieben werden.[83] So ist es durchaus erklärbar, wieso der Soundeffekt des *Slapback-Delays* vielmehr auf Elvis Presley und Sam Phillips referiert als auf Little Walter's „Juke" (Little Walter 1952), bei dem der Produzent Bill Putnam entgegen einer weitverbreiteten Auffassung dieses Tonband-Echo erstmals technisch hergestellt und aufgezeichnet hat.[84] Der Laborversuch aus Hüftschwung und Schmalztolle funktioniert in seiner Zeichenhaftigkeit im Zuge erster Impulse eines gegenkulturellen Befreiungsschlags offensichtlich besser als die Bluesharmonika. Studioexperiment und Marketingmodell waren erfolgreicher. Ein solcher Publikumserfolg geht in der Regel medial einher mit einer ubiquitären und kommerziell wirkmächtigen Wiederholung der (Sound-)Zeichen. Dadurch haben sich die in ihrer Zeichenlogik relational miteinander verbundenen Akteure (Ampex-Bandmaschine, Bill Putnam, Elvis, *Slapback*-Echo usw.) transformiert und im differentiellen Zeichensystem verschoben. Wenn Latour in Anlehnung an die Semiotik Saussures nun von „zirkulierende[r] Referenz" (Latour 2000, S. 36) spricht, meint er eben eine solche Zeichen- oder ‚Aktionskette', bei der das Ding, auf das ein Zeichen referiert, wiederum als Zeichen eines anderen Referenten dienen kann. Akteure verhalten sich nach Latour wie Zeichen im semiotischen System der Sprache.

Wenn Hennion nun das Tonstudio jenseits vorausgesetzter Strukturen, Diskurse oder Dispositive als soziologischen Beobachtungsraum öffnet, ist damit jedoch nicht gemeint, dass es im Studiolabor keine Machteffekte gibt oder die ANT selbst keinen Begriff von Macht besitzt. Macht erscheint nach Latour vielmehr „als eine Konsequenz und nicht als eine Ursache kollektiven Handelns" (Latour 2006, S. 200). Die Vorstellung von einer habhaften Macht konfrontiert er mit einem Paradoxon: „Wenn man einfach nur Macht *hat* – in potentia –, geschieht nichts und man ist machtlos; wenn man Macht *ausübt* – in actu –, führen *andere* die Hand-

---

[83] Auf eine endlose Sinnverschiebung und Transformation der Verweisungszusammenhänge des sprachlichen Zeichensystems weisen bereits die Begriffe „Spur" und „différance" von Jacques Derrida hin (vgl. Derrida 2013, S. 44f.).
[84] Dies behauptet u. a. auch Baumgärtel 2015, S. 127. Siehe dazu auch: Jeansonne u. a. 2011, S. 69.

lungen aus und nicht man selbst." (Ebd., S. 196, Hervorhebungen i. Orig.) Macht ist in der ANT demnach ein Handlungsprogramm, was nicht als ursächliches Erklärungsmodell dienen, sondern als dessen Wirkung beschrieben werden kann. Dass Befehle eines Souveräns gehorsam befolgt oder Hierarchien anerkannt werden, bedarf der Handlung anderer. Latour spricht hierbei von

> „eine[r] von vielen gestaltete[n] Komposition [...], die einem unter ihnen zugewiesen wird [...]. Die Macht, die Jemand ausübt, variiert nicht entsprechend der Macht, die jemand hat, sondern entsprechend der Anzahl anderer Personen, die in die Komposition eintreten." (Ebd.)

In der methodologischen Perspektivierung der ANT spielen Machtverhältnisse nur dann eine Rolle, wenn sie (zwischen menschlichen oder auch nicht-menschlichen Entitäten) in Übersetzungs- und Vermittlungsprozessen artikuliert oder behandelt werden.[85] Macht (oder allgemein Gesellschaft) ist somit ein Effekt, der sich durch soziale Prozesse konstituiert und unmittelbar in (alltäglichen) Aktionsräumen performativ reaktiviert wird. Latour erkennt, dass er mit diesem Konzept im Wesentlichen der „Mikrophysik der Macht" von Foucault entspricht:[86]

> Dies ist das gleiche Resultat wie jenes von Foucault (1977), als er die Vorstellung von Macht, die von Mächtigen gehalten wird, zugunsten von Mikromächten auflöst, die durch die vielen Techniken zur Disziplinierung und zum In-der-Reihe-Halten verteilt wurden. Es ist einfach

---

[85] Callon weist etwa darauf hin, dass auch gesellschaftliche oder soziale Determinierungen nicht als vorrangige Strukturen, sondern als vorausgehende Übersetzungen zu beschreiben wären: „A übersetzt B. Diese Aussage ist gleichbedeutend mit der Aussage, dass A B definiert. Es ist unwichtig, ob B eine menschliche oder nicht-menschliche Entität, ein Kollektiv oder ein Individuum ist. Es wird auch nichts über den Status von B als Akteur ausgesagt. B könnte mit Interessen, Projekten, Wünschen, Strategien, Reflexen oder Bedenken ausgestattet sein. Die Entscheidung liegt bei A, obwohl dies nicht bedeutet, dass dieser totale Freiheit hat. Wie A handelt, hängt von den früheren Übersetzungen ab. Diese können das Folgende bis zur Determinierung beeinflussen [...] Alle Entitäten und Beziehungen zwischen diesen Entitäten sollten beschrieben werden, da sie in ihrer Gesamtheit den Übersetzer ausmachen." (Callon 2006, S. 323).

[86] Die Argumentation Latours stellt eine grundlegende Kritik an der Soziologie und deren Ausrichtung auf gesellschaftliche Prozesse dar. Dabei begibt er sich in unmittelbare Nähe zu Foucaults Diskursmacht und den nicht-diskursiven Praktiken seines Dispositivbegriffs: „Sie [die Soziologie] verwendet Vorstellungen von ‚Macht' und ‚Kapital', wenn diese örtlich *zusammengesetzt* werden müssen; sie spricht von ‚Klassen', ‚Rängen' und ‚Werten', wenn diese das Ergebnis einer kontinuierlichen Debatte darüber darstellen, wie man klassifiziert, in Ränge einteilt und evaluiert; sie versucht, die Gesellschaft mit ‚Hierarchien', ‚Professionen', ‚Institutionen' oder ‚Organisationen' zusammenhängen zu lassen, während die praktischen Details, die es diesen Entitäten ermöglichen, länger als eine Minute zu überdauern, der Aufmerksamkeit entgehen [...]"(Latour 2006, S. 210, Hervorhebungen i. Orig.). Zu weiteren Analogien von Latours ANT und Foucaults Dispositivanalyse siehe auch Gnosa 2017.

eine Erweiterung von Foucaults Idee hin zu den vielen Techniken, die in Maschinen und den harten Wissenschaften eingesetzt werden. (Latour 2006, S. 210, in einer Fußnote)

Bindet man diesen durch (maschinelle) *agency* erweiterten Machtbegriff Foucaults zurück an Hennions Beschreibungen der Musikproduktion im Tonstudio, kann Macht nicht als strukturelle oder räumliche Bedingung verstanden werden. Sie vollzieht sich vielmehr performativ und wird in zunächst machtfreien Räumen durch Praktiken und Techniken immer wieder aktualisiert, auch durch die Handlungsprogramme hybrider Mensch-Maschine-Konstellationen. Allerdings verweilen Erfahrungen über die Raumordnungen des Studios und die in diesem Zusammenhang stehenden Körper-Disziplinierungen im Beschreibungsmodell der ANT zu sehr im Hintergrund. Das Tonstudio als Dispositiv hingegen kann, wie im Folgenden gezeigt werden soll, eine Reihe von Elementen freilegen, die bereits vor dem Musiker vor Ort sind und bestimmte Handlungsschemata voraussetzen. Denn auch Laboratorien sind von einem Disziplinarregime durchzogen:

> Die Übungen, denen sich Nachwuchswissenschaftler im Labor (und in den vorangehenden Lehrlaboratorien ihrer Universitätsausbildung) unterziehen müssen, sind immer auch körperliche Schulungen, Disziplinierungen im Sinne disziplin-spezifischer Einschleifungen von Körperhaltungen, Sichtweisen, Hantierweisen, speziellen Geschicklichkeiten ebenso wie spezifischen Ertragungsfähigkeiten. (Knorr Cetina 1988, S. 97)

Der Laborant oder der Produzent handeln innerhalb ihres jeweiligen Aktionsraums als disziplinierte und körperlich geschulte Subjekte. Damit werden labor- und studiotechnische Praktiken gleichermaßen ‚diskursmächtig' bedingt. Auf beiden Seiten dient der Körper etwa als Messinstrument. Akusmatisches, analysierendes oder überwachendes Hören müssen ebenso erlernt werden wie die Fingerfertigkeiten beim Versuchsaufbau und Experiment. Wer sich dabei bestimmten Vorschriften nicht fügt, erhält entweder keinen (Labor-)Zugang oder kein brauchbares (Klang-)Ergebnis.

Vor allem in der experimentellen Frühphase der Phonographie wurde eine hohe Disziplin oder Affektkontrolle für die Künstler zum wichtigen Schallaufnahmekriterium und für die ‚Versuchsleiter' zu einem ökonomischen Faktor. Denn sämtliche von den Musikern oder Sängern produzierten Nebengeräusche wurden zu Störobjekten und sorgten für unbrauchbare Aufnahmen. Weil jede Aufnahme ein neues Trägermedium bedingte, konnten unbeherrschte Performances zu kostenintensiven Produktionen führen. Hierzu zählten sowohl das unbekümmerte Dazwischen- oder Reinreden in die musikalische Darbietung wie auch übermäßige und unregulierte Körperbewegungen als ästhetisches Ausdrucksmittel (vgl. Gauß 2009, S. 182 ff.). Der Schallaufnahmeraum wurde so zu einer (künstlerischen) Disziplinartechnologie, das sich am effektivsten anhand des von Stefan Gauß bereits untersuchten Phänomens der „Trichterfurcht" (ebd., S. 187) belegen lässt. Die durch das Medium der Phonographie hergestellte neue Öffentlichkeit, also ein von der Musikproduktion räumlich wie zeitlich entkoppeltes Publikum, führte zu einer neuen Form des musik- und klangästhetischen Perfektionismus. Die gleichzeitige Ermächtigung der Konsumenten über die örtlich wie auch temporär situierte Rezeptionsweise und die damit verbundene Wiederholbarkeit einer musikalischen Darbietung hatten bei vielen Künstlern Versagensängste zur Folge. Antrainierte Tricks und subversive Strategien – wie vom Wagner-Sänger Winkelmann, der sich bei höheren Gesangspassagen akustisch hinter dem lauten Orchester versteckte, indem er nur den Mund öffnete – wurden vor dem Schalltrichter bloßgelegt (vgl. ebd.). Bühnengrößen scheiterten regelmäßig vor dem Apparat und dem neuen medialen Druck von präziser Artikulation und musikalischer Genauigkeit (vgl. Phonographische Zeitschrift 1901, S. 39). Zur Vorbereitung auf Tonaufnahmen nutzten daher einige Künstler Textstützen oder absolvierten „sogar aus erziehlichen Gründen einen phonographischen Kursus [...]. Er singt in die Maschine ein Lied und nimmt die Walze dann mit nach Hause, um seinen Vortrag zu kritisieren und Ton oder Phrasierungsfehler zu verbessern." (Ebd.) Die Probeaufnahme als pädagogisches Mittel diente Künstlern offensichtlich schon sehr früh als Disziplinierungsmaßnahme und Medium der Selbstoptimierung. „Denn das Grammophon ist ein gebieterischer Herr, es hat seine eigenen Gesetze, denen sich der Künstler anpassen muß. Er ist gezwungen, erst jene Umstände ausfindig zu machen, die für die Reproduktion der Stimme die günstigsten sind." (Phonographische Zeitschrift 1924, S. 117)

4.4 „Achte Großmacht Mikrophon": Das Studioregime und die Elektrifizierung des Raumes

Die von Laboratorien der Elektro- und Telekommunikationsindustrie entwickelten Röhrenverstärker läuteten innerhalb der Musikproduktion eine neue technologische Ära ein. Mit der elektrischen Verstärkung akustischer Signale ist es fortan möglich gewesen, mittels Mikrophonen anstatt über den Trichter Schall aufzunehmen. Das hatte zur Folge, dass die Schallenergie vor dem Schallwandler dabei auf ein gewünschtes Niveau angepasst werden konnte. Sie musste nun nicht mehr von der Schallquelle allein aufgebracht werden, so dass es sogar möglich war, den Schall über eine längere Kabelverbindung mit adäquater Lautstärke an das Speichermedium zu übertragen. Diese technische Innovation ist eine mediale Zäsur, die zur Bedingung einer neuen Hörkultur avancierte und nahezu keinen Bereich der Musikindustrie unberührt ließ. Das Mikrophon als Medienohr wurde zur neuen kulturellen Großmacht und unterwarf die Musik seinem Diktat. In seinem Artikel

„Achte Großmacht Mikrophon" skizzierte der Ingenieur und Fachautor Otto Kappelmayer 1929 bereits eben diese Neuordnung der auditiven Kultur:

> Diktatur des Mikrophons? Eines Marmorblocks mit ein paar hundert Kohlekörnchen verschiedener Größe im Realwert von einem halben Dollar. Und doch mächtig genug, Fixsterne am Bühnen- und am Filmhimmel verblassen zu lassen. Der Mann, der in Deutschland über das Mikrophon gebietet, kann mit einem Federstrich mehr Honorar anweisen als sämtliche Generalintendanten und Generalmusikdirektoren Berlins zusammen. [...] Tonfilm, Heimtonkino, Schallplatte, Rundfunk und Musikübertragungsanlagen sind die Domänen des Mikrophons, die als Zentren unserer gesamten akustischen Welt immer mehr die Alleinherrschaft auf allen Gebieten der Musik an sich reißen. [...] Ganze Industrien werden durch die Diktatur des Mikrophons vernichtet und neue geboren. [...] Das Mikrophon vernichtet eine Kultur: Die Musikausübung durch zahllose, tüchtige Berufsmusiker und durch ein Heer von Liebhabern. Und baut eine neue Hörkultur auf, von der wir heute nur wissen, daß sie kommt, aber noch nicht ahnen, wie sie in der nächsten Generation aussehen wird. (Kappelmayer 1929, S. 1022ff.)

Es eröffneten sich neue Wege in den Produktionsstrategien der Tonaufnahme, die sich wesentlich aus der höheren Qualität der Schallumwandlung in elektrische Spannung ergaben. Das Mikrophon ist dadurch ein viel sensibleres Produktionsinstrument, als es noch der eher grobkörnige Trichter war. Schallschwingungen erscheinen hierbei mehr wie unter einem akustischen Brennglas, was vor allem bei Aufnahmen der eigenen Stimme oft als sehr befremdlich wahrgenommen wird, wie u. a. der einschlägige Erfahrungsbericht der Sopranistin Régine Crespin zeigt:

> First of all, a microphone is ugly. It's a cold, steel, impersonal thing, suspended above your head or resting on a pole just in front of your nose. And it defies you, like HAL the computer in Stanley Kubrick's film 2001: A Space Odyssey, although at least he talked. No, the microphone waits, unpitying, insensitive and ultrasensitive at the same time, and when it speaks, it's to repeat everything you've said word for word. The beast. (Crespin 1997, S. 153)

Das Mikrophon in Crespins Wahrnehmung bildet zwar eine Metapher für den ganzen Studioapparat, da ein Mikrophon eben kein Speichermedium ist und demnach auch kein ‚Wort' wiedergeben kann. Dennoch schildert ihre Erfahrung den eigentümlichen Klangcharakter, die Medialität der neuen Technologie. Eine Mikrophon- bzw. Studioaufnahme erscheint dabei von einer besonderen Ambivalenz gekennzeichnet zu sein, bei der man seine Persönlichkeit einer unpersönlichen Apparatur zu offenbaren hat. Durch die medientechnische Verstärkung der eigenen Stimme kann sich die Regieanweisung „Be natural" (o. V. 1929, S. 178) zur kaum zu bewältigenden Zwangssituation entwickeln, wobei das Mikrophon dann zum Medium des Verhörs wird. Dabei darf nun allerdings nicht, wie die Substituierung von Studioapparat auf Mikrophon durch Crespins Aussage bereits verraten hat, die auditive Erfahrung auf nur eine spezielle Medientechnik reduziert betrachtet werden. Aus der Nutzung der neuen Mikrophontechnik resultierte eben auch eine

Neuordnung der Raumstruktur des Tonstudios, welche diesem autoritären Medieneffekt ebenso zugrunde liegt.

Dies zeigt sich *ex negativo* vor allem anhand dessen, was Cornelia Epping-Jäger als „Laut/Sprecher-Dispositiv" in Bezug auf die Medienstrategien des deutschen NS-Regimes proklamiert hat.[87] Dabei funktionieren vor allem die Ansprachen Adolf Hitlers in ihrer wahnhaften Eindringlichkeit nur über einen Resonanzraum, der über eine medientechnische Übertragung der Stimme hergestellt wurde. So ist das Scheitern Hitlers vor dem Studiomikrophon eben bedingt durch die Abwesenheit des Resonanzraums, der zwischen Massenrede und dem Volk durch Lautsprechersysteme verstärkt wurde. Der übersteuerte Widerhall der Stimme des Diktators wird dabei zum akustischen Zeichen einer unmittelbaren Rückkopplung zwischen Hitler und der medial konstruierten Volksgemeinschaft. Bei Tonaufnahmen unter Studiobedingungen vollzieht sich allerdings eine dezidierte „Trennung des Redners von seinen Adressaten und deren Resonanzaktivität" (Epping-Jäger 2003, S. 145). Ein Aufnahmeraum ist akustisch abgeschottet und entkoppelt Klangquellen von ihrer potentiellen Hörerschaft. Mit der Neutralisierung des Resonanzraums vollzieht sich simultan auch die Neutralisierung der für gewöhnlich manischen ‚Führer'-Rhetorik.

> Der Ton ist meiner Ansicht nach viel suggestiver als das Bild. Aber die Möglichkeiten des Rundfunks auszunutzen, das will erst gelernt sein. Ich war selber vor dem Mikrophon fast verzweifelt. Und auch jetzt bin ich immer noch damit unzufrieden (Hitler zit. nach Diller 1980, S. 62 f.),

kommentierte Hitler selbst dieses studiotechnische Experiment. Das Mikrophon, um wieder auf Otto Kappelmayer zurückzukommen, unterwirft den Diktator seiner medientechnischen Diktatur. Raumerfahrungen katalysieren dabei den Dominanzeffekt der elektrischen Schallverstärkung, und das

> bedeutete eine schmerzvolle Erfahrung für Sprecher der ersten Stunde. Der Grund: Die Raumsituation isolierte Sprecher, und zwar in dreierlei Hinsicht. Sie isolierte sie von der Außenwelt mit ihren mannigfaltigen Geräuschen. Sie isolierte sie von der eigenen Stimme, die im schallgedämmten Studio raumlos und fremd erscheinen musste. (Patka 2018, S. 93)

Der Studioapparat kompensiert die „Feedback-Verarbeitung und Selbstaffizierung des Redners", da für Hitler der Produktionsraum keine unmittelbare Reizantwort bot. Er versagte aufgrund eines Mangels an raumtechnischer Resonanz und der „akustischen Selbstvergewisserung von Redner und Publikum" (Dreckmann 2018, S. 252). Der Redner unterwirft sich im Studio einer neuen medialen Ordnung, die,

---

[87] Siehe Kapitel 2.3.

wie auch Kiron Patka schon formuliert hat, aus dem eigentümlichen Resonanzverhältnis zwischen Technik und Raumakustik besteht:

> Dieses Bild vom Sprecher als Teil des elektrotechnischen Schaltkreises stellt die Machtverhältnisse anders dar, als man sie kennt: Der Sprecher, der schon selten sagen darf, was er möchte, hat zudem wenig Einfluss darauf, wie es klingt, was er sagt. Der Klang seiner Stimme wird fremdbestimmt durch die Akustik des Raums, und auch sein Verhältnis zu den Hörern, das sich wesentlich aus dieser Akustik ergibt, entzieht sich seiner Kontrolle. Er ist kaum mehr als der Oszillator, der die eigentlichen Protagonisten des Radios, nämlich die elektroakustischen Schaltkreise, zum Schwingen bringt. Macht über den Sound haben die Ingenieure, die die Schaltungen wie auch die Akustik des Aufnahmeraums entwerfen und die damit die technischen Rahmenbedingungen fixieren. (Patka 2018, S. 99)

Wie am Misserfolg der ‚Führerrede' gezeigt, erforderte das neue Studiodesign die Aneignung neuer medialer Praktiken. Die über das Tonstudiodispositiv hergestellte Intimität verlangte eine spezifische Inszenierung der Stimme, die auch für ausgebildete Schauspieler und Sänger bis dato in dieser Form offensichtlich noch unbekannt war: „The actor of ability enters a broadcasting studio with the confidence of long acting experience, often to find that the microphone demands that he start learning nearly all over again." (o. V. 1929, S. 179 f.) Die Hegemonie des Tonstudiodispositivs lässt sich daher auch auf die Herausbildung der klassischen Studioarchitektur ab den 1920er Jahren zurückführen. Als eine Synthese aus Fernmeldetechnik, Filmstudio und Rundfunkanstalt entstanden erste Raumkonzepte, die wesentlich auf der konventionellen Teilung von Aufnahme- und Kontrollraum beruhten. Ein Artikel aus dem Handbuch des Rundfunkdienstes der British Broadcasting Corporation (BBC) von 1929 weist bereits auf die aus der modernen Studiokonfiguration resultierenden Probleme und Konflikte voraus:

> The actual presentation of the production to the listener involves a series of rather complicated operations. The majority of long plays require several studios. When noise effects were first used they were made in the same studio as that from which the players spoke. Difficulties of balance immediately became apparent. Listeners complained that they could not hear the dialogue for noise. The obvious remedy was to operate the "noises" from another studio, and this was the first step towards what might be called "multiple studio production." The "noises" were given a home of their own. The producers of effects were given headphones to enable them to listen to the words of the players and to put in their effects at the right moment. The sounds from both studios were transmitted by lines to a central switchboard under the control of the senior producer, and he was thus enable to "mix" them in the exact quantities required. The system was extended to all studios, and now the presentation of one production may involve the use of a number of studios separately housing orchestra, narrator, different groups of players, effects, etc. (Ebd., S. 180)

Das geschilderte Aufnahmesetting einer Hörspielproduktion unterscheidet sich von dem bisher ausschließlich mechanischem Produktionsverfahren gleich in mehrfacher Hinsicht. Die Übertragung elektrischer Schallsignale ermöglichte es erstens, mehrere Tonquellen individuell mit dem Mikrophon abzunehmen. Befinden sich mehrere Schallquellen in einem Raum, birgt das die Gefahr des akustischen Übersprechens (im Englischen: *bleeding*).[88] Dabei erfolgt eine (nicht immer) unerwünschte Signalübertragung eines Schalls auf ein Mikrophon, das für die Abnahme einer anderen Schallquelle installiert wurde. Die übertragenen Signale können so nicht mehr unabhängig voneinander reguliert werden, so dass unerwünschte oder irreparable Effekte entstehen. Perkussive, aber eben vor allem laute Klänge oder Geräusche übertönen oft den Rest des Ensembles, was eine raumakustische Isolierung einzelner Instrumente oder ganzer Gruppen zur Konsequenz hatte. Zweitens wurden während der Aufnahme zur Orientierung im Werk und zur Kommunikation mit den Technikern, Produzenten oder den mitwirkenden Musikern Kopfhörer eingesetzt. Hierüber ist es möglich, die Schallsignale aus den anderen Aufnahmeräumen wahrzunehmen und auf diese entsprechend den Werksvorgaben zu reagieren. Gleichzeitig reduzieren (vor allem geschlossene) Kopfhörer wiederum das Übersprechen der anderen Schallquellen auf das Mikrophon, so als ob diese etwa über Lautsprecher übertragen werden würden. Drittens werden alle Schallsignale an eine zentrale Schaltstelle mittels Kabelführung angeschlossen und miteinander vernetzt. Der Begriff des „Mixing Studios" (ebd.), also der Raum, in dem verschiedene mit dem Mikrophon abgenommene Schallquellen gemischt werden, hat in diesem Artikel seinen Ursprung. Später auch Regie oder Kontrollraum genannt, laufen hier alle Schallsignale zusammen und werden von Aufnahmeleitern oder Technikern überwacht. Auch die Kommunikation über den Produktionsprozess kann von hier aus gesteuert werden. Der Kontrollraum wird zum Machtraum, von dem aus alle soundästhetischen Prozesse organisiert werden.

Die neuen technischen Mittel der Tonproduktion brachten jedoch auch neue Herausforderungen mit sich und verstärkten, ganz nach der Logik der technischen Funktionalität, die bereits vertrauten Schwierigkeiten der Schallaufnahme. So konnte die medientechnische Problematik des akustischen Übersprechens zwar durch die Isolation der Schallquellen gelöst werden, gleichzeitig wurden durch die räumlichen Auftrennungen aber auch kommunikative Barrieren errichtet. „It is a peculiar system for those taking part, as they may carry out their portion of the work without knowing what the others are doing, or hardly what the play is about [...]." (Ebd.) Die Parzellierung vermindert gewissermaßen eine kollektive Partizipation am

---

88 Zur Theorie des Übersprechens in der Nachrichtentechnik und Telekommunikation siehe Lichtenstein 1919, S. 3–33.

gesamten Werkprozess. Sprecher, Musiker oder Geräuschemacher werden in diesem Fall durch die Separierung zwar techno-akustisch individualisiert, bleiben dabei aber immer nur auf sich selbst zurückgeworfen. Übergeordnete Zusammenhänge der Werkproduktion bleiben für die einzelnen Künstler teilweise unkenntlich und im Detail nicht nachvollziehbar. Denn alle Kabel laufen, symbolisch für die epistemische Autorität des Produzenten, nur im Herrschaftsbereich des „Mixing Studios" zusammen. Die neuen Raumsituationen bilden demnach auch architektonische Wissensgrenzen.

Ein musterhaftes Vorbild moderner Studioarchitektur wurde im Zuge der Umstellung auf Tonfilmproduktionen Ende der 1920er Jahre von dem Unternehmen Metro-Goldwyn-Mayer (MGM) erbaut. Unter Berücksichtigung der bauphysikalischen Grundlagen zur Akustik wurde Vern Knudsen zur Planung der neuen Tonbühne (engl. *sound stage*) konsultiert. MGM finanzierte das Design von zwei akustisch optimierten und isolierten Bühnen zur vollen Kontrolle sämtlicher Schallereignisse:

> A new type of stage was developed that kept out external noise, eliminated the internal noise of hissing lights and rumbling air-conditioning systems, and, through the extensive use of sound- absorbing materials, contributed no particular acoustical qualities of its own to the sound tracks recorded there. (Vgl. Thompson 1997, S. 616 ff.)

Die umfangreichen Maßnahmen des Akustikers erforderten den Entwurf einer besonderen Raumarchitektur, die in ihrer Prädisposition eine gewisse Mustergültigkeit erlangte. Charakteristisch ist für dieses Studiodesign vor allem die Positionierung der *Monitoring Booth* (im Deutschen: Überwachungskabine) in einem Erker über dem großen Aufnahmeraum.[89] Durch Sichtfenster im Kontrollraum entsteht eine optische Verbindung, die dem Toningenieur einen Überblick über das gesamte Filmset ermöglicht.[90] Die architekturakustische Bauweise setzt dabei eine halbförmige Wabenstruktur voraus, die in ihrer geometrischen Form deutlich an

---

[89] Hier sei auf den architektonischen Zusammenhang mit mittelalterlichen Erkern von Wehrgebäuden hingewiesen, die in ihrer Funktion auch zur Überwachung und Kommunikation gedient haben. Laut Michael Losse ist ein Wehr- oder Wurferker ein „[u]nten offener Erker an der Feldseite der Wehrmauer oder eines Gebäudes, häufig über dem Tor, um den Feind von oben direkt zu bekämpfen (z. B. durch Steinwürfe). Aufgrund der im 19. Jh. aufgekommenen irrigen Vorstellung, man hätte heißes Pech aus ihnen gegossen, häufig fälschlich als ‚Gusserker' (‚Pechnase') mit ‚Gussloch' bezeichnet. Im Scheitel eines Torgewölbes hat der Wehrerker eher die Funktion einer Kommunikationsöffnung, da durch solch kleine Öffnungen keine effektive Bekämpfung eingedrungener Angreifer möglich war." (Losse 2020).
[90] Auch das Sound Motion Picture Lab der Bell Laboratories bedient sich einer ähnlichen erhöhten Positionierung des Kontrollraums (vgl. Thompson 2002, S. 287).

Wachtürme erinnert. Von einem das Areal überragenden Punkt aus ist die Überwachung der Tonproduktion durch Sichtkontrolle variabel. Dabei ist vor allem der medientechnische Aufbau in Abhängigkeit zur performativen Leistung der Künstler im Blick des Sound Engineers. Jedoch wird durch das Fenster das Schallaufnahmeverahren nur von der Tonregie aus vollständig sichtbar, was laut Alan Williams zu einer deutlichen Transformation der Machtverhältnisse zwischen Techniker und Musiker beigetragen hat:

> With the division of studio space that became standard with electrical recording and loudspeaker amplification, a pronounced shift in power from musician to technician was underscored in the construction of control room windows. While control room windows were designed to aid engineers in maintaining a visual sense of the events transpiring in the performance space, the large windows imposed the presence of technicians upon the entire proceeding. (Williams 2007, o. S.)

Durch diese architektonische Lösung wird die dauerhafte Präsenz des Toningenieurs oder Musikproduzenten als Wächter und Richter in das Studiodesign eingeschrieben. Der Studiobau konstituiert demnach eine hierarchische oder sogar sakrale Ordnung. Denn die in der oberen Raumposition installierte Tonregie ist in ihrer Bauästhetik mit einer Kirchenkanzel vergleichbar, von der aus für gewöhnlich das Wort Gottes verkündet wird. Ähnlich vermitteln das auch die ersten Eindrücke Paul McCartneys von den im Jahre 1930 erbauten Abbey Road Studios in London. Anhand der Innenarchitektur und der in einer oberen Etage positionierten Tonregie tritt der Produktionsleiter als omnipotente Gestalt in Erscheinung, die von einer überwachenden Metaebene aus hört und steuert: „And up this endless stairway was the control room. It was like heaven, where the great Gods lived, and we were down below. Oh god, the nerves." (Paul McCartney, zit. nach Lewisohn 1988, S. 6) Der Kontrollraum wird hier zur metaphorischen Götterburg idealisiert, von der sich McCartney sichtlich affiziert zeigt. Die Studioarchitektur entfaltet demnach eine einschüchternde Wirkung auf die, die sich ‚am Boden der (musikalischen) Tatsachen' befinden. Die Empfindungen reichen von Nervosität bis hin zur Selbstwahrnehmung als Mängelwesen, wie es der Elektronik-Pionier Jean-Michel Jarre zum Ausdruck bringt: „Im richtigen Studio gab es diesen Halbgott, diesen Toningenieur, der saß vor seinem großen Mischpult als *deus ex machina* und wir armen Musiker sind seine Opfer hinter Glas. Wie Fische im Aquarium." (Jean-Michel Jarre, zit. nach Chermayeff und Le Goff 2016a, TC: 44:15–44:29)

Die machtsoziologische Wirkung der Raumordnung lässt sich dabei über das panoptische Dispositiv verstehen. Wie bereits Foucault die Disziplinargesellschaft über die Gefängnisarchitektur von Benthams Panopticon hergeleitet hat, kann auch das klassische Studioregime über die Kontrolle durch die Schaffung eines „bewußten und permanenten Sichtbarkeitszustandes (Foucault 2016, S. 258)" erklärt werden. In Analogie zu den panoptisch überwachten Gefangenen befinden sich in der neuen Studioarchitektur auch die Künstler in Parzellen verlegt. Aus diesen akustischen Isolationskammern wird die Einsichtnahme ins Machtzentrum, dem Kontrollraum, aufgrund der erhöhten Lage und der aus Gründen der Schallreflektion winklig angeordneten Glasscheiben erschwert. Die keilförmige Doppelverglasung erzeugt durch den Lichteinfall eine zwar unbeabsichtigte Spiegelung, doch handelt es sich um eine Reflektion, die den Durchblick von außen beeinträchtigt. Dieser Effekt kann je nach Beleuchtung noch verstärkt werden (Williams 2007, o. S.). Durch diese Sichtordnung wird das Tonstudio von einem Blickregime durchzogen, das auf die Musiker einwirkt und von diesen als Machtgefälle internalisiert wird. Dabei liegt das Prinzip der Macht

> weniger in einer Person als vielmehr in einer konzentrierten Anordnung von Körpern, Oberflächen, Lichtern und Blicken; in einer Apparatur, deren innere Mechanismen das Verhältnis herstellen, in welchem die Individuen gefangen sind. (Foucault 2016, S. 259)

Dem Lichteinsatz kommt im Tonstudio allerdings noch eine weitere Funktion zu als nur die ‚Durchleuchtung der Insassen' oder die Verdunklung der Regie. Die roten Warnlampen, die etwa mit ‚Achtung Aufnahme', ‚on Air' oder ‚Recording' beschriftet sind, kündigen das Verfahren der Schallspeicherung oder im Falle von Rundfunkanstalten die Übertragung an. Aufgrund der Indexikalität des Zeichens werden die Künstler in höchste Konzentration und deren Körper unter Spannung versetzten. Das Signallicht steuert die Einsätze, die Unterbrechungen und die Enden der Performances. Die Musiker werden im Tonstudio regelrecht von Warnlichtern dirigiert. „[T]heir ‚sound' entrances and exits being indicated by a system of warning lights." (o. V. 1929, S. 180) Das alarmierende Lichtschild wird zum Repräsentanten des ganzen Machtapparats, es symbolisiert das klassische Studioregime.

Benthams panoptische Gefängnisarchitektur hatte allerdings nur einen wesentlichen Schwachpunkt, den das Tonstudiodispositiv nicht nur technologisch überwinden kann, sondern quasi als eine seiner Hauptfunktionen kennzeichnet: die akustische Überwachung. Ähnlich wie im Mythos um das ‚Ohr des Dionysius' hätten die Insassen im Panopticon nicht asymmetrisch abgehört werden können. Eine Verbindung über Hochröhren vom Zentralturm in die Zellen hätte es gleichzeitig ermöglicht, dass auch die Wärter von den Gefangenen belauscht werden (Foucault 2016, S. 259). Dadurch wären die Entindividualisierung und Automatisierung der Disziplinarmacht durch den Apparat destabilisiert worden, so dass die Anwesenheit des Wärters im Turm wieder obligatorisch geworden wäre.

Das Tonstudio hingegen erscheint als der medientechnische Inbegriff eines Panacusticons. Aber natürlich ist ein Produktionsstudio in diesem Verständnis keine Gefangenenanstalt, dennoch kann sich nach Foucault das panoptische Prinzip

> wirklich in jede Funktion integrieren (Erziehung, Heilung, Produktion, Bestrafung); es kann jede Funktion steigern, indem es sich mit ihr innig vereint; es kann ein Mischsystem konstituieren, in welchem sich die Macht- (und Wissens-)beziehungen genauestens bis ins Detail in die kontrollierenden Prozesse einpassen; es kann eine direkte Beziehung zwischen der Machtsteigerung und der Produktionssteigerung herstellen. Die Machtausübung setzt sich somit nicht von außen, als strenger Zwang oder drückendes Gewicht, gegenüber den von ihr besetzten Funktionen durch, vielmehr ist die Macht in den Funktionen so sublim gegenwärtig, daß sie deren Wirksamkeit steigert, indem sie ihren eigenen Zugriff verstärkt. (Ebd., S. 265)

Als Steigerung der produktiven Kräfte funktioniert das panakustische Dispositiv innerhalb der Schall- oder Musikaufnahme vor dem Hintergrund der umsatzstarken Plattenindustrie ganz offensichtlich. Im Studio werden dafür die künstlerischen Prozesse diszipliniert. Dies erfolgt durch ein ubiquitäres System akustischer Überwachung und Transparenz. Jeder im Aufnahmeraum erzeugte Laut, jegliche akustische Regung werden durch die Mikrophonabnahme einer vom Kontrollraum komplex gesteuerten Abhörsituation ausgeliefert (vgl. Schürmer u. a. 2022, im Erscheinen). Über die Raum- und Bauakustik werden dabei nicht nur die unterschiedlichen Studiobereiche voneinander entkoppelt, sondern auch die Schallreflektionen auf ein Minimum zurückgefahren. Wenn Emily Thompson in diesem Zusammenhang metaphorisch von „dead rooms" (Thompson 1997, S. 597) spricht, meint sie gleichzeitig die neutralisierende Klangwirkung, die akustische Isolation sowie die kommunikativen Barrieren des Tonstudios. In dieser hochartifiziellen, ‚toten' Umgebung wird nicht zu selten von den Künstlern ‚Natürlichkeit' in dem Wissen abverlangt, dass sämtliche Schallereignisse über einen Speichervorgang überwacht und beurteilt werden. Innerhalb dieser Anordnung kann die Tonaufnahme zur repressiven Anweisung werden, wie auch der „Leidensweg" (Schnabel 2001, zit. nach Gauß 2009, S. 189) des Konzertpianisten Artur Schnabel zeigt.

Schnabel, der zwischen 1932 und 1935 für das Schallplattenlabel His Master's Voice (später EMI) in den Abbey Road Studios – deren Raumordnung später eben auch McCartney verunsichern sollte – mit dem London Symphony Orchestra Beethovens Klaviersonaten einspielte, erlebte die Studioproduktion am eigenen Körper als „Gewalttat" (ebd.). Das Tonstudio wurde für ihn zur „Folterkammer" (ebd.), in der er mit „Sklavenpeitschen" (ebd.) ständig zur Wiederholung der Aufnahmen genötigt wurde. Das Resultat seiner Einspielungen hielt Schnabel für qualitativ untauglich, was ihm persönlich offenbar schwer zusetzte und in ihm Gefühle der Minderwertigkeit auslöste: „Ich bin geistig und körperlich zu schwach für dieses Verfahren. Ich war nahe am Zusammenbruch. Ich begann fast zu weinen, wenn ich allein auf der Strasse war. Niemals fühlte ich tiefere Einsamkeit." (Ebd.) Das Beispiel Artur Schnabel zeigt, wie unerbittlich die (sound-)ästhetische Korrektur über den Studioapparat vollzogen werden kann. Das Prinzip des panakustischen Dispositivs wirkt im Medium des Tonstudios als Determinismus: teils als drakonisches Dressurmittel, teilweise als sublime Konditionierung. Es unterwirft das Individuum seiner eigenen medialen Gesetzmäßigkeiten, die inkorporiert werden und schon anwesend sind, bevor der Künstler den Raum betritt. Dabei wird die disziplinierende Machtstrategie an den (inneren) Konfliktlinien und Widerständen beschreibbar. Das Dispositiv operiert als eine latente Bedrohung,

> weil der ständige Druck bereits vor der Begehung von Fehlern, Irrtümern, Verbrechen wirkt; ja weil unter diesen Umständen seine Stärke gerade darin besteht, niemals eingreifen zu müssen, sich automatisch und geräuschlos durchzusetzen, einen Mechanismus von verketteten Effekten zu bilden; weil es außer einer Architektur und einer Geometrie kein physisches Instrument braucht, um direkt auf Individuen einzuwirken. (Foucault 2016, S. 265)

Um gestützt auf Foucault nachzuvollziehen, wie Machttechniken über das allhörige Dispositiv greifen, sollte das Tonstudio aber nicht nur als reine Architektur, sondern als Mediendispositiv, als eine medientechnisch-räumliche Anordnung verstanden werden. Vor allem die Einführung des Magnettonbandes als akustisches Speichermedium lässt sich, ähnlich wie es zuvor die Elektrifizierung der Schallübertragung durch das Mikrophon war, als ein tontechnischer und soundästhetischer Katalysator verstehen. Tonbandgeräte entwickelten sich ab den 1930er Jahren nach und nach zum Studiostandard und waren bis zur Digitalisierung der Audiotechnik ab den 1980er Jahren ständig Gegenstand des technologischen Fortschritts. Die höhere Aufnahme- und Wiedergabequalität des Mediums wurde dabei durch eine Reihe neuer Funktionen begünstigt, die im Gegensatz zu Aufnahmen über das Nadeltonverfahren zunächst auch mehr künstlerische Unabhängigkeit bedeuteten.

Vor allem ermöglicht die Medientechnik, Aufnahmen auf denselben Informationsträger nahezu verlustfrei zu überschreiben, wodurch eine Wiederholung der Schallaufnahme technisch unproblematischer zu realisieren und zugleich auch weniger kostenintensiv ist als durch die Verwendung von neuen Plattenrohlingen. Die Drucksituation, den ‚perfekten Take' abzuliefern, entspannte sich dadurch zumindest teilweise auf künstlerischer Seite, da fehlerhafte oder unschöne Passagen auch einfach einzeln mittels eines entsprechenden Ein- und Ausstiegs in die Aufnahme oder per Bandschnitt bereinigt werden können. Dadurch bildeten sich neue Formen der Perfektionierung und Selbstoptimierung, die dann den Faktor Zeit und somit wiederum auch die ökonomischen Aspekte der Produktion berühren können.

Darüber hinaus erlaubt es die Technik, mehrere Audiosignale in Einzelspuren auf das Tonband zu schreiben und auch wieder separat auszulesen (*multitracking*). Die Schallquellen können nun im Nachgang der Postproduktion noch individuell bearbeitet und dann zusammen gemischt werden. Die Aufzeichnung eines Werks braucht hierbei auch nicht mehr im Ganzen vollzogen werden, da sie auf der Ebene der Zeitlichkeit unabhängig möglich ist. Eine Musikgruppe oder auch ein Einzelkünstler können im *Overdubbing*-Verfahren je nach technischer Ausstattung eine bestimmte Anzahl an vorhandenen Spuren nacheinander bespielen und übereinander legen (*sound on sound*). Dass dadurch nicht mehr alle Künstler zum selben Zeitpunkt im Studio anwesend sein müssen, bietet zwar flexiblere Gestaltungsmöglichkeiten, allerdings zum potentiellen Nachteil einer Komplexitätssteigerung hinsichtlich des Ablaufplans der jeweiligen Produktion. Tonaufnahmen müssen somit nicht mehr simultan, sondern können auch asynchron erfolgen. Mit dem Tonband bemächtigt sich die Schallaufzeichnung demnach nicht nur des architektonischen, sondern auch des akustischen ‚Zeit-Raums' einer Aufführung.

Letztlich bietet das neue Speichermedium obendrein die Möglichkeit der „Zeitachsenmanipulation" (Kittler 1993, S. 188). Die Wahrnehmung einer linear ablaufenden Zeitlichkeit wird, um mit Friedrich Kittler vorzugehen, über die technischen Medien aufgeweicht. Durch Editierfunktionen wie Schnitt- und Klebetechniken sowie durch Beeinflussung von Aufnahme- und Abspielgeschwindigkeiten ist die reale Zeitlichkeit des Schalls durch das Tonband umfänglich manipulierbar geworden: „Zeit bleibt nicht länger eine universelle Form unserer Wahrnehmung oder unseres Erlebens, sondern wird zur universellen Form technischer Verfügbarkeit." (Krämer 2004, S. 221) Über den medientechnischen Zugriff auf die zeitlichen Prozesse befreit sich auch die Musikproduktion förmlich von der Linearität der klassischen Aufführungspraxis. Ein einzelner Musiker ist jetzt technisch in der Lage, ein ganzes Ensemble zu imitieren, in dem alle Instrumente schrittweise eingespielt werden.

Les Paul stellte dieses Verfahren zusammen mit seiner Frau Marry Ford 1953 in einer Performance u. a. am Jazzstandard „How High the Moon" bei Alistair Cookes Fernsehsendung „Omnibus" eindrucksvoll zur Schau.[91] Über zwei Ampex-Bandmaschinen spielt Paul zunächst die Rhythmussektion, dann weitere Leadstimmen seines Gitarrenspiels ein, bis Mary Ford dieses Playback über Kopfhörer abhört und ihren Gesang dazu mehrstimmig doppelt. Später sollten Queen für den berühmten Chorpart in dem Song „Bohemian Rhapsody" (Queen 1975) das *Overdubbing* ausreizen und über hundert Spuren ihrer Gesangsstimmen übereinander schichten (*sound layering*). 1965/66 nahmen zuvor jedoch The Beach Boys, unter der künstlerischen und studiotechnischen Aufsicht ihres kreativen Masterminds Brian Wilson, das Album „Pet Sounds" (The Beach Boys 1965) auf. Für sein *Opus magnum* schöpft Wilson die neue Tape-Technologie umfangreich aus. Nahezu jeder musikalische Aspekt ist auf *Pet Sounds* daher eine studiotechnische Komposition. Dabei lässt Wilson über das Medium der Bandmaschine ganze Zeit-Räume miteinander

---

91 Les Paul demonstrierte bereits 1951 sein Multitrack-Verfahren bei Ed Sullivan im Radiosender BBC. Wahrscheinlich ist die Sendung jedoch nicht aufgezeichnet worden, so dass nur die spätere Tape-Performance bei Omnibus archiviert wurde und heute digital abrufbar ist (vgl. Cunningham 1998, S. 31.). Vgl. Lager 2012.

verschmelzen. So waren an der Produktion einzelner Songs mehrere renommierte Studios zu unterschiedlichen Zeitpunkten im gesamten Umkreis von Hollywood beteiligt (vgl. Cunningham 1998, S. 76). Je nach raum-technischer Spezifikation kombiniert Wilson die unterschiedlichen Aufnahme- und Regieräume für die Gestaltung seiner soundästhetischen Vision. Darüber hinaus werden auf dem Album Fieldrecordings nach dem Vorbild der Musique concrète (vorbeifahrende Züge, bellende Hunde etc.) integriert und dadurch mit rockmusikalischen Konventionen gebrochen.

Musikproduktionen bleiben so nicht länger auf den singulären Ort eines Tonstudios beschränkt, sondern bilden einen auralen Raum-Zeit-Hybriden. Schallaufnahmen emanzipieren sich in diesem medientechnischen Sinne dabei von der bloßen Speicherung eines Klangereignisses hin zu einem autonomen Kompositionsprozess. Die zeitliche Linearität konzertanter Aufführungspraktiken wird ebenso überwunden wie das Studio als Konzertraum. Raumakustik, Mikrophonie und Tonband repräsentieren einen heterophonen Ermächtigungsapparat über medientechnische Klanglichkeit. Der Studiosound wird dabei zum omnipotenten Artefakt des Produzentensouveräns: „I wanted everyone to listen to this masterwork and I felt like I had all the power of the world in my hands." (Brian Wilson zit. nach Cunningham 1998, S. 47)

Im Studiokontext sind Produktionsverfahren in Anbetracht ihrer medientechnologischen Ausdifferenzierung deswegen erheblich vielschichtiger geworden. Zur auralen Kontrolle über das Aufnahmesetting dient dem Produzenten dabei besonders die Monitorsektion des Studios. Hierunter versteht man eine Schaltmatrix, über die alle Audiosignale individuell auf der Abhöranlage reguliert werden können. Auch kann die interne Kommunikation hierbei über das *Talkback* gesteuert werden. Denn Regieanweisungen werden im Tonstudio für gewöhnlich über ein Mikrophon im Kontrollraum auf das Audiosystem der Musiker übertragen. Die akustische Abschirmung von Studioregie und Aufnahmeraum hat erwartungsgemäß auch die Verständigungswege zwischen Techniker und Künstler unterbrochen, weshalb man sich zu Beginn noch über eine interne Telefonverbindung austauschte (vgl. Thompson 2002, S. 271).[92] In moderneren Studioumgebungen ist diese *Talkback*-Funktion, also ein aus der Regie schaltbares Mikrophon, dann technisch in die Monitor-Controller der großen Mischkonsolen integriert worden. Der Klang der durch das *Talkback* übertragenen Stimme erinnert dabei an die Soundästhetik der Durchsage, bei der Informationen vornehmlich als Anweisungen oder Kommandos mit starker Kompression über elektroakustische Sprachverstärker übermittelt

---

92 Auf der Fotografie vom Kontrollraum des MGM-Studios von 1929 erkennt man am linken Tischrand hängen den Telefonhörer, der zur Kommunikation mit der *Sound Stage* diente.

werden. In diesem Zusammenhang produziert vor allem der Begriff des Monitors einen semantisch-ästhetischen Überschuss. Denn etymologisch verweist der Terminus nämlich nicht nur auf das englische Verb „überwachen" (*to monitor*), sondern auch auf das lateinische *monere*, also warnen oder ermahnen. Das *Talkback* wird in dieser Betrachtung zum Medium der Order und des Befehlstons. Was daher zunächst als kommunikative Überbrückung der akustisch-räumlichen Trennung im Studioapparat installiert wurde, kann so unweigerlich auch als Machtinstrument dienen: Die Künstler sind in den Isolationsboxen des Aufnahmebereichs einer panakustischen Überwachung des Kontrollraums ausgeliefert und hören aus der Regie selbst nur das, was ihnen von Ingenieuren und Produzenten an Informationen zugeschaltet wird. Was konkret besprochen wird, bleibt für die Musiker oft ungehört und somit im Ungewissen. Aus dieser Perspektive bildet die Tonregie den Raum für eine arkane Gesellschaft, sie ist der Ort eines kreativen Geheimbundes, was u. a. eine Studioszene aus dem Biopic *Ray* illustriert. Während Jamie Foxx zu „Night Time is the Right Time" im Studio als Ray Charles performt, offenbart die Körpersprache des Sängers seinen Heroinkonsum. Von den Musikern im Aufnahmeraum selbst nicht wahrgenommen, wird der Protagonist von einem der Teamkollegen des Produzenten Ahmet Ertegün im akustisch isolierten Kontrollraum für seine Intoxikation verurteilt. „Look at him, look at his shaking. He got this junkie itch, he is totally hooked." (Hackford 2004, TC: 00:52–00:59) Die Figur Ertegün verteidigt dagegen die musikalische Brillanz seines Künstlers: „But listen to that sound, he is brilliant", während sein Counterpart wiederum entgegnet: „You can never trust a junkee, man." (Ebd., TC: 01:03–01:05)

Die konspirative Kontrollgemeinschaft in der Studioregie wird laut Williams durch das *Overdubbing*-Verfahren jedoch ein Stück weit aufgehoben. Dadurch, dass Musikproduktionen nun auch im Modus von einzelnen Tonaufnahmen asynchron möglich sind, können Musiker die Überwachungsperspektive im Kontrollraum mit den Produzenten teilen. Sie können die anderen am Werk beteiligten Musiker beim Produktionsprozess beobachten und bekommen eine Ahnung von den Techniken des Machtapparats.

> Once musicians have ventured into the control room, they become full participants in the exercise of power that the phrase "control room" implies. Now back in front of the microphone, the musician understands not just that power controls, but how power controls. In this manner, it is a self-imposed discipline that keeps musicians in their place, a condition that results from the control room panopticon. (Williams 2007, o. S.)

Mit dem Zugang zur Tonregie und der Teilhabe auch nur als stiller Beobachter intensiviert sich bereits der Einfluss der Disziplinarmacht auf das Künstlersubjekt. Denn das panakustische Dispositiv kann jetzt seine vollständige Wirkung entfalten, weil die Künstler um sein Regelsystem wissen und die Operationen verstehen. So kann der Produzent etwa jederzeit über die Solofunktion am Mischpult ein Signal abhören, während alle anderen stummgeschaltet werden. Das Wissen um das Potential, zu jedem möglichen Zeitpunkt der eigenen Performance für alle im Kontrollraum Anwesenden ‚solo' abgehört zu werden, erzeugt während der Tonaufnahme einen Modus ständiger Observation. Alles, was vor dem Mikrophon lautbar und kommuniziert wird, ist potentiell für eine Öffentlichkeit wahrnehmbar. Die Musiker internalisieren diesen Machteffekt der Apparatur und richten es auf das eigene Verhalten, sie werden dadurch zu disziplinierten Künstlersubjekten geformt. Alan Williams fast dieses System der Mikrophonüberwachung und Kommunikationssteuerung im Tonstudio unter dem an Foucault orientierten Begriff des „Panauralacons" zusammen:

> Musicians in front of the recording room microphone have no way of knowing whether its signal is being preserved on a recording, or broadcast over control room loudspeakers, but must operate under the assumption that it is always on. Musicians must be ever vigilant not to utter comments they wish to keep private. An aside to another musician about a producer may be audible in the control room. Likewise, a comment made in an isolation booth about another musician to the producer may be transmitted across wires into the other musicians' headphones. Revelations made public to fellow recording colleagues, or preserved and transmitted to an outside audience can have devastating consequences. Like the panopticon, the power of the panauralcon exists in the possibility, exercised or not, of microphone surveillance. While engineers and producers freely communicate behind the control room window, recording musicians must be circumspect and cautious. (Ebd.)

Das Panauralacon konstituiert eine mediale Ordnung, die durch die dialektische Kommunikationsform von Barriere und Brücke über das *Talkback* stabilisiert wird. Das Medium dient der Mikrophonüberwachung dabei als Machtverstärker. Das raum-technische Dispositiv des Tonstudios legt eine hierarchische Struktur offen, die wesentlich von seinen medientechnischen Funktionären bestimmt wird: „The division of recording studio space results in a loss of status and power for musicians during the recording process." (Ebd.) Es vollzieht sich mit der modernen Studioarchitektur eine deutliche Machtverschiebung von den Musikern hin zu den Ingenieuren und Produzenten. Damit konstituiert sich das klassische Studioregime, mit dem die Ära des Starproduzenten als *Auteur* begann.

4.5 Das Studio als Subjektivierungsinstrument

Durch einen zunehmend experimentellen Umgang mit der Tonbandtechnik und den multiplen Schichtungsverfahren von Tonspuren wandelt sich das Studio von einem reinen Abbildungsapparat realer Schallereignisse im Sinne einer hohen Klangtreue (High Fidelity) zu einem eigenen Kompositionswerkzeug (Bielefeld 2015,

S. 26). Doch in das Zentrum des kompositorischen Interesses rückt nun vielmehr der produzierte Studiosound als die „traditionellen Kompositionsparameter Melodik, Harmonik und Rhythmik" (ebd., S. 27). Die Tonaufnahme, und damit auch die produzierte Musik, erhält eine neue klangästhetische Dimension, eine weitere gestaltbare Facette. Die Funktionen des Apparats dienen nun konkret dem schöpferischen Akt, das Studio wird zur elementaren kreativen Ressource. Pophistorisch ist diese Weiterentwicklung mit der *Wall of Sound* und der Urfigur des Starproduzenten Phil Spector verbunden.

> He was using the studio as his orchestra, arranging the timbres of various voices, instruments, effects, and room tones in much the same way as a more conventional composer would employ the colors of the orchestra. This is where his genius lies an it is what inspired a great many producers who followed him. It is what makes Spector the quintessential pop-rock producer: for him, the point is not just the melody but the overall *sound*, the feel of a recording. [...] To him, the studio was a musical instrument, to be tuned and practiced on and performed with. (Moorefield 2010, S. 14)

Spector entwirft den Sound, also den medientechnischen Klang von Musik, als kompositorisches Prinzip. Dafür nutzt er ausgiebig die Mehrspur- und *Overdubbing*-Verfahren, um *Soundlayer* zu kreieren, die er aus vielen Einzelaufnahmen zusammenstellt. Er nimmt stundenlang Tonmaterial auf, ändert dabei die Mikrophonierung oder die Raumsituation, kombiniert unterschiedliche Instrumente und Klangfarben miteinander, indem er Spuren zusammenlegt oder mehrere Testmischungen anfertigt. Die Musiker, Songschreiber, Arrangeure und Techniker unterstehen seinem Kommando. Das Studio dient Spector dabei als eine Art ‚Metainstrument': ein Medium, wodurch andere Instrumente spielbar und manipulierbar werden.

Diese produktionsästhetische Zäsur markiert gleichzeitig eine neue kulturpolitische Stellung innerhalb der Musik(-industrie): der Musikproduzent als alleiniger Machthaber. Allgemein bekannt ist, dass Spector eben diese Rolle als „manischdetailversessene[r] Diktator und Herr des Produktionsprozesses" (Bielefeld 2015, S. 26) interpretiert. Er verkörpert den Archetyp des Produzentensouveräns nicht zuletzt aufgrund einer offensichtlich ausgeprägten Persönlichkeitsstörung irgendwo zwischen paranoidem Wahn und narzisstischer Selbstüberschätzung. Zudem scheint Spector dies bekanntlich durch einen aggressiven Schusswaffenfetisch zu kompensieren, der ihm aufgrund des Mordes an der Schauspielerin Lana Clarkson schließlich nicht nur eine lebenslange Gefängnisstrafe einbrachte, sondern offenbar auch zur Konfliktbewältigung im Studio diente. So schießt Phil Spector nach wiederholten Streitgesprächen mit John Lennon über die gemeinsame Albumproduktion in die Studiodecke. Die Situation eskaliert bereits zuvor, als er einem Freund

Lennons unvermittelt ins Gesicht schlägt (vgl. Thompson 2009, S. 201).[93] Auch die New Yorker Punkband Ramones wurde im Zuge der kontroversen und belastenden Aufnahmetortur zu *End of the Century* (Ramones 1980) von Spector mit gezogener Waffe musikalisch angeleitet (Ribowsky 2006, S. 280). Sinnbildlich verschanzt sich Spector vor jeglicher Fremdbestimmung hinter den Mauern seines Studiosounds und verteidigt den Status als *Auteur* und dominanter Entscheidungsträger zur Not eben auch mit Waffengewalt. Zugestehen muss man ihm dabei jedoch eine besondere, visionäre Gabe, da seine soundästhetischen (und teils bellizistischen) Produktionsstrategien für nachfolgende Generationen wegweisend geworden sind. Weil Spector die Produzentenfigur als *Auteur* deutet und Sound als ästhetischen Nennwert für die Tonaufnahme definiert, gilt er für einige als der erste Musikproduzent überhaupt (vgl. Smudits 2003, S. 65).

Idealtypisch für das Soundbild seiner Produktionen ist die besondere Klangdichte der Instrumentierung, die durch ein spezifisches Arrangement aus Musik, Raum und Medientechnologie entsteht. Bereits während seiner ersten Experimente mit rudimentärer Aufnahmetechnologie überzeugt Spector mit unkonventionellen Produktionsverfahren. Im *Overdubbing*-Modus hört er das Playback nicht wie üblich über Kopfhörer ab, um seinen Gesang auf eine andere Bandspur zu bringen, sondern gibt die Musik und weitere Doppler synchron über die Studiolautsprecher wieder (vgl. Howard 2004, S. 4). Er isoliert die Signale nicht voneinander, sondern koppelt die Aufnahmen zurück über das Mikrophon. Er macht den eigentlich unerwünschten Nebeneffekt der Übersprechung ästhetisch produktiv und bewirkt dadurch eine originelle Überlagerung der Aufnahmen. Zu einem Zeitpunkt, als Produzenten und Toningenieure nach mehr Transparenz und Klarheit in ihren Aufnahmen streben (vgl. Moorefield 2010, S. 10), entwickelt Spector damit förmlich einen soundästhetischen Gegenentwurf.

In einem Spiel mit unterschiedlichen Klangfarben vermischt er später Instrumente zu akustischen Hybridformen. Dafür lässt Phil Spector etwa eine Melodie- oder Akkordfolge von mehreren Musikern unisono einspielen. Für den totalen Einklang verstärkt er die einzelnen Sektionen des jeweiligen Ensembles um zusätzliche Instrumente (z. B. vier Gitarren, vier Bässe, drei Klaviere, zwei Schlagzeuge, sechs Hörner, zwei Percussion- und ein volles Streicherset). Durch die gezielte Positionierung der Mikrophone wird dann der Raumanteil des Studios mit dem gesamten Schallereignis aufgenommen. In der Nachbearbeitung werden weitere räumliche Effekte fabriziert, indem das akustisch Gespeicherte über Lautsprecher in einen von zwei Hallräumen geroutet, erneut mittels eines Mikrophons abge-

---

[93] Der Streit endet mit dem berühmten Satz Lennons: „Listen Phil, if you're goin' to kill me, kill me. But don't fuck with my ears. I need 'em." (Ebd.).

nommen, wieder in die Regie zurückgespielt und zum Gesamtmix addiert wird. Von diesem Verfahren sind dann mehr oder weniger beliebige Doppelungen möglich. Im Ergebnis erzielt Spector hierdurch ein undurchdringliches Klangbild, bei dem die individuellen Instrumente im Gesamtsound aufgehen und teilweise unidentifizierbar werden.

Von diesem idealistischen Standpunkt aus erscheint daher auch seine Ablehnung gegenüber dem neuen Stereo-Mischverfahren als ein produktionsästhetischer Pragmatismus.[94] Denn das Stereopanorama bietet mehr gestalterischen Raum im Mix, das „Audioscape"[95] wird dadurch viel offener und einzelne Elemente besser lokalisierbar. Die Monophonie wirkt dagegen eher opak und unpräzise. Die Sounds schichten sich nahezu selbständig zu monolithischen Interferenzen und folgen Spectors Grundgedanken „to preserve that feeling of an impenetrable block of audio" (Milner 2009, S. 153). Die *Wall of Sound* ist charakterisiert durch ein unentwirrbar dichtes Gefüge heterogener Klangfarben, das den an der Produktion beteiligten Musikern oft als verzerrte Kakophonie erscheint (vgl. Howard 2004, S. 25). Spector geht es weniger um musikalische Finesse als vielmehr darum, „setting a mood or painting a picture with timbre" (Moorefield 2010, S. 11). Für diese Stimmungsbilder bedient er sich laut Virgil Moorfield dabei einer Ästhetik der ‚sonischen Größe' („sonic grandeur") (ebd., S. 12).

Essenziell für dieses sonische Konzept sind die Architektur des Aufnahmeraums und die Akustik der zwei Echokammern der Gold Star Studios in Hollywood. Entgegen einer vielleicht aufgrund des Spector-Sounds erwartbaren Überdimensionierung besitzt das Studio A mit 10 x 7 Metern und nur 2,10 Meter Deckenhöhe hingegen weniger ideale Raumbedingungen (vgl. Howard 2004, S. 3). Die Raummaße sind vergleichsweise gering, so dass sich die Musiker in klaustrophobische Zellen gesperrt fühlten (vgl. ebd., S. 2). Das für Spectors Werke raumakustische Spezifikum liefern vielmehr die zwei Echokammern. Auf einer Fläche von ungefähr 6 x 6 Metern wurden zwei komplementäre Trapeze mit einer Länge von 5,5 Meter errichtet und mit speziellem Zementputz isoliert. Der Zugang war dabei nur über eine Reihe quadratischer Öffnungen von je 51 Zentimetern Seitenlänge möglich (Simons 2006, S. 68). Die Sonifizierung des Raumes bildet eine zentrale Komponente für die *Wall of*

---

94 1991 erschien eine Kompilation von Spectors Arbeiten von 1958 bis 1969 als CD-Box-Set. Der Titel „Back to Mono" reflektiert das mit dem *Wall of Sound* verbundene soundästhetische Konzept der monauralen Tonproduktion (Spector 1991).

95 Der Begriff geht auf Alan Williams zurück, der Schafers Konzepte des „Soundscapes" mit dem der „Schizophonie", also die Erfahrung der Entkopplung eines Klangs von seiner Quelle durch die Schallaufnahme, zusammenbringt: „I posit the term ‚audioscape' to address the phenomenon of simultaneous multiple aural experiences that result from the use of microphones, loudspeakers, and their cousin, headphones." (Williams 2012a, S. 113).

Sound, so dass die Hallräume durch Hits wie „Be My Baby" von The Ronettes oder „River Deep, Mountain High" (Tina Turner 1963) von Tina Turner im popkulturellen Gedächtnis verankert bleiben.

Die Soundästhetik von Phil Spector beruht jedoch nicht nur auf rein studiotechnischen Tricks, sondern vor allem auch auf der körperlichen Leistungsfähigkeit seiner Künstler. Eine seiner drakonischen Methoden ist es, den Musikern schier endlose Proben und Aufnahmesessions abzuverlangen. Spector forderte etwa von den Ramones, jeden Albumsong vor der Produktion bis zu über hundert Mal durchzuspielen (Howard 2004, S. 42). In einer anderen Produktionsphase wiederholen Gitarristen monoton die ersten vier Takte von „He's a Rebel" (The Crystals 1962) von The Crystals für mehrere Stunden ohne Pause. Diese unerbittliche Perfektion fordert natürlich auch ihren Tribut, so dass Howard Roberts über Handgelenksschmerzen klagte und sich die Finger blutig spielte (ebd., S. 13). Spector-Produktionen erfordern ein hohes Maß an Selbstdisziplin und Aufopferung. Die Musiker erbringen während der Aufnahmen körperliche Höchstleistungen über die Belastungsgrenzen hinaus und dienen dem Produzenten dabei nahezu als menschliche Ressource zur Umsetzung seiner Visionen. Aus dieser perfektionistischen Anforderung entsteht ein neuer Musikertypus: der Studiomusiker.

Über die erfolgreichen Jahre Spectors hinweg formierte sich eine Vielzahl von Instrumentalisten und Sängerinnen um den von Tom Wolfe betitelten „First Tycoon of Teen" (Wolfe 1964). Unter dem Pseudonym The Wrecking Crew (vgl. Tedesco 2014) vereinen sich über 20 unterschiedliche Musiker in wechselnder Formation, als deren berühmtester Stammvater sicherlich der Gitarrist Tommy Tedesco gelten kann (vgl. Thompson 2009, S. 92). Die Wrecking Crew sind buchbare Studiomusiker, die sich durch ihre besondere Fähigkeit im Zusammenspiel auszeichnen und dadurch, dass sie im Modus der Studiosession die Ideenfindung fördern. Dabei warten die Musiker nicht nur auf Anweisungen vom Produzenten, sondern bringen sich bereits aufgrund ihrer musikalischen Konstitution mit ein: „in their playing style, musical suggestions, ideas for playing a part or setting an amplifier or effect in a certain way, yet their contributions were anonymous." (Schmidt-Horning 2013, S. 212) Sie etablieren sich innerhalb der Studioszene als feste musikalische Instanz, so dass sie bald nahezu umworbener sein sollten als die eigentlichen großen Hauptkünstler. Trotz ihres immensen Einflusses auf die Teenpop- und Rock'n'Roll-Branche bleiben sie wie ihr Motown-Pendant The Funk Brothers stets im Schatten des Erfolges (vgl. Justman 2002). Es sind Hintergrundfiguren, die der Produktion untergeordnet ihre musikalischen Dienste erbringen.

Das Klangkonzept der *Wall of Sound* entsteht in einer klassischen Studiohierarchie, in der der Produzent die künstlerische Leitung besitzt. Für Spector werden innerhalb dieser Ordnung die Studiomusiker und Künstler zu Unterwerfungsfiguren. Seine ästhetische Strategie besteht jedoch weniger darin, lediglich musikalisch zu dirigieren, als die Mitspieler des Ensembles vielmehr wie Soundobjekte zu steuern. Essentiell für Spectors Soundsignatur erscheint dabei die kreative Arbeit mit der Akustik des Aufnahmeraums ‚A' der Gold Star Studios, wie der Toningenieur Larry Levine berichtet:

> The wall of sound is a function of this studio. There is no doubt about it. The Studio A at Goldstar. The echochamber is never made the sound acceptable. They enhanced the sound, but the fact that the room was filled with musicians. And it is a small room and everything is bounced off when we got all of this meshing going on. And then you added the chambers to it and then you got the sound that all became this wall. It was a room saturation, we had it all melted together in the room. And of course there was one of the ingredient, that helped make it the wall of sound, a minor ingredient, but still meaningful, and it's Phil Spector. I mean Phil made the wall of sound because, and I thought of course of different reasons why we were almost never roll tape for under three hours into the session. All of that time we be spent with the musicians playing and Phil listening. And one of the theories that i evolved is, that the reason he did it so long, was he wanted that the musicians been tired, so that they lost their individualism. And now what they play could be blended into this sound. (Larry Levine, zit. nach Tymieniecka 2009, TC: 00:00 – 01:13)

Der Schlüsselfaktor von Spectors Produktionsästhetik ist nun, dass er damit wesentlich einen kompositorischen Teilaspekt Richard Wagners imitiert, ihn förmlich auf das elektromagnetische Schallaufnahmeverfahren überträgt und popkulturell wendet. Denn laut Theodor Adorno hat Wagner bekanntlich die Gestaltung der Klangfarbe zum ästhetischen Prinzip gemacht bzw. die „koloristischen Funde der Komposition [...] kompositorisch produktiv angewandt" (Adorno 1952, 87 f.). Die Textur einer Spector-Produktion, genauer ihr Sounddesign, stellt im Grunde eine medientechnische Radikalisierung der Wagner'schen Klangästhetik dar. Vielmehr noch erscheint nahezu all das, was Adorno Wagner zu dessen Klangtotalitarismus attestiert hat, auf die *Wall of Sound* zuzutreffen, wenn er nicht sogar von Spector bewusst angeeignet wurde. Hierauf deutet u. a. er selbst hin, wenn er behauptet:

> The records are built like a Wagnerian opera. They start simply and end with dynamic force, meaning and purpose. It's in the mind. I dreamed it up. It's like art movies. I aimed to get the record industry forward a little bit, make a sound that was universal. (Phil Spector zit. nach Ribowsky 2006, S. 150.)

Auch streut Spector offenbar das Gerücht, dass der Song „To Know Him Is To Love Him" (The Teddy Bears 1958) von den Teddy Bears auf einer Melodie Wagners beruht (Brown 2007, S. 111). Stellt man beide Komponisten in Beziehung zueinander, scheint das von Spector bediente Wagner-Narrativ über eine bloße Selbstinszenierung tatsächlich hinauszugehen. Denn das Arrangieren von Klangcharakteren durch die Überlagerung verschiedener Instrumente erkennt Adorno bereits im

Lohengrin als das „kompositorisch relevante Prinzip der Mischung" (Adorno 1952, S. 89). Etwa am Beispiel des Orgelklangs kann er zeigen, dass durch die stimmliche Engführung mit Holzbläsern und Streichern Mischklänge erzeugt werden, die im Gesamtklang des Orchesters aufgehen und mit ihm in der Art verschmelzen, dass die „Orgelstarrheit aufgetaut" (ebd., S. 90) wird. Der „unerträglich banale" (ebd., S. 89) Klang der Orgel wird durch die Addition weiterer Instrumente überlagert und als Hybridform wieder interessant. Die Summe bildet demnach eine „Klangkombination" (ebd., S. 91) durch „Verdopplungsinstrumente" (ebd., S. 90), für die die Orgel die klangmaterielle Basis bietet.

> Diese Verdopplung ist aber so wenig bloße Verstärkung wie die Verdopplung der Streicher im Piano bei Beethoven. Vielmehr verändert sich die Klangfarbe. Zwischen Flöte und Klarinette ergibt sich im Unisono eine Art von schwebendem, vibrierendem Interferenzklang. In ihm gehen die spezifischen Charaktere beider Instrumente unter; sie sind nicht mehr zu identifizieren, man hört dem Klang nicht mehr an, wie er zustande kommt. Damit eben nähert er sich dem dinghaften Orgelton an. Er gewinnt aber zugleich – und das ist höchst bezeichnend für den Doppelcharakter von Wagners Instrumentationskunst – durch solche Objektivierung höhere Flexibilität zugunsten des Ganzen. Was dem einzelnen Instrument durch Verdopplung an spezifischem Klangcharakter verlorengeht, wird aufgewogen von der Möglichkeit, es bruchlos der Totalität des Orchesterklangs einzufügen. (Ebd., S. 91)

Die Produktion von Interferenzeffekten, die die jeweiligen Klangquellen verdecken und ihr soundästhetisches Profil retuschieren, wird von Spector maßgeblich im Tonstudio durch die *Wall of Sound* definiert. Wie bei Wagner ist das Urphänomen des Mischklangs dabei die „Verdopplung im Unisono" (ebd., S. 99). Über die Architektur des Bayreuther Opernhauses bringt Wagner seine klangästhetische Leitlinie zudem in einen dezidiert räumlichen Zusammenhang. Der von einem Schalldeckel überwölbte Orchestergraben fungiert raumakustisch als Konzentration dieser klanglichen Superposition und stellt für Wagner die apparative Vollendung seines Gesamtwerks dar.[96] Für die *Wall of Sound* hingegen sind die Gold Star Studios absolut konstitutiv, sie sind der akustische Rohstoff, aus dem Spector seine Werke modelliert: „And the wall of sound was indigenous to Gold Star, to the studio, the chambers, the walls. [...] Phil was out of that old thing. Once he left Gold star it was over." (Ribowsky 2006, S. 246) Die von Levine beschriebene Raumsättigung (*room saturation*), die Spector im Studio A fabriziert, bedingt die Verschmelzung und Auflösung der klanglichen Konturen individueller Tonquellen. Ähnlich wie bei Wagner und Bayreuth besitzt die Raumästhetik für den Spector-Sound eine pragmatische Effizienz. Nur scheint das Tonstudiodispositiv Spector als Produzenten-Subjekt erst regelrecht hervorzubringen.

---

96 Siehe Kapitel 4.1.

Überhaupt werden entsprechend über die ästhetischen Strategien bestimmte Subjektivierungsprozesse in Gang gesetzt. Für Wagners ‚totalitäres Klangregime' hat Adorno bereits die jeweiligen Subjektpositionen herausgefiltert: „Die ‚Subjektivierung' des Orchesterklangs, die Verwandlung des ungefügen Instrumentenchors in die willfährige Palette des Komponisten, ist zugleich Entsubjektivierung, indem sie tendenziell alle Momente der Entstehung des Klangs unhörbar macht." (Adorno 1952, S. 102) Durch die Ermächtigung über die Konfiguration der Klangfarben mittels instrumentaler Dopplungen und Schattierungen entzieht der Komponist den beteiligten Musikern den souveränen Subjektstatus, während er gleichzeitig den eigenen perpetuiert. Denn

> [v]ermag es weniger, die eigene Spielweise zu bekunden; werden die subjektiven Teilaktionen der Spieler vom Gesamtklang aufgesogen, so wird dieser eben in solcher Einheit zum willigen Medium des Ausdrucks, den der Komponist ihm zumutet. Je mehr Verdinglichung, desto mehr Subjektivismus: das gilt wie für die Erkenntnis so für die Instrumentation. (Ebd., S. 91f.)

Die kompositorische Entäußerung, die sich nach Adorno hier im Gesamtklang vergegenständlicht, dient Wagner der Selbstvergewisserung als Schöpfersubjekt. Die Kulturtechnik der musikalischen Komposition wird somit zur Selbsttechnologie, die „die Formen und die Modalitäten des Verhältnisses zu sich sind, durch die sich das Individuum als Subjekt konstituiert und erkennt" (Foucault 1986, S. 12). Parallel werden durch die Einführung in die Klangordnung des Orchesters die Subjektpositionen der ‚tonangebenden' Instrumentalisten (fest) herabgesetzt. „Wagners nuancierende Orchesterkunst ist der Sieg der Verdinglichung in der instrumentalen Praxis: der objektive Klang, zur Verfügung des komponierenden Subjekts, hat den Anteil der unmittelbaren Produktion des Tons aus der ästhetischen Gestalt vertrieben." (Ebd., S. 103)

Bei Spector erfahren diese Subjektivierungsprozesse eine gewisse Verdichtung, sie stellen eine komprimierte Verschärfung der individuellen Verhältnisse dar. Aus der Aufnahme- und Produktionspraxis, die Spector zur Errichtung seiner *Wall of Sound* etabliert, entstehen Studiosubjekte, von denen die Musiker sich selbst, um wieder auf Foucault zurückzugreifen, Formen der Objektivierung unterwerfen (vgl. Foucault 2005, S. 94). Die Studiomusiker dienen dem Klangbild als dirigierbare Soundobjekte ohne jegliche Teilhabe an der objektiven Gestalt oder Idee der Produktion. Für gewöhnlich hören die Musiker ihre Performances erst nach der Veröffentlichung im Gesamtkontext: „We never knew when we were recording whose song it was going to be." (Brown 2007, S. 111) Sie verweilen regelrecht im prekären Zustand der Unwissenheit. Auch auf ästhetischer Ebene vermischen sich die Künstlersubjekte zu schemenhaften Gestalten, indem sie in den akustischen Hintergrund befördert werden. Wie Larry Levin in seiner These formuliert hat, entfalten die tranceartigen Wiederholungen einzelner Passagen förmlich eine Mantra-hafte Wirkung, so dass die Wrecking Crew praktisch im kollektiven Rauschen versinkt. Individualität wird zum Ziel einer höheren Klangordnung aufgelöst und bleibt nur noch als nebulöse Spur zurück auf dem Magnetband. Die feinen Regungen und solistischen Darbietungen der Studiomusiker werden vom Gesamtsound des Studioapparats quasi absorbiert und lediglich als sonische Silhouette identifizierbar. Das einzelne Teilsubjekt spielt im klassischen Studioregime von Phil Spector deshalb einen eher fungiblen und beschränkten Part: „Daher ist das eigentlich produktive Element Wagners [und Spectors] eben das, in dem das [Künstler-]Subjekt auf Souveränität verzichtet [...]." (Adorno 1952, S. 76)

5 Von Heterosonotopien und anderen Studioräumen

Eine Kultur- und Mediengeschichte des Tonstudios lässt sich auch aus dem ästhetischen Verhältnis von Musik und Raum rekonstruieren. Wie bereits gezeigt, verlaufen die klangräumlichen Konzepte in der Kunst der Schallaufnahme parallel zur Entwicklung technologischer Produktionsmedien und den zeitgenössischen Forschungen im Feld der Akustik. Diente die Studioarchitektur in der phonographischen Frühphase noch dem mechanischen Zweck, die Schallenergie so zu konzentrieren, dass alle Tonquellen von der Membran des Speichermediums qualitativ gut hörbar übertragen werden können, geht es bei der elektrischen Verstärkung des Mikrophons zunächst um die raumakustische Isolierung und Neutralisation. Durch die Etablierung des Magnettonbandes und der Interpretation des Studios als Kompositionswerkzeug ergibt sich mit der Mehrspurtechnik die Option einer Überlagerung und akustischen Kombination disparater Räume. Dabei vollzieht sich eine soundästhetische Verschiebung der Tonaufnahme vom medialen Abbild eines realen Schallereignisses, hin zu einem im Studio fabrizierten Pseudoereignis. Die Logik des Live-Konzertes wird im Tonstudio dabei zugunsten eines eigenständigen medialen Artefakts aufgebrochen:

> In der Musik können wir eine Entwicklung skizzieren, die vom architektonischen Klang-Ort über den symbolischen Raum formaler und struktureller Projektionen zum imaginären musikimmanenten Raum kompositorischer Phantasie verläuft. Von da an kann zum einen der reale Raum musikalisch funktionalisiert und zum anderen um technische Räume erweitert werden. Diese ermöglichen als digitale Simulationen die universelle Manipulation und referenzlose Skalierung in alle Dimensionen. So entstehen zum einen virtuelle Räume, die als kompositorisch-ästhetisch gestaltbare musikalische Parameter interpretiert und genutzt, gleichzeitig aber auch als instrumentale Mikro-Räume zur Klangsynthese mittels eines virtuellen Instrumentariums dienen können. Zum anderen wird Raum als interpretatorischer Aspekt von Klang universell verfügbar – sei es in der Projektion in Überlagerung mit dem Realraum, sei es als kompositorisch-struktureller Parameter. (Harenberg 2013, S. 207)

Produzenten komponieren eben nicht nur mit der Synthese verschiedener Aufnahme- und Hallräume, sondern experimentieren auch mit der technischen Herstellung von Raumeffekten. Wichtig in diesem Zusammenhang ist, dass sich Raumgrößen hauptsächlich als „Zeitfunktionen" (ebd., S. 204) verstehen lassen: „Mittels Reflektionszeiten und Laufzeitunterschieden zwischen dem rechten und dem linken Ohr können wir in Verknüpfung mit Tonhöheninformationen [...] die Größe von Räumen und die Ortung sowie Bewegung von Klangquellen in ihnen lokalisieren." (Ebd., S. 204f.) Daher stellt eine etwa durch zwei Bandmaschinen erzeugte Zeitverschiebung derselben Aufnahme (*Slapback*-Echo) eines der einfachsten Verfahren der Raumsimulation dar. (Elektro-mechanisch lassen sich Zeitverzögerungen aber auch über Federsysteme oder Hallspiralen erreichen.) Über die Mischung von Verzögerungszeiten und Rückkopplung des Ausgangs- auf das Eingangssignal lassen sich später dann bei digitalen Effektgeräten multiple Raummuster bilden. Darüber hinaus wird es über mathematische und messtechnische Operationen möglich, die Impulsantworten von Räumen vollständig zu simulieren „und auf jegliches klingendes Artefakt zu projizieren" (ebd., S. 205).

Wer das Tonstudio also als auditiven Wahrnehmungsraum versteht, wird sofort feststellen, dass man sich mit ganz unterschiedlichen raumästhetischen Konzepten konfrontiert sieht. Denn die Raumakustik verhält sich in jeder Hinsicht als Effekt, der sowohl den Sound der Aufnahme berührt wie auch die Aufnahmewiedergabe beeinflusst (vgl. Bates 2012, o. S.). Daher geht es auf der einen Seite um die maximale Klangkontrolle durch gezielte Absorbierung und Diffusion der Schallreflexion, wodurch der Raum akustisch nahezu neutralisiert wird. Auf der anderen Seite geht es um eine raumakustische Re-Auratisierung des Tonmaterials über Realräume wie Echokammern oder Hallräume. Denn Künstler nutzen gezielt raumakustische Signaturen, um ihre trockenen Aufnahmen nachträglich plastischer zu gestalten. Bill Putnam nutzt etwa für die Aufnahmen zu „Peg o'My Heart" (The Harmonycats 1947) des Mundharmonika-Trios The Harmonycats von 1947 die gekachelte Toilette der Universal Recording Studios als Resonanzraum. Den produzierten Nachhall fügt er schließlich dem Klangbild hinzu und gilt seither als Erfinder der Echokammer. Auch David Bowie nutzt für den Gitarrensound auf „Heroes" (Bowie 1977) die Akustik des Treppenhauses der Hansastudios, um seiner Produktion eine besonders röhrenförmige Räumlichkeit zu verleihen.

Im medialen Raum können darüber hinaus schließlich synthetische und virtuelle Räume über mechanische oder digitale Effektapparate produziert werden. Wo in der frühen Hörspielproduktion des Rundfunks nur Sprecher und Geräuschemacher unterschiedliche Aufnahmeräume zugewiesen bekamen, besitzt in modernen Pop-Produktionen nicht selten jedes akustische Event eine individuell gestaltete Räumlichkeit. Im Stereobild solcher Musikproduktionen kollidieren daher ganz unterschiedliche Räume, wodurch angelehnt an das Konzept der „Heterotopie" von Michel Foucault hier von Heterophonotopien gesprochen werden kann.

Foucault versucht unter dem Begriff der Heterotopie, den er aus seiner diskursanalytischen Werkphase vom Sprachraum abstrahiert, zunächst eine utopische Raumrealisation zu fassen, die topologisch als ein gesellschaftlicher Gegenentwurf verstanden werden kann:

> Es gibt gleichfalls – und das in jeder Kultur, in jeder Zivilisation – wirkliche Orte, wirksame Orte, die in die Einrichtung der Gesellschaft hineingezeichnet sind, sozusagen Gegenplatzie-

rungen oder Widerlager, tatsächlich realisierte Utopien, in denen die wirklichen Plätze innerhalb der Kultur gleichzeitig repräsentiert, bestritten und gewendet sind, gewissermaßen Orte außerhalb aller Orte, wiewohl sie tatsächlich geortet werden können. Weil diese Orte ganz andere sind als alle Plätze, die sie reflektieren oder von denen sie sprechen, nenne ich sie im Gegensatz zu den Utopien die Heterotopien. (Foucault 1991, S. 39)

In dem Sinne der vollständigen Andersartigkeit und Irrealität fungieren Studios als akustisch realisierte Utopien, also als Heterotopien. Denn der Hörraum der Studioregie sollte in einer Weise optimiert sein, dass eine ausgewogene und (vermeintlich) neutrale Abbildung von Klanglichkeit gegeben ist. Um alle Frequenzen im Raum linear abzubilden, wird über die Studioarchitektur deshalb ein akustischer Idealzustand angestrebt, der in der auditiven Erfahrungswelt einer Gesellschaft so nicht existent ist. Grundsätzlich aber bildet das Tonstudio über seine akustische Architektur eine Heterotopie und „vermag an eine[m] einzelnen Ort mehrere Räume, mehrere Platzierungen zusammenzulegen, die an sich unvereinbar sind" (ebd., S. 42). Hier kann man Foucault ganz wörtlich nehmen, wenn man Heterotopien als „Gegenräume" (Foucault 2005, S. 10) versteht, die die alltäglichen Räume „in gewisser Weise sogar auslöschen, ersetzen, neutralisieren oder reinigen" (ebd.). Anhand des Rundfunkstudios in seiner architektur-akustischen Konstitution hat Kiron Patka dies später ähnlich formuliert:

> Das Studio wird so zu einem raumlosen Raum, zu einem Raum, der seine eigene Räumlichkeit verbirgt: das Rundfunkstudio als akustische Heterotopie. Mit diesem Begriff möchte ich die Eigenschaft und den Zweck von schallgedämmten Räumen zum Ausdruck bringen, sich selbstakustisch zum Verschwinden zu bringen und damit der Aufnahme die Möglichkeit einzuräumen, die Akustik eines anderen Raums zu übernehmen. (Patka 2018, S. 77)

Die akustische Neutralisierung des Raums eröffnet den Platz zur Nachbildung und Produktion anderer Räume. Dies kann erstens durch eine Modifikation des realen physikalischen Raums geschehen, indem dort etwa modulare Wandsysteme mit veränderlicher Materialität oder Akustikmodule zum Einsatz kommen. Dabei können zum Beispiel Wandelemente platziert werden, die eine ganz spezifische Oberflächenstruktur wie Stein, Holz oder Stoffgewebe besitzen und dadurch ganz unterschiedliche Verhaltensweisen der Schallreflektion aufweisen. Je nach Ausmaß des jeweiligen Aufnahmeraums kann der Nachhall auch gezielt an ganz unterschiedlichen Raumpositionen individuell gestaltet werden. Ein Raum kann durch solche Variationen des Oberflächendesigns ganz heterogene akustische Eigenschaften annehmen. Demnach kann man, um einen weiteren Begriff zur genauen Differenzierung von realem und medialem Raum einzuführen, das Aufnahmestudio als Heterosonotopie verstehen – also als einen Raum, der aufgrund seiner akustischen Architektur mindestens zwei teilweise opponierende Klangräume miteinander kombiniert. So versucht etwa das von Thomas Jouanjean entworfene Front-To-Back-(FTB)-Studiodesign für die Tonregie zwei raumakustische Konzepte zusammenzuführen. Grundsätzlich vereint sein akustisches Design eine maximale Schallabsorbierung der Wellen, die aus den Lautsprechern abstrahlen, mit einer Umgebung, die psychoakustisch auf den Hörer nahezu konventionell wirkt. Denn schalltote Räume haben auf den Menschen bekanntlich einen massiven somatischen Effekt. Aufgrund der fehlenden Raumantwort wird zum einen der über das Ohr hergestellte Orientierungssinn stark beeinträchtigt, während andererseits die eigenen Körpergeräusche wesentlich lauter wahrgenommen werden. Solch ein hochartifizieller auditiver Erfahrungsraum kann sehr verstörende Wirkungen zur Folge haben und fordert die Wahrnehmung deutlich mehr heraus, als dass sie eine produktive Umgebung hinsichtlich intensiver Hörarbeit, wie im Tonstudio, bietet. Für die Beurteilung von Audiomaterial sind akustisch tote Bereiche für die Hörposition im Stereodreieck allerdings eine Idealkonstruktion, weil so das Lautsprechersignal konsequent raumneutral wiedergeben wird und dahingehend von der Schallreflexion unbeeinflusst geprüft werden kann. Bei Jouanjean liegen die Monitorboxen zwar in Relation zum *Sweetspot* in genau einem solchen akustisch unbelebten Absorptionsraum, jedoch revitalisiert er den Arbeitsbereich durch gezielte Diffusion der natürlich produzierten Umgebungsgeräusche. Während das Lautsprechersignal also in kein unmittelbares Resonanzverhältnis mit dem Raum eintritt, werden dadurch aber nicht automatisch auch die akustischen Orientierungspunkte der menschlichen Hörwahrnehmung eliminiert. Über die Architektur werden hingegen Laute wie Stuhlbewegungen, Tastaturanschläge oder Mausklicks gezielt gestreut, so dass der Arbeitsplatz zugleich akustisch optimiert und als natürliche Hörumgebung erscheint (vgl. Hague 2014, o. S.). Durch die Verbindung von inkongruenten Raumklängen stellt das Front-to-Back-Studiodesign daher eine realisierte raumakustische Utopie, eine Heterosonotopie, dar.

Zweitens werden Räume aber eben auch, wie der Begriff der Heterophonotopie wiederum bereits definiert, in der Nachbearbeitung der Schallaufnahme gefertigt. Das simple Beispiel des *Croonings* lässt es angesichts der auralen Nähe des Singenden vor dem großen Hintergrund einer lauten Big-Band immer wieder leicht nachvollziehen, wie sich mittels Tontechnik Raumparadoxien produzieren lassen. Im realen Raum wäre Frank Sinatra schlicht übertönt wurden, stände er nicht direkt am (Medien-)Ohr des Zuhörers. Auch Glenn Gould experimentierte während der Aufnahmen zum Stück „Desir" (Op. 57, No. 1) von Alexandr Nikolajewitsch Skrjabin umfänglich mit Raumpositionen im Tonmischverfahren. Gould bricht mit der konventionellen Hör- und Produktionsweise von Klaviersonaten, indem er kritisiert, dass in der Schallplattenindustrie „ein Klavier mehr oder weniger vor einem steht, und wenn man den ersten Ton in der Position hört, wird man auch den letzten entsprechend hören" (Gould 1992, S. 200). Dieser starren Raumlogik widersetzt sich Gould, indem er regelrecht akustische ‚Gegenplatzierungen' einnimmt und etwa „ein Klavier auf acht Spuren […] mit je vier Reihen von je drei Mikrophonen" (ebd.) auf Tonband bringt. Für die Aufnahmen zu „Desir" ist hingegen filmisch dokumentiert, wie Gould mit drei Stereopositionen (also sechs Mikrophonen) arbeitet und während des Abmischens mit dieser akustischen Raumordnung spielt (vgl. pOlyphOny 2008, TC: 02:00–5:30). Er dirigiert seinen Tontechniker entsprechend einer im Vorfeld eingeübten Choreographie, der am Mischpult die Spuren über die Lautstärke-Schieberegler auf- und abfahren lässt. Was dabei entsteht, ist eine Raumkomposition, die bestimmt ist durch wechselnde Nähe- und Distanzverhältnisse zur Tonquelle sowie deren jeweiligen Überblendungen. Die Faderfahrten am Mischpult bewegen das Medienohr dabei nicht nur an unterschiedliche Positionen, mal näher und mal weiter vom Klavier entfernt, sondern platzieren den Hörer auch an mehreren Raumkoordinaten gleichzeitig. Durch die Bewegungen offenbart Gould letztlich die räumliche Heterogenität der Tonaufnahme und zugleich die raumästhetische Paradoxie, mit der sie operiert. Denn obwohl auch die Schallreflektionen durch die Dämmung der Studiowände im Idealfall nahezu vollständig absorbiert werden, entsteht durch die Positionierung der Schallquelle zum Tonabnehmer ein Mikroraum, auf dessen akustische Spur Gould ebenfalls performativ verweist. „Even when attempting to remove the ‚room sound' in any recording, recordings continue to be strongly positional and maintain audible traces of their original acoustic environments." (Bates 2012, o. S.). Die Architektur des Raums wird laut Bates in diesem Fall zur akustischen Botschaft.

Das zweite heterotopische Kennzeichen des Rundfunkstudios leitet Kiron Patka aus der Bauakustik bzw. aus der akustischen Abschottung zur Außenwelt her. „Auch dies war Teil der Enträumlichung des Rundfunkstudios und machte es zu einem akustisch der Welt enthobenen und aus der natürlichen Klangwelt ausgegrenzten Ort, zu einer akustischen Heterotopie." (Patka 2018, S. 94) Tonstudios formen also über ihre akustische Disposition quasi doppelt eine ‚realutopische' Räumlichkeit. Die architekturale Abschirmung von der akustischen Außenwelt macht das Studio zu einer Bunkertechnologie, wie sie zum Beispiel 2009 von Jouanjean für Amsterdam Mastering realisiert wurde. Das 42 qm große Studio wurde konsequent als Raum-in-Raum-System auf einer Betonplatte mit einem Flächenmaß von 72 qm gebaut, um vor allem in niedrigfrequenten Bereichen die hohe Energie langer Schallwellen effektiv abzuschwächen. Das etwa 30 cm dicke Fundament wurde dabei vollständig von seiner Umgebung entkoppelt und der Studioraum in eine schallschützende Stahlkonstruktion gehüllt (vgl. Amsterdam Mastering 2022). Für das auditive Wahrnehmungsspektrum des Menschen dringen hier keine Informationen von innen nach außen und *vice versa*. Das Studio wird über die schwimmende Architektur sowohl zu einem von der Welt losgelösten Geheimort als auch zu einem akustischen Schutzbunker vor der Außenwelt. Zutritt wird vor allem denen gewährt, die über entsprechende finanzielle Mittel verfügen, um das Studio zu buchen. So setzen eben auch die beschränkten Zugangsregelungen von „Heterotopien [...] immer ein System von Öffnungen und Schließungen voraus, das sie gleichzeitig isoliert und durchdringlich macht" (Foucault 1991, S. 44).

Doch in Tonstudios treffen nicht nur verschiedenartige Räume, sondern darüber hinaus unterschiedliche Zeitlinien aufeinander:

> Das Tonstudio als eminenter Raum gegenwärtiger Klangerzeugung hat dabei eine ganz eigene, entrückt-volatile Raumzeitlichkeit erzeugt, die es notwendig macht, diese Eigenräumlichkeit und Eigenzeitilichkeit als solche zu untersuchen. In vielen Durchgängen, nach Spuren getrennt, in Kabinen einzeln aufgezeichnete und modifizierte Klänge beruhen auf anderen Erfahrungsweisen der Raumzeit als etwa das eingeübte Ensemblespiel in berührungsnaher Abstimmung und Einschwingung im gleichen physischen Raum. (Schulze 2008, S. 145)

Auch „[d]ie Heterotopie erreicht ihr volles Funktionieren, wenn die Menschen mit ihrer herkömmlichen Zeit brechen" (ebd., S. 43). Dieser heterochrone Raum wird im Studio auf ganz unterschiedlichen Ebenen produziert. Wie bereits gezeigt werden konnte, wird eine dieser Ebenen davon bestimmt, dass jedes Studio auch als Archiv fungiert.[97] Die großen renommierten Studiokomplexe etwa sammeln diverses Archivmaterial. Dies können sowohl historische Medientechnologien und Studioapparate wie Mischpulte, Bandmaschinen oder Mikrophone für den Vintage Sound sein, als auch Instrumente, etwa Klaviere, Schlagwerk oder Gitarren. Ferner legen Tonstudios mittels der medialen Funktion der Schallspeicherung, die in digitalen Zeiten manuell meistens noch mit dem Befehl „Steuerung + s" über die Computertastatur vervollständigt wird, um das Audiomaterial auf die Festplatte abzulegen, nahezu selbsttätig Schallarchive an. Letztlich verfügen Tonstudios nicht selten über eine ausgeprägte Sammlung von phonographischem Fremdmaterial oder partizipieren zumindest digital an den diversen Soundbibliotheken. Als Referenzsounds oder als Samples dient dieses Archivgut damit nicht nur der reinen Dokumentation, sondern gerade auch als Basismaterial und kompositorischer Rohstoff. Studios stellen demnach ähnlich wie Museen oder Bibliotheken eine „unbegrenzte Anhäufung von Zeit" (Foucault 1991, S. 43) dar.

Eine andere Ebene des heterochronen Studioraums lässt sich anhand des Zeitschnitts quasi literal nachvollziehen. Foucault selbst stellt diesen Begriff in einen raumästhetischen Kontext, indem er sagt: „[D]ie Heterotopien sind häufig an Zeitschnitte gebunden." (Ebd.) Nun wird die zeitliche Struktur der Schallaufnahme durch das Tonband ganz konkret mit der Schere zerteilbar. Lässt sich der Tonschnitt im Analogen zunächst als ein rein destruktiver Akt verstehen, indem das Band über

---

97 Vgl. Kapitel 3.4

die Fremdeinwirkung mit einem scharfen Gegenstand und somit die lineare Zeitstruktur aufgetrennt wird, gehören Schnitttechniken im Digitalen zum Selbstverständnis populärer Musikproduktionen: „Audiomaterial beliebig zu schneiden, zu kopieren und zu vervielfältigen ist heute banaler Studioalltag. Der Schnitt als solches [sic!] erscheint auf den ersten Blick als ein notwendiger handwerklicher Akt." (Brockhaus 2010, S. 12)

Die Kollision verschiedener Zeiträume im Studio lässt sich allerdings nur mit Rückgriff auf medientheoretische Positionen erfassen. Denn „[d]ie Zeit, von der hier die Rede ist, ist keine unvordenklich zugrunde liegende *time base*, sondern eine im technischen Akt überhaupt erst *gezeitigte*" (Ernst 2015, S. 11, Hervorhebung i. Orig.). Die sich im Tonstudio überlagernden Zeitstrukturen sind laut Wolfgang Ernst demnach zunächst technisch fabrizierte Medienzeit. Da sich zeitliche Prozesse in ihrer Veränderung vor allem in akustischen Medien erfahren lassen, ist die Audiobearbeitung in der Tonproduktion für Ernst deshalb ein zentrales Erkenntnisfeld. So versteht er das raumästhetische Konzept des Nachhalls in seiner medientechnischen Reproduktion als „Indikator eines zeitkritischen Übergangs von Gegenwart in Vergangenheit" (Ernst 2012, S. 74), wobei sich ein aurales „Gegenwartsfenster" (ebd., S. 88) öffnet und der Hall „einen ausgedehnten Moment des Jetzt" (ebd.) definiert. Das Echo hingegen ist ein akustisches Zeitphänomen, „dessen Unheimlichkeit gerade darin liegt, daß hier Gegenwart mit dem Ruf aus der Vergangenheit verschmiert" (ebd., S. 74). Der analoge Medienapparat, mit der das Echo produziert werden kann, ist demnach „eine veritable Zeitmaschine, und seine Operationsbasis ist ein signalverzögerndes Tonband, belegt als Endlosschleife" (ebd., S. 88). Unterzieht man nun den Tonbandschnitt oder auch seine digitale Simulation einer zeitkritischen Betrachtung, offenbaren sich die Materialmontagen mit der (virtuellen) Schere immer auch als „Zeit(aus)schnitte" (Ernst 2015, S. 80). Aus zeitlinearen Schallaufnahmen werden einzelne Ereignisse, wie etwa ein Trommelschlag oder ein Stimmlaut, sowie längere Sequenzen, wie etwa Melodiefolgen oder Drumpatterns, chirurgisch entfernt und in digitalen Operationen kopiert und an anderer Stelle wieder eingefügt. Eine musikalische Studioproduktion wird so zu einer Collage von unterschiedlichen Zeitfragmenten, was im Sampling schließlich zu eskalieren scheint: „Der Inhalt von Klangmedien mag Musik sein; ihre Botschaft aber ist Zeit." (Ebd., S. 83) So prallen nicht nur Kompositionen mit Soundmaterial aus Medienarchiven in unterschiedlichen Zeitlichkeiten aufeinander. Vielmehr lassen Studioproduktionen im medientheoretischen Sinne einer Zeitreise allgemein sogar die raumzeitliche Unmöglichkeit zu, dass Künstler mit einer akustischen Vielzahl von sich selbst musizieren:

> Studioaufnahmen lassen sich als operative Multiplizierung von Temporalität gegenüber rein philosophischen Begriffen von emphatischer, totalisierender Zeit hören und verstehen. In me-

dienspezifischer technomusikalischer Rhythmik spielen sie fortwährend neue Modifikationen von Zeitweisen aus. Waren lineare, zyklische und gar „messianische" Zeit lange Zeit konzeptuell getrennt, erscheinen sie zunehmend als Funktion ihrer medientechnischen Verkörperungen – *time tracks*. *Multi-track recording* stellt im medienarchäologischen Sinne die Möglichkeitsbegründung für diese Zeitästhetik bereit, führt aber zugleich zu Irritationen in der Wahrnehmung des Lebendigen, sobald hierdurch ein Sänger mit sich selbst im Duett zu singen vermag. (Ernst 2012, S. 86)

Durch die zeitliche wie auch räumliche Abtrennung des Klangs von seiner Herkunftsquelle über Schallaufnahme- und Wiedergabeverfahren wird die eigentlich psychopathologisch bedingte Persönlichkeitsspaltung im Sinne der von Murray Schafer definierten „Schizophonie" (Schafer 1994, S. 90). zu einer soundästhetischen Strategie. Im Medium des Tonstudios kollabiert dabei ein lineares Zeitregime. Versteht man den Zeitschnitt daher als Charakteristikum der Heterotopie, wird das Studio demnach einmal mehr zur Heterosonotopie und die Audioproduktion zum heterophonotopischen Artefakt.

5.1 „Shangri-La": Kalifornische Studio-Utopien

Über die Baupläne des Tonstudios realisieren sich jedoch nicht nur mediale Klangutopien und auditive Illusionsräume. Insgesamt können das Raumdesign und die architektonischen Grundkonzepte eines Studios, neben seiner akustischen Funktionalität, auch dem Ideal einer Heterotopie entsprechen. Im Fall von Shangri-La, dem Studioanwesen des Produzenten Rick Rubin in Malibu, ist damit ein Gegenort zum klassischen Studioregime gemeint. Shangri-La wird medial als die wahr gewordene Utopie des kreativen Freiraums inszeniert, in dem der Musiker wieder selbst, fernab von Hierarchien und Machtgefälle, dem inneren Wesen seiner Künstlerseele nachspüren kann. Rubin selbst kommentierte dies in einem Interview so:

> The goal is to create a setting where an artist can be completely vulnerable and fell completely free to be themselves a hundred percent, with no shame or feeling of needing to perform a certain way and no expectation. The only you know just really a safe place to be naked basically. (Rick Rubin, zit. nach Soulr 2021, TC: 25:57–26:27)

Innerhalb seines Studios stellt sich Rick Rubin gerne als eine Mischung aus ZZ-Topbärtigem Zen-Guru und Psychiater dar. Nur mit dem kleinen Unterschied, dass er selbst barfuß mit geschlossenen Augen auf der Therapiecouch Platz nimmt und liegend zur Musik meditiert:[98] „It's about the artist, it's not about me at all" (Rick Rubin, zit. nach Neville und Malmberg 2019a, TC: 00:22–00:24), gibt sich der Def-Jam-Gründer und Ex-Beastie-Boys-DJ in altruistischer Manier. Rubin nimmt sich als Produzent gegenüber den Künstlern stark zurück. Nicht nur produktions-ästhetisch arbeitet er offenbar reduktionistisch – was u. a. bei den Credits des Albums „Radio" von LL Cool J mit dem Vermerk „Reduced by Rick Rubin" (LL Cool J 1985)[99] (und nicht wie üblich ‚Produced by') versehen ist –, sondern er reduziert seine eigene personelle Anwesenheit auf ein Minimum. Er glänzt während der Produktionen regelrecht durch Abwesenheit und würde sich entsprechend seiner esoterischen Geisteshaltung am liebsten vollständig de-materialisieren: „My Goal would be able to produce an artist and have it be their best work, and never meet them or speak to them. That would be the ultimate version of it, I've not gotten there yet. I haven't reached that level of skill yet.," (Rick Rubin, zit. nach Soulr 2021, TC: 32:08–32:21) Rubin identifiziert sich mit einem unsichtbaren Geist, der in metaphysischer Erhabenheit über seinen Produktionen schwebt und nur durch das Medium des Tonstudios in Erscheinung tritt. (Oder marktwirtschaftlich formuliert: ein Dienstleister, der zwar nicht zum Job erscheint, aber ein üppiges Gehalt verlangt.) Damit stellt Rick Rubin quasi den Anti-Spector dar. Mit Shangri-La und dem Studio als real-utopischem Ort will er eine strukturelle Diktatur des Produzenten überwinden und den Musikern die volle Autonomie über den Produktionsprozess gewähren. Dabei möchte Rubin den Künstler von der raumtechnischen Determinante befreien, wie er es am Beispiel seiner Produktionsstrategie mit Johnny Cash verdeutlicht: „Von unserem ersten Treffen an nahmen wir alles auf. Ich ließ einfach das Gerät ständig mitlaufen. Das wird so selbstverständlich, dass alle vergessen, dass aufgenommen wird, und sie selbst sind, und genau darum geht es mir.," (Rick Rubin, zit. nach Chermayeff und Le Goff 2016b, TC: 47:47–47:59) Was sich zunächst vielleicht als eine Form der künstlerischen Selbstoffenbarung durch akustische Überwachungspraktiken verstehen lässt, dient laut Rubins Strategie dazu, die Präsenz der Studiostrukturen unsichtbar zu machen. „There is nothing in between you and when you create a process." (Neville und Malmberg 2019a, TC: 00:12–00:16) Rubin möchte die raumtechnischen Barrieren und damit schließlich künstlerische Blockaden lösen. Dafür bringt er erst sich selbst und dann die reglementierenden Funktionen des Dispositivs zum Verschwinden. Dass Rubin den Machtraum des Tonstudios für die Konstituierung eines autonomen Künstlersubjekts zu dekonstruieren versucht, ist natürlich kein fundamentales Novum. Jedoch scheint die historische Entwick-

---

[98] Einer seiner Techniker gibt etwa an, dass man Rubin, während er sich auf die Produktionsphase konzentriert, nicht ansprechen darf, da man sonst sein ‚Zen' stören würde (vgl. Neville und Malmberg 2019, TC: 20:00–20:08).
[99] Auch Kanye West spricht von Rubin als ‚Reducer' in Soulr 2021, TC: 24:15–24:20.

lungslinie vom Musiker als Studiosouverän in der Architektur von Shangri-La zu kulminieren.[100]

Das Studio befindet sich auf einem Landgut, dessen Geschichte in Verbindung mit Rubins Produktionsphilosophie einen semantischen und raumtheoretischen Überschuss produziert. Der Name Shangri-La geht auf einen utopischen Ort in dem Roman *Lost Horizon* von James Hilton aus dem Jahre 1933 zurück (vgl. Hilton 1933). Die Schauspielerin Margo Albert, die 1937 in der ersten Romanverfilmung von Frank Capra für eine Rolle besetzt wurde, erwirbt 1958 ein Grundstück in Zuma Beach. Dort lässt sie eine Ranch errichten, die sie nach dem fiktiven Ort der Erzählung tauft. Die Geschichte erzählt von einer durch Hohepriester des tibetanischen Buddhismus (*lamas*) errichteten Zivilisation, die, von der restlichen Welt isoliert, in einem friedvollen und modernistischen Garten Eden zusammenlebt. In Shangri-La harmonieren fernöstliche und abendländische Kultur in einem paradiesischen Refugium, in dem die Bewohner durch Mäßigung eine geistige und körperliche Vitalität weit über das normale Altersmaß eines Menschen erlangen.

> We inculcate the virtue of avoiding excess of all kinds – even including, if you will pardon the paradox, excess of virtue itself. [...] We rule with moderate strictness, and in return we are satisfied with moderate obedience. And I think I can claim that our people are moderately sober, moderately chaste, and moderately honest. (Ebd., S. 90)

Diese Tugenden nimmt sich offenbar auch Rick Rubin für die Arbeit auf seinem Studioanwesen als Maßstab. Er selbst gibt sich wie Chang, der weise Mönch aus *Lost Horizon*, und bietet u. a. dem 2018 verstorbenen Musiker Mac Miller Shangri-La für eine Entgiftungskur an. Mitte 2014 wendet sich der suchtkranke Musiker Hilfe suchend an Rubin und verarbeitet seinen Versuch, sich zu mäßigen, selbsttherapeutisch in neue Produktionen (vgl. Showtime 2019). Den revitalisierenden Kampf gegen depressive Zustände kanalisiert er in neue Kompositionen und Aufnahmen. Das Studio dient Miller dabei als Heilstätte und Kompensationsraum, eine wesentliche Funktionsform der Heterotopie (vgl. Foucault 1991, S. 45).

Doch nicht Rick Rubin ist es, der die Shangri-La-Ranch zum Tonstudio umfunktioniert, sondern Robert Alan Fraboni für Aufnahmen von The Band im Jahre

---

100 Bereits die Beatles konnten es sich aufgrund ihres immensen Erfolges leisten, nicht nur dem Live-Geschäft komplett den Rücken zu kehren, sondern sich für lange Zeiträume in den Abbey Road Studios einzumieten und für ihre musikalischen Visionen den sowohl technisch wie auch musikalisch versierten George Martin als Produzenten anzustellen. Vom Album „Rubber Soul" inspiriert, war es allerdings der Beach Boy Brian Wilson, der als Musiker und gleichzeitig als sein eigener Produzent in die Popgeschichte eingehen sollte. Wilson überwachte für das Album „Pet Sounds" sowohl alle technischen wie auch künstlerischen Prozesse. Seinem Vorbild folgen u. a. Prince, Kanye West oder Bon Iver.

1974. Bereits Ende der 1950er Jahre beginnt eine Transformation der Studioarchitektur weg vom engen, ausschließlich funktionalen Design hin zu komfortabel gestalteten Lebensräumen. Diese Entwicklung, die maßgeblich davon bestimmt ist, dass mit dem *Overdubbing*-Verfahren die Musiker zunehmend in die Tonregie ‚einziehen', nimmt mit Bill Putnam und den United Studios ihren Anfang.

> Bill Putnam invented the concept of what we think of as a control room. Before he built his control room in United's Studio A, they used to call them 'booths, because they really were booths: little 10 by 12 rooms with a speaker in the corner! Bill's control room was quite a departure; he actually had a room for a producer and A&R people [...] a few other people could actually be in the control room. (Granata 1999, S. 156)

Mit der ansteigenden Komplexität von Studioproduktionen vergrößert sich auch ihr Zeitbudget, was automatisch dazu führt, dass Studios zu dauerhaft besetzten Aufenthaltsräumen werden. Putnam reagiert auf diesen Umstand, indem er die Kontrollräume seiner Studios wesentlich größer als die bisher übliche Tonregie gestalten lässt (vgl. Cogan und Clark 2003, S. 38). Ein weiteres Merkmal für die Veränderung von einem rein zweckorientierten hin zu einem wohnlich-bequemeren Raumdesign ist die Studiocouch. Ihre Positionierung ist darüber hinaus ein Indikator für Machtverhältnisse:

> Even as musicians were admitted through the control room door, they were commonly relegated to a couch located in an area where they could do the least amount of damage, and exert the least amount of power. It is possible to trace the ever-increasing power of the musician by looking at the shifting placement of the couch. For example, many control rooms built in the 60s and 70s installed couches between the mixing console and the control room window. In many cases, such placement rendered these guests invisible to the technicians working at the console. This minimized the distraction caused by the musicians' presence – out of sight, out of mind – and kept inquisitive fingers away from delicate equipment. (Williams 2007, o. S.)

Alan Williams sieht die Couchposition durch eine machttheoretische Raumordnung begründet. Vor allem in den 1960er und 1970er Jahren wird das Studiosofa noch zwischen dem Mischpult und dem Kontrollraumfenster platziert. Dies zeigt sich unter anderem am Raumdesign von Sunset Sound während Aufnahmen mit The Doors (vgl. Sunset Sound 2022) oder in den Muscle Shoals Sound Studios zu der Produktion des Songs „Wild Horses" (The Rolling Stones 1971) von The Rolling Stones (vgl. Maysles u. a. 1970, TC: 20:00–23:42). Dieses Setting symbolisiert eine klare Rollenverteilung, wobei der Platz hinter dem Mischpult den Produzenten gehört und eine Einflussnahme der Musiker auf die medientechnischen Parameter der Produktion noch eher unerwünscht erscheint. Eine ähnliche Anordnung zeigt sich in den Gold Star Studios. Auf einer Fotografie von Ray Avery sieht man Phil Spector in konzentrierter Haltung hinter der erhöhten Mischkonsole und davor sitzend zwei Personen, wovon eine seine Mutter ist.[101] Gemäß dem autokratischen Gestus Spectors scheinen die Besucher allerdings nicht auf einer bequemen Couch, sondern auf Stühlen zu sitzen. Einmal mehr bedient der Produzent sein wagnerianisches Image und lässt seine Gäste in der ‚ungepolsterten Holzklasse' Platz nehmen.[102]

Während die Musiker sich im Laufe der Zeit immer mehr in den technischen Abläufen der Musikproduktion schulen lassen, wachsen zugleich ihre Dominanz und Souveränität im Studio. Die Kundencouch rückt dabei, wie es heute gängiger Standard ist, hinter das Mischpult und damit auch in eine neutralere Abhörposition. „From this vantage, musicians could more accurately audition the audioscape being created at the console. They could now watch the technicians at work, and in some instances make the literal leap forward from couch to producer's chair." (Williams 2007, o. S.) Die Medientechnik wird nun nicht mehr durch eine räumliche Trennung innerhalb des Kontrollraums vor den Künstlern verborgen, sondern von vornherein ihren Blicken präsentiert. Die Musiker nehmen in meist zentraler Ausrichtung zu den Monitoren Platz (vgl. u. a. Hansa Studios 2022), so dass durch die offene Raumstruktur der Blick über die Schulter des Produzenten sowohl einen deutlichen Kontrollgewinn bedeutet als auch dadurch ebenso neues Konfliktpotential entsteht:

> The presence of a musician at the mixing console directly usurps the position of power claimed by the producer and engineer. Some producers welcome the additional creative energy, others bristle at the idea of relinquishing their seat of power. (Williams 2007, o. S.)

Die nun in ihrer Grundstruktur liberaler gestalteten Kontrollräume bieten auch Besuchern, wie Freunden oder Familienmitgliedern, einen Platz, die Produktionsprozesse zu beobachten. Werden diese Figuren jedoch zu aktiven Teilnehmern oder sogar Advokaten der Künstler, kann es auch hier zu Kontroversen kommen. Die Machtrelationen geraten dann ins Wanken, wenn die Überwacher selbst zu Überwachten werden.

> Just as the control room audience may obscure the divide in the musician's line of vision, the technicians who occupy the space within the divide are free to perform their duties relatively un-observed, hiding in plain sight. As long as the gaze of the musician and the audience is directed across the divide, the technicians work may continue unobserved and without distraction or obstruction. However, should the technicians become the center of attention, the dynamic is dramatically altered. Instead of enjoying the freedom that invisibility affords,

---

101 Vgl. https://www.gettyimages.de/fotos/gold-star-studios.
102 Es ist bekannt, dass Richard Wagner sein Festspielhaus in Bayreuth ohne Abstufung nach sozialer Herkunft ohne Logen und alle Plätze vollständig mit Holzsitzen ausstatten ließ.

the technicians' every act is scrutinized. This resistance is the natural response to the challenge of power that outside observers pose, as Foucault makes clear. (Ebd.)

Während Williams hier wieder mit Foucault das über die Panoptik hergestellte Blickregime innerhalb des Studioraums verortet, versuchen andere Studiokonzepte solche Disziplinarstrukturen über ihr Design aufzulösen. Shangri-La erscheint in diesem Kontext als der Höhepunkt eines Wandlungsprozesses vom Studio als Fabrik hin zum Studio als *Retreat*-Resort. Ein erstes Kennzeichen dieses Wandels ist die Wahl des Standortes und der Gebäudeart. Viele erfolgreiche Tonstudios werden in Industriehallen oder Bürogebäuden gebaut und befinden sich meist im Großstadtmilieu oder in unmittelbar angrenzenden Gebieten.[103] Werkstätten, Lager- oder Fabrikhallen bieten sich meistens als ideale Grundgebäude an, da sie funktional nahezu offen zu konfigurieren sind und bereits über eine angemessene Stromversorgung verfügen. In ihrer Architektur symbolisieren sie die Musik als ein Produkt von Arbeit und damit die Machtstellung der Kulturindustrie. Über den Standort definiert sich dann die jeweilige Marktmacht des Unternehmens, aber auch die Verbindung und Identifizierung mit der lokalen Musikszene. Studios in zentraler Stadtlage profitieren von Künstlern, die etwa während Promotion-Touren oder Konzertaufenthalten noch Musik produzieren oder sich für Kollaborationen mit anderen Musikern treffen möchten. Nicht selten werden Studios aufgrund ihrer lokalen Verortung dann zum Treffpunkt einer Szene und zugleich zum sozialen Netzwerk.[104] Entgegen diesen marktstrategischen und sozialen Standortfaktoren und den damit implizit mitverhandelten Ordnungsprinzipien der Studiopolitik stellen Shangri-La und ähnliche Studioorte im Sinne deleuzianischer Deterritorialisierung eine Fluchtlinie dar, einen Ausweg aus einer etablierten kulturellen Kodierung (vgl. Deleuze und Guattari 1977, S. 440).

Etwas erhöht gelegen, mit dem Blick hinweg über die weißen Strände von Zuma Beach in Malibu, quartierten sich Mitte der 1970er Jahre Bob Dylan und The Band in einer Villa ein, um Musik zu produzieren. Wie von Martin Scorsese in seinem Dokumentarfilm *The Last Waltz* gezeigt, nehmen die Künstler auf dem Anwesen eine

---

[103] Beispiele hierfür wären etwa: Remote Control Production, Amsterdam Mastering, Hansa Studios, Capitol Records, Sunset Sound.
[104] Größere Studios besitzen mehrere Regie- und Aufnahmeräume, so dass es wahrscheinlich ist, in Aufenthaltsbereichen auf andere Musiker zu stoßen. Die Popgeschichte erzählt von einigen solcher Studiobegegnungen, wovon das Aufeinandertreffen von Pink Floyd und The Beatles in den Abbey Road Studios wohl zu den bekanntesten Studioereignissen gehört. Während der Album-Produktion von Pink Floyds „The Piper at the Gates of Dawn" nahmen die Beatles zur selben Zeit „Sgt. Pepper" auf. Die medientechnischen Studioexperimente der Bands beeinflussten die Produktionsästhetik wechselseitig (vgl. Cunningham 1998, S. 200. Pink Floyd 1967. The Beatles 1967).

Auszeit nach ihrer Abschiedstour und bauen das Haus bzw. eines der großen Schlafzimmer zum Tonstudio um (vgl. Scorsese 1978). Musikproduktion wird also zum Freizeitvergnügen, zum Amüsement, und das repräsentieren nicht nur die vier Bäder und der Billardtisch in einem Aufenthaltsraum, sondern auch das angeblich aus seiner Zeit als Bordell stammende Design des Hauses. Die Sitzmöbel aus Kunstleder sowie die mit Spiegeln verkleideten Wände in den Schlafräumen liefern zumindest ein raumgestalterisches Indiz für diesen popkulturellen Mythos. In jedem Fall aber stellt Shangri-La das Tonstudio gleichzeitig als luxuriösen Wohnraum und Erholungsort dar, in dem die Audiotechnologie der Musikproduktion als willkürlich abrufbare Freizeitressource dient. Im Jahr 2011 gehen die Shangri-La-Ranch und das über die Zeit weiterentwickelte Tonstudio schließlich in den Besitz von Rick Rubin über. Rubin gestaltet das Anwesen zu einer Heterotopie um, indem er in der Architektur popkulturelle Historizität mit Motiven aus „Lost Horizon" verschränkt.[105]

Das Haupthaus ist durchweg klar gestaltet und vermischt Minimalismus mit Landhausstil. Dabei erinnert es durch sein steriles Design entfernt an die moderne Gebäudearchitektur in der Romanverfilmung von Frank Capra (Capra 1937, TC: 34:13–35:50). Decken und Böden der Aufenthaltsräume des Studios sind in weißer Farbe gestrichen, sauber und rein und ohne jegliche Dekoration. Komfortable Sitzgelegenheiten und Liegekissen sollen bis in die Tonregie hinein die Entspannung fördern. Es gibt keine Uhren und somit kein Zeitregime. Auch gibt es keine Ablenkung durch Unterhaltungsmedien und keine Kunst an den Wänden. Die Ideen sollen aus sich selbst heraus entstehen, ohne jeglichen visuellen oder akustischen Einfluss von der Außenwelt. Die Innenarchitektur entspricht in ihrer gestalterischen Funktionalität dabei einem unbeschriebenen Blatt Papier oder einer weißen Leinwand, auf die künstlerische Visionen projiziert werden sollen. Es herrscht daher eine strikte Ordnung, an dem die wenigen Dinge ihren fest angewiesenen Platz haben. Die Reinheit wird gründlich bewahrt, indem vor jedem neuen Kundenbesuch die Spuren der vorher Anwesenden wieder mit weißer Farbe überstrichen und durch Duftstoffe auch olfaktorisch neutralisiert werden (Neville und Malmberg 2019, TC: 34:24–35:20). Der aufgeräumte Stil soll dabei die Konzentration auf das Innere lenken, Stressimpulsen entgegenwirken und Zerstreuung vermeiden, wie in einem Meditationsraum oder in einem Raum der Stille. Shangri-La erscheint wie eine Studiooase oder das „true musican paradise" (Dram, zit. nach ebd.,

---

[105] In Bezug auf die Gestaltung von Studioräumen setzt Rubin prinzipiell auf den höchstmöglichen Komfort, wie es auch am Beispiel einer Produktion mit den Red Hot Chili Peppers deutlich wird: Rubin „basically goes into the engineer's booth, removes everything in the room and has his people bring in the most comfortable couch-bed-type object that you'll ever see. Then he'll cover it with pillows and blankets, and that becomes his station" (Brown 2009, S. 11).

TC: 08:28–08:30): „Shangri La is a little bit like vallhalla. [...] | You feel like going to a different dimension or something. You are above at all, at a kind of weird sacred space." (Ezra Koenig, zit. nach ebd., TC: 07:07–07:32) Da widerspricht es schon fast der Raumlogik, dass hier auch Hard Rock und Metal produziert werden. Lediglich der Billardtisch aus *The Last Waltz* verweist als popkulturelles Zeichen sowohl auf Bob Dylan und The Band wie auch auf die Rockerkneipe.

Die Räumlichkeit von Shangri-La erfährt jedoch eine funktionale Erweiterung, da Rubin eine veritable Heterotopie in das Haus integriert hat. In der Studioführung des Dokumentarfilms offenbart sich hinter einer Tür im unteren Gebäudebereich eine umfassende Bibliothek. Etwas schlecht inszeniert, befindet sich dort der in seine Arbeit vertiefte Journalist Josh Kun, der das Archiv als Forschungsstelle für Rubin und die Annenberg School an der Universität von Südkalifornien verwaltet.

> We are surrounded by all these incredible books. Volume after volume we have everything from western philosophy and history of the spirituality and two really important archive of histories of rhythm and blues. It's really rare heavy metal texts. (Josh Kun, zit. nach ebd., TC: 21:40–23:02)

Die Bibliothek wirkt wie ein Antiquariat auf zwei offenen Etagen mit Holzvitrinen, historischen Schriftstücken, Büsten, Buddha-Figuren und einem alten Phonographen. In diesem Raum wird die Shangri-La-Utopie durch Rubin reinszeniert. Denn Museen und Bibliotheken entsprechen aufgrund ihrer medialen Funktionalität, der „Speicherung der Zeit" (Foucault 1991, S. 44), nicht nur der Heterochronie, sondern sind als Generalarchiv auch in *Lost Horizon* ein zentrales Motiv:

> One of its features, for instance, was a very delightful library, lofty and spacious, containing a multitude of books so retiringly housed in nay and alcoves that the whole atmosphere was more of wisdom than of learning, of good manners rather than seriousness. Conway, during a rapid glance at some of the shelves, found much to astonish him; the world's best literature was there, it seemed, as well as great deal of abstruse and curious stuff that he could not appraise. (Hilton 1930, S. 114)

Der fiktionale Ort im Roman bildet das Referenzobjekt, auf das sich die Bibliothek in Rubins Studio bezieht. Auch der Figur Conway offenbart sich im tibetanischen Hochland ein Archiv, das wichtige Werke der Menschheit sammeln und konservieren möchte – darunter auch der für die Vorgeschichte der Akustik so einflussreiche Universalgelehrte Athanasius Kircher oder europäische Kompositionen, historische Instrumente und auch ein Grammophon (vgl. ebd., S. 118f.). Die interkulturelle Verschränkung von fernöstlicher Spiritualität und abendländischer Philosophie bildet auch im Studiodesign von Shangri-La eine Grundidee.

Ein ganz anderer popkultureller Verweisungszusammenhang ergibt sich durch ein weiteres Gebäude auf dem Grundstück in Malibu. In einer aus einem alten Stall konstruierten Holzkapelle befindet sich eine zusätzliche Tonregie. In dem Stall wurde zeit seines Lebens das Pferd gehütet, welches unter dem Namen Mister Ed durch studiotechnische Nachvertonung für die gleichnamige US-Fernsehserie in den 1960er Jahren zum Sprechen gebracht wurde. Gegenwärtig wird diese Kapelle allerdings auch als Tonstudio mit einer ungewöhnlich offenen Raumstruktur betrieben. Denn die in Längsrichtung verlaufende Vorderwand des Bauwerks ist durch große Glaselemente vom Außenbereich getrennt, die vollständig verschoben und geöffnet werden können (Neville und Malmberg 2019, TC: 28:08–28:18). Diese Konstruktion widerspricht dem Isolationsgedanken konventioneller Studiobauten. Der Innenraum ist von außen komplett einsichtig sowie bei geöffneter Glasfront auch akustisch offen. Die Workstation des Kontrollraums befindet sich in frontaler Ausrichtung zu diesen Glaselementen, die sich wie ein Garagentor nach oben hin auffahren lassen und dann über den Monitorlautsprechern schweben (vgl. ebd., TC: 30:15–30:33). An der Wand dahinter, wie auch im Hauptgebäude, sind Liegenischen vor den Fenstern verbaut. Die Abhörbedingungen sind im Vergleich zu den Studiokonzepten, die begonnen mit dem Grundfundament auf raumakustische Optimierung zielen, hinsichtlich der Schallreflektionen an den harten Glasoberflächen sicherlich weniger ideal. Auf der linken Seite ist allerdings eine Aufnahmekabine, die vom offen gestalteten Kontrollraum abgetrennt liegt, um störungsfreie Aufnahmen zu ermöglichen. Die Architektur symbolisiert das Tonstudio in dieser Form vielleicht nicht in seiner bloßen raumtechnischen Funktionalität. Das Studio wird hier eher als auratischer Raum inszeniert, der somit eine Gegenplatzierung zur sterilen Labor- oder Arbeitsatmosphäre darstellt. Der Ort ist für einen längeren Aufenthalt gestaltet und soll die Künstler nicht in fensterlose Bunker von der Außenwelt abschotten oder wegsperren: „You have the absolute power, to be free as you want to be." (Dram, zit. nach ebd., TC: 10:35–10:38) Künstlerische Freiheit wird hier eben auch über die Architektur transportiert. Das Mischpult ist dabei von Muscle Shoals übernommen worden, also dem Studio, das eine ältere Version der Mixingkonsole noch als hierarchische Trennlinie nutzte. In der Shangri-La-Kapelle präsentiert sich das medientechnische Herzstück hingegen wie ein Altar in zentraler Raumposition. Die Musikproduktion steht hier im Zeichen einer unbegrenzten und spirituell-gottesdienstlichen Handlung.

Auf dem Grundstück gibt es nun ein drittes Studio, das sich gegenüber den anderen Räumen deutlich in einen Kontrast begibt. Eingezäunt hinter einer hohen Hecke verbirgt sich der alte Tourbus von Bob Dylan, in dem Rubin Audiotechnik integrieren ließ. Das pophistorisch aufgeladene Vehikel stellt durch seinen Retrostil sowohl einen ästhetischen Bruch als auch eine raumsoziologische Abweichung dar. Während sich die Quintessenz des Studiodesigns von Shangri-La aus einer klaren

Linie ergibt, verhält sich das Tourbusstudio zur Formschönheit wie das Dionysische zum Apollinischen. Laut Nietzsches Produktionsästhetik nämlich schöpft der Künstler seine kreative Kraft aus eben diesen beiden göttlichen Urtrieben. Apollo entspricht dabei dem symbolischen Analogon zum schönen Schein der bildenden Künste: „jene maßvolle Begrenzung, jene Freiheit von den wilderen Regungen, jene weisheitsvolle Ruhe" (Nietzsche 2012, S. 20). Die Ästhetik des Apollinischen wird sowohl durch das utopische Shangri-La aus *Lost Horizon* wie auch durch die von Rick Rubin realisierte Studioutopie repräsentiert: im Tibet des Romans durch die Genügsamkeit und Zurückhaltung des hellen Ortes; in Malibu durch das Anwesen mit seiner nüchternen Architektur und einer enthaltsamen Produzenten- und spirituellen Führerfigur, die das Tonstudio als Ort irgendwo zwischen Yogastudio und Heilanstalt interpretiert. Dementgegen treten nun das Dionysische, die künstlerische Macht des Rausches, das Unharmonische und die Unordnung (vgl. ebd., S. 21ff.). Der rostige und verwitterte Bus fungiert auf Shangri-La als Abweichungsheterotopie: „In sie steckt man die Individuen, deren Verhalten abweichend ist im Verhältnis zur Norm." (Foucault 1991, S. 40) Diese Abweichung ist auch eine ästhetische, da sich der Tourbus von Dylan der generellen Architektur widersetzt. Ins Innere dringt weniger Tageslicht, denn die Wände und Fenster sind mit verschiedenfarbigen Stoffpolstern zur akustischen Optimierung zugehängt. Der Bus ist in zwei Séparées aufgeteilt, um den Aufnahmeraum von der Regie zu trennen, was beengend und zugleich als auch gemütlich wirkt. Doch geht es hier nicht um Mäßigung, wie es auch dokumentarfilmisch inszeniert wird: Auf einer Ablage liegen *Longpapers* neben zwei leeren Rotweingläsern, im Aschenbecher ruhen zwei abgebrannte Joints, ein weiterer wird vom Künstler Shelley FKA DRAM gerade eingedreht, eine Küchenrolle und zwei zerknüllte Papiertücher komplettieren schließlich das Bild von Überschwänglichkeit. Hier erscheint ein abweichendes Verhalten möglich, was allerdings abgetrennt vom Rest, hinter einer Hecke, in einem dunklen Bus nahezu unsichtbar gemacht wird. Der Raum des Studiobusses nimmt offensichtlich eine komplementäre Stellung zum übrigen Ort ein. Der Bus vervollständigt die Heterotopie von Shangri-La von seiner kontradiktorischen Position aus. Er bildet quasi eine Heterotopie in der Heterotopie.

> Der letzte Zug der Heterotopien besteht schließlich darin, daß sie gegenüber dem verbleibenden Raum eine Funktion haben. Diese entfaltet sich zwischen zwei extremen Polen. Entweder haben sie einen Illusionsraum zu schaffen, der den gesamten Realraum, alle Platzierungen, in die das menschliche Leben gesperrt ist, als noch illusorischer denunziert [...] Oder man schafft einen anderen Raum, einen anderen wirklichen Raum, der so vollkommen, so sorgfältig, so wohlgeordnet ist wie der unsrige ungeordnet, mißraten und wirr ist. (Ebd., S. 45)

Das Shangri-La Recording Studio scheint nun beide Pole über die Architektur zu verknüpfen, da sich hier mehrere Zeitlinien und Raumkonzepte überlagern. Und das sowohl in der Form eines existierenden Realraums – etwa dem Konglomerat aus Bibliothek, Bus, Kapelle und Tonstudio – wie auch als historisiertes Motiv popkultureller Narrative: das Bordell, der Stall und Shangri-La als Utopie aus dem Film *Lost Horizon* und der Romanvorlage. Shangri-La ist deshalb gleichzeitig Illusions- und Kompensationsraum. Die Architektur folgt einem strengen Ordnungsprinzip und suggeriert den Gästen zugleich reine Neutralität und Offenheit. Als kreativer Freiraum sollen die Künstler sich auch durch die Abwesenheit von Uhren und Medien einer determinierenden Zeitstruktur entledigen. Doch natürlich ist dieses Konzept nur rein illusorisch, denn irgendwann ist auch die bezahlte ‚Bordellzeit' um, und man hat das Studio zu verlassen. Dann werden die kreativen Spuren in den Produktionsmedien archiviert oder sogar gelöscht und alle weiteren Spuren jeglicher Anwesenheit verwischt oder neutralisiert.[106] Dann kommt meist die Rechnung, die die Betroffenen nur für reine ‚Selbstbefriedigung' nicht immer kritiklos begleicht. Denn schon vor Rubins Zeit auf Shangri-La bezeichnete Corey Taylor von der Metalband Slipknot deren Zusammenarbeit zum Album „Vol. 3 (The Subliminal Verses)" (Slipknot 2004) aus dem Jahr 2004 als „überbewertet und überbezahlt" (o. V. 2011). Taylor kritisierte die chronische Abwesenheit Rubins, der insgesamt vielleicht vier Mal im Studio den Sessions beiwohnte. Sein Ingenieur Greg Fidelman übernahm schließlich die Führungsrolle im Produktionsprozess, die die Band zur strukturellen Orientierung benötigte (vgl. Kielty 2022). Auch die Rockgruppe Muse bedankte sich mehr oder weniger ironisch während einer Preisverleihung bei Rubin „for teaching us how not to produce" (Matt Bellamy, zit. nach Lindvall 2010, o. S.). Der Freiraum, den Rubin in seiner medialen Inszenierung mit Shangri-La symbolisch überfrachtet, ist eigentlich der Endpunkt eines produktionslogischen Stufenmodells. Im Shangri-La-Studio werden deshalb keine hierarchischen Ordnungen unterlaufen, sondern konventionelle Machtstrukturen reproduziert. Die Künstler müssen im besten Fall sogar so gut ausgebildet und organisiert sein, dass sie für sich selbst die Produzentenrolle einnehmen können. Am Beispiel von Eric Claptons Studioarbeiten auf Shangri-La zu Zeiten seiner Zusammenarbeit mit The Band zeigt sich jedoch, dass Künstler nicht unbedingt diese Voraussetzung besitzen und somit das Scheitern droht:

---

[106] Ein Stab an Mitarbeitern putzt und streicht dann meditativ mit Zahnbürsten, Pinseln und Staubwedeln (über) jede Schaltfläche, jeden Fader einzeln und jede weitere Ecke des Studios (vgl. Neville und Malmberg 2019, TC: 34:24–35:20). Das wirkt in diesem Zusammenhang nicht unbedingt besonders fetischisiert, sondern eher wie eine Reinszenierung von „The Karate Kid", in dem der junge Schüler die Weisheit der Kampfkunst durch ‚Auftragen' und ‚Polieren' erlernen soll. Der Meister selbst ist hier allerdings wie immer nicht vor Ort (vgl. Avildsen 1984, TC: 55:17–57:20).

> Anfangs hatten wir außer unserem Toningenieur Ralph Moss gar keinen Produzenten und verloren die Orientierung. Ein Teil des Problems bestand darin, dass die Studios so idyllisch lagen und alles so angenehm war, dass ich mich nicht zusammenreißen konnte, Songs zu schreiben. Nach ein paar Tagen war ich so weit, wieder abreisen zu wollen, also rief ich Rob Fraboni, den hauseigenen Produzenten der Band, an und bat ihn um Hilfe. Richard Manuel präsentierte dann den Song „Beautiful Thing", was dann die erste Nummer war, die wir aufnahmen. Danach lief es besser. (Clapton 2007, S. 174)

Rubin hingegen versteht die Musikproduktion im Tonstudio gleichwohl wie eine teleologische Entwicklungslinie: Denn „the most important thing a producer can do is spend time getting the songs into shape before recording and this should be done at home or in a rehearsal studio" (Rick Rubin, zit. nach Zak III 2001, S. 28). Sein Studioraum kommt demnach einer Endstufe gleich. Bevor der Chef oder die Exekutive nämlich überhaupt erst selbst mit den Musikern im Studio zusammenkommen, müssen diese eigentlich schon vollständig ausgebildete Künstlersubjekte sein und vorproduziertes Soundmaterial vorweisen können – wie auch am Beispiel von Kanye West deutlich wird, der Rubin lediglich für die Fertigstellung seines Albums „Yeezus" (Kanye West 2013) konsultierte.[107] Rubin verhält sich dabei wie der Lacan'sche Herrensignifikant, der die symbolische Herrschaftsordnung an einem Platz strukturiert, an dem er selbst nicht mal anwesend ist.[108] Shangri-La hingegen entspricht in dieser Gleichung dem biblischen Berg Sinai, wo Mose Gottes Weisungen empfängt. Hier ist es allerdings Kanye West, der sich selbst mit jedem seiner Alben thematisch der Erlöserfigur nähert und sein Werk jetzt vom großen Anderen neu arrangieren lässt. Es ist auch nicht Sinai, sondern Malibu, wo von Gott und Gottes Sohn die kalifornische Studio-Utopie im medientechnisch präparierten Tourbus von Bob Dylan realisiert wird. Beide schöpfen aus dieser (religiösen) Vereinigung natürlich nicht nur spirituellen Reichtum.[109]

5.2 „Exile on Main St.": Das rollende Studio der Stones und die Sonifizierung des Exils

Gegenläufig zu den raumästhetischen Strategien großer Tonstudioarchitekturen bewegen sich bereits dem Wort nach mobile Studiokonzepte. In Zeiten, in denen

---
107 https://theageofideas.com/someday-sermon-discovered-not-manufactured.
108 Der Herrensignifikant bildet in der Psychoanalyse Lacans das ‚semiotische Pendant' zur Figur des großen Anderen: „Ich setzte zwei Felder einander entgegen, das des Subjekts und das des Anderen. Das Andere – das ist der Ort der Signifikantenreihe, die über alles bestimmt, was vom Subjekt überhaupt einer Vergegenwärtigung fähig ist." (Lacan 1978, S. 213f.).
109 Das Album „Yeezus" wurde mit Dreifach-Platin und zwei Mal Gold ausgezeichnet.

sich die einen großen Künstler monatelang in teuren Studios einmieten können, lassen sich die erfolgreichen anderen Größen etwa einen Lkw zum mobilen Kontrollraum umfunktionieren. So wird etwa das Rolling Stones Mobile-Studio 1968 konstruiert, das es auf diese Weise vielen Bands erlaubt, räumlich und zeitlich unabhängig von den etablierten Studiohäusern zu produzieren. Neben den Stones selbst nehmen hier unter anderem Led Zeppelin, The Who oder Dire Straits ihre Alben auf.[110] Medientechnologisch immer auf dem neuesten Stand, werden hochwertige Musikaufnahmen mit dem rollenden Studio der Stones somit auch außerhalb konventioneller Aufnahmeräume möglich. Was einen zeitökonomischen Autonomiegewinn der Künstler über ihre Produktionen bedeutet, birgt soundästhetisch gleichzeitig auch ein völlig neues Potential:

> That is the hall where the drums were set up and "Leevee Breaks" was recorded. We have been recording in this room here. Bonzo had ordered a new drumkit, is tech, his road manager had set it up in the hall. And when Bonzo came out, he started playing in this thing and it was a huge expense. You're getting the drums reflecting off the walls. It's wonderful ambience to the drums. You can hear the reflective surfaces, it's really live and ambient. We had a recording truck parked on the outside here. And you'd be running the wires from their cables of the night leads running the mids of their house. The mics are put up here over the banister. In those days that someone would be innovative booth so the drums are totally crushed. this is quite radical after this you heard of other drummers and barons looking for lift shafts and leads to recall them to get the height you see. (Jimmy Page, zit. nach Guggenheim 2008, TC: 00:18–01:41)

Jimmy Page schildert hier, wie Led Zeppelin die mobile Tonregie der Stones für die Aufnahmen zu dem Song „When the Leevee Breaks" (Led Zeppelin 1971) im historischen Arbeitshaus Headly Grange in Hampshire (erbaut 1795) verwendeten. Der Studiotruck ist in dieser Konfiguration vor dem Gebäude geparkt und mit dem Haus audiotechnisch verschaltet wurden. Mit der Tonaufnahme schreibt sich so die Architektur über die Reflektionen des Schalls akustisch in die Musik mit ein. Vor allem der Drumsound – dessen Aufnahme später auch Rick Rubin für die Beastie Boys (Beastie Boys 1986) kopiert und gleichzeitig zu einer der meist gesampelten

---

110 Deep Purple widmen ihrem Welthit „Smoke On the Water" eben dieser mobilen Aufnahmestation. Die Band sollte am 4. Dezember 1971 den Studiotruck in Montreux für Aufnahmen im örtlichen Casino beziehen. Frank Zappa gab an diesem Abend dort noch ein Konzert, bei dem Fans eine Signalpistole im Innenraum des Casinos abfeuerten und daraufhin das Gebäude abbrannte. Im Songtext heißt es daher: „We all came out to Montreux / On the Lake Geneva shoreline / To make records with a mobile / We didn't have much time / Frank Zappa and the Mothers / Were at the best place around/ But some stupid with a flare gun / Burned the place to the ground [...] We ended up at the Grand Hotel / It was empty, cold, and bare / But with the Rolling truck Stones thing just outside / Making our music there" (Deep Purple 1972).

Drumfragmente der Musikgeschichte wird – bekommt durch die Positionierung im hohen Eingangsbereich eine signifikante Raumsignatur. Der lange Nachhall lässt das Schlagwerk dadurch sehr gewaltig wirken und steht ästhetisch konträr zu den raumakustisch neutralisierten Aufnahmekabinen dieser Zeit. Das von Page geschilderte Aufnahmeset erinnert in seiner innenarchitektonischen Disposition dabei an die historischen Aufnahmebedingungen von Gourad 1888, der in Beulah Hill den Phonographentrichter vom Balkon auf die Öffnung eines Flügels richtete.[111]
Sowohl eine Sonifikation der Orte als auch eine akustische Hybridisierung von Räumlichkeit betreiben die Rolling Stones auf ihren Alben aber auch selbst hinlänglich. Vor allem auf *Exile on Main St.* (The Rolling Stones 1972) überlagern sich durch die Mobilisierung des Tonstudios diverse Orte medial zu einem komplexen Raumgefüge. Das mobile Studiomedium verbindet dabei das Anwesen Stargroves in Berkshire von Mick Jagger mit der Villa Nellcôte an der Côte d'Azur von Keith Richards, wohin die Stones sich ins Exil begeben haben, nachdem sie aufgrund steuerlicher Probleme England verlassen mussten.[112] Die Aufnahmen in Frankreich sind von der Band und dem beteiligten Produktionsteam umfangreich kommentiert wurden. So äußerte sich etwa der Produzent Jimmy Miller zur Raumaufteilung im Keller des Gebäudes:

> The basement of Keiths house was in fact, a lot of separate rooms, that made up a basement. And, in the end, the separation was so poor, that we would have to have the piano in one room, an acoustic guitar in the kitchen, because it had tile, so it has a nice ring. There was another room for the horns. And there was one, probably, main studio, where the drums were, and Keith's amp, and Bill would stand in there but his amp would be out the hall. (Jimmy Miller, zit. nach Kijak 2010, TC: 21:31–22:03)

Die Separation der Instrumente, die im Tonstudio vornehmlich der akustischen Abschirmung der einzelnen Audiosignale dient, wird hier konkret zur raumästhetischen Strategie. Die unterschiedlichen materiellen Eigenschaften der Innenarchitektur, wie etwa die gefliese Küche, werden in Sound geformt. Während im Studio der Eigenklang des Raumes zurückgenommen wird, stellen die Stones ihn geradezu aus. Sie instrumentalisieren förmlich ihr Exil, indem sie das Gebäude sonifizieren und die Klanglichkeit der Architektur in ihren Songs musikalisch verarbeiten. Bei dieser ästhetischen Programmatik scheint die Medientechnik allerdings an ihre raumtechnischen Grenzen zu stoßen und legt damit einen Differenzpunkt des Tonstudiodispositivs frei. Versteht man das Aufnahmeset der Stones nach Diet-

---

111 Vgl. Kapitel 4.2.
112 Aber auch konventionelle Studios wie die Olympic Studios (London) oder Sunset Sound (Los Angeles) waren an der Produktion beteiligt.

er Mersch nämlich als künstlerische "Gegenoffensive" (Mersch 2012, S. 29)[113] zu den dispositiven Studiostrukturen, darunter ein konzises Zeitmanagement sowie eine vollständige Raum-, Klang- oder Kommunikationskontrolle, offenbart sich entlang dieser Steuergrößen in der Villa Nellcôte das genaue Gegenteil. Die Band widersetzt sich den Machtoperationen im Studio, was sich exakt an den Problemstellen der Produktion zeigt, für die das Studio in seiner Grundordnung im Allgemeinen eine Lösungsfunktion bietet: Erstens sei hier auf die schlechte bauakustische Isolierung des Gebäudes hingewiesen. Das Statement von Jimmy Miller hat bereits auf die ungenügende akustische Abschottung der einzelnen Instrumente aufmerksam gemacht, was offenkundig zwingend eine räumliche Trennung von größerer Distanz nach sich zog. Der produzierte Raumklang erscheint so vielmehr als ein technisch notwendiger Akt, als ein konsequent ästhetisches Konzept. Die Not wurde hier sicherlich zur Tugend und somit der fehlende bauakustische Studiostandard zur Improvisation eines raumästhetischen Programms. Dies führte, zweitens, zu kommunikativen Herausforderungen:

> It wasn't the best conditions at all. It was difficult for all of us. The wires would go out the door and down the hall and all this was going into a mobile truck. And every time I wanted to communicate, I would have to run around to all the different rooms and give the message. (Bill Wyman, zit. nach Kijak 2010, TC: 22:24–22:37)

Für eine geregelte Kommunikation zwischen den Musikern und Produzenten, die im Tonstudio wesentlich über die Matrix der Monitorsektion gesteuert wird, mussten die Techniker zwischen den Aufnahmen in die jeweiligen Räume gehen, um Informationen auszutauschen. Der Einfluss des Produzentensouveräns wird hierbei vor eine kommunikative Barriere gestellt, für deren Überbrückung er in der Studioumgebung für gewöhnlich ein technisches Medium nutzt.[114] Die Machtposition, die aus der Möglichkeit resultiert, sich zu jedem Augenblick der Aufnahmen unmittelbar per Knopfdruck bei den Musikern Gehör zu verschaffen, ist damit annulliert worden. Die für Studiozwecke mangelnde Bausubstanz des Gebäudes führte allerdings noch zu einem dritten Konflikt:

> The place was absolutely atrocious and was very, very difficult to deal with. It was so humid and the guitars would go in and out of tune all the time. And Mick kept complaining about the sound [murmelt]. And the gear wasn't working properly, and the lights would go on and off, and there were fires, and it was just insane. (Andy Johns, zit. nach Kijak 2010, TC: 22:04–22:23)

---

113 Siehe auch Kapitel 2.4.
114 Siehe Kapitel 4.4.

Das in der Wahrnehmung des Aufnahmeleiters Andy Johns unerfreuliche Arbeitsumfeld erzeugt zudem noch ungewollte Problemerscheinungen. Neben der unzureichenden Stromversorgung des Hauses wirkte sich das instabile Raumklima ständig auf die Stimmung der Instrumente aus. Wo im Tonstudio aufwendig verbaute Lüftungssysteme für geeignete klimatische Bedingungen sorgen, heizten sich die Kellerräume der Villa Nellcôte durch die Körperwärme und eine entsprechende Transpiration der Musiker schnell auf und erzeugten zudem eine hohe Luftfeuchtigkeit: „It got really hot, especially down in the basement where they were recording. It was like a sauna dingy and dark." (Anita Pallenberg, zit. nach ebd., TC: 35:46–35:53) In einer solchen Umgebung wird das temperaturempfindliche Material der Instrumente besonders strapaziert, so dass etwa die Stahlsaiten der Gitarren korrodieren, sich verstimmen und letztlich auch reißen, wie eine weitere Szene des Films *Stones in Exile* dokumentiert (ebd., TC: 22:05–22:10). Viertens erscheint das Exil der Stones nicht grundlegend als abgeschotteter sozialer Raum, in dem man durch reglementierten Zugang je nach Personenstatus Zutritt erlangt. Weil die Band zu dieser Zeit in Frankreich noch recht unbehelligt im Gegensatz zu ihrer Prominenz in anderen Ländern leben kann, erscheinen ihnen umfangreichere Gebäudesicherungs- oder Personenschutzmaßnahmen wohl eher nebensächlich, so dass die Villa ständig von einer Vielzahl unterschiedlicher Leute als Partykommune besetzt wird.

> Once you're into the recording, everything else is a bit peripheral. We'd be down in the basement, working, working, but the odd time you come up to the surface, they'd be partying up there. So you never knew quite what you were going to meet. Nellcote was never empty. there was people all over the place. Some people sprawled out, and say "I can't get home". "Have the couch, have the big couch". (Charlie Watts, zit. nach ebd., TC: 38:34–39:00)

Das ständige Kommen und Gehen der Stones-Anhänger spricht für die soziale Durchlässigkeit des Raumes und seine topologisch eher verbindende Eigenschaft. Diese Raumlogik korrespondiert wiederum mit der akustischen Architektur und permeablen Schallisolierung des Gebäudes: „It was so loud. It was really, really loud. I went to Villefranche sometimes, in the evening, and I could hear the music from Villefranche. And I'm amazed that people there were so patient, because it was always going, it was going all the night." (Anita Pallenberg, zit. nach ebd., TC: 35:18–35:36) Während Studiobauten sich von ihrer direkten Umgebung nahezu vollständig entkoppeln, beschallen die Aufnahmesessions der Stones das gesamte geographische Umfeld und haben offensichtlich auch auf Einbrecher eine magnetische Wirkung. Die dauerhafte Präsenz einer feiernden Personengruppe scheinen Kriminelle als Chance wahrgenommen zu haben, unbemerkt aus dem Haus acht Gitarren, einen Bass und ein Saxophon zu entwenden (vgl. ebd., TC: 46:34–46:36). Nach Murray Schafer hat der von der Band produzierte Klang, ähnlich wie die Glocken einer

Kirche, demnach eine zentripetale, also eine zusammenführende Funktion (vgl. Schafer 2010, S. 285). Der laute Bluesrock-Sound symbolisiert in diesem Zusammenhang den Ruf an die Gemeinde und lockt Gleichgesinnte ebenso an wie die Sündigen. Allerdings schließen sich beide Charaktere vor dem Hintergrund eines hedonistischen Rockstar-Lebens nicht zwangsläufig aus, sondern können ein und denselben Typus darstellen. Die Drogen-durchtränkte Gemeinschaft, die wilden Exzesse und die nächtelangen Improvisationen erinnern dabei eher an Happenings als an eine geordnete Studioproduktion. Die Aufnahmen entsprechen nicht nur ganz dem Rockstar-Mythos, sondern beziehen sich medienarchäologisch auf ein ganz anderes Kollektiv, das ebenfalls durch eine Mobilmachung von Tonaufnahmetechnologie eine eigene sonische Identität formt.

1964 begibt sich der Schriftsteller Ken Kesey mit den Merry Pranksters auf einen popkulturhistorischen Roadtrip, auf dem er LSD-Happenings mit der Rockband The Grateful Dead veranstaltet. Hierbei erhalten Besucher am Eingang ein mit der Droge Lysergsäurediethylamid versetztes Getränk und setzen sich im psychedelischen Rausch einem multimedialen Spektakel aus. Ein Spezifikum neben diesen Acid-Tests aber ist, dass die Gruppe in einem mit Studiotechnologie präparierten Schulbus durch die USA tourt. Der Toningenieur Sandy Lehman-Haupt machte sich dabei

> an die Verkabelung und bastelte eine Anlage zusammen, mit der sie von innerhalb des Busses nach außen senden konnten, sowohl Bänder als auch das, was sie direkt in die Mikrophone sprachen, und was auch immer es war, es wurde mit mächtig viel Watt über die Lautsprecher vom Dach des Busses nach außen geblasen. Aber es gab auch Mikrophone außen am Bus, die während der Fahrt Geräusche aufschnappten und sie ins Innere des Busses übertrugen. Außerdem bastelte er ein ausgeklügeltes Kommunikationssystem, mit dessen Hilfe sich im Bus jeder über das Röhren der Maschine hinweg mit jedem verständigen konnte. Schließlich hatte man noch die Möglichkeit, seine eigene Stimme über eine Bandmaschine laufen zu lassen, so dass man etwas sagen und dann die eigene Stimme mit einer oder je nachdem, wie man es einstellte, mehrere Sekunden Verzögerung hören konnte, und auf diese Weise konnte man, wenn man Lust hatte, zu seinen eigenen Worten rappen. Oder man setzte sich Kopfhörer auf und rappte gleichzeitig zu Geräuschen von außen, die zum einen Ohr hereinkamen, und auf Worte von innerhalb des Busses, die man über das andere Ohr hörte. Es sollte auf diesem Trip kein einziges, gottverdammtes Tönchen geben, außerhalb, innerhalb des Busses oder aus dem eigenen ausgefreakten Kehlkopf, zu dem man sich nicht zuschalten und seinen eigenen Senf dazugeben konnte. (Wolfe 2009, S. 80f.)

Unterwegs experimentierten die Pranksters mit der mobilen Medientechnik, improvisierten zu Tonbandrückkopplungen und produzierten Verzögerungsschleifen der eigenen Stimme. Der verdrahtete Bus diente ihnen als akustisches Experimentierfeld und mobiles Medium, welches die Geräusche auf der Außenseite mit den inneren Echoproduktionen verschaltete. Die Tontechnik war auch ritueller

Bestandteil der Performances bei den Drogentrips und entsprach in ihrer Medialität der psychedelischen Bewusstseinsideologie der Hippies.[115] Metaphorisch fungiert der Schulbus quasi als akustisches Bewusstsein seiner Mitreisenden, mit dem sich Wahrnehmungsgrenzen durchbrechen lassen. Durch Rausch und die medientechnische Stimulation der Sinne sollen, in Anlehnung an Aldous Huxley, die Rezeptionsfilter „gereinigt"[116] und ein erhöhter Bewusstseinsmodus möglich werden. Das spiegelt sich sowohl in der auditiven Durchdringung des Busses, die praktisch omnidirektional verläuft, als auch in der Irritation der Zeitwahrnehmung, die durch ein „veritables kybernetisches Feedback-System" (Baumgärtel 2015, S. 274) ausgehebelt werden soll. Medial korrelieren die Echoeffekte über Tonband-Loops dabei mit der durch Acid induzierten Erfahrung einer unendlichen Gegenwart:

> Alle diese Tonband-Experimente haben einen ähnlichen Effekt: Sie stellen die fortlaufende Zeit quasi still und halten das (hörbare) Dasein der Welt für einen Augenblick an, um es der subjektiven Wahrnehmung in einer hervorgehobenen Weise zu präsentieren. Die Tonfragmente dauern zwar selbst eine gewisse Zeitspanne. Doch indem sie wiederholt werden, machen sie eine Wahrnehmung möglich, die der Raumerfahrung in vieler Hinsicht näher ist als der Zeiterfahrung: Man kann sich quasi ‚im Klang' bewegen. Dieser Prozess des „Aufhaltens" der Zeit war zwar selbst wieder zeitlich. Das Tonband-Echo ebbt ab, klingt schließlich aus. Aber für eine kurze Periode scheint der Zeitverlauf so stillzustehen wie eine Skulptur und kann wie sie „besichtigt" werden. (Ebd., S. 275)

Das im LSD-Rausch gestörte Zeitempfinden wird als akustische Verzögerung in Medienzeit übersetzt und erlaubt es, mit der eigenen, medial reproduzierten Gegenwart in Resonanz zu treten. Als Bindeglied zwischen den Beatniks und den Hippies geht es den Pranksters dabei vor allem um einen Bewusstseinsschock und radikalen Bruch mit den bürgerlichen Konventionen der elterlichen Kriegsgeneration. Diese strukturelle Ablehnungshaltung wird katalysiert durch eingestreute Elemente fernöstlicher Religiosität und richtet sich durch Drogenrauscherfahrungen gezielt auf die alltägliche Wahrnehmung. Lineare Zeitkonzepte werden daher medientechnisch ebenso experimentell hinterfragt, wie auch stabile Raumordnungen attackiert werden. Mit solch einer durch Ekstase gesteuerten Bewusstseinspolitik haben die Stones während ihrer Albumproduktion zu *Exil on Main St.*

---

115 So schildert Tom Wolfe etwa eine Medienpraktik: „Alle legten sich auf den Boden und fingen an, hin und her zu rappen und Kesey steckte sich ein an die Bandmaschine angeschlossenes Mikrophon in jeden Ärmel und bewegte seine Hände durch die Luft und über ihre Köpfe hinweg wie ein Schamane bei einem geheimen Ritual, und ihre Stimmen werden so ein- und ausgeblendet, je nachdem, wie die Mikrophone über sie hinwegsegelten." (Ebd., S. 69f.).
116 Huxley bedient sich hier der Metaphorik eines Zitats von William Blake: „Würden die Pforten der Wahrnehmung gereinigt, erschiene den Menschen alles, wie es ist: unendlich." (Huxley 2000, S. 9).

nun nicht mehr viel gemeinsam (vgl. Leary 1968). Popkulturell in Beziehung stehen beide aber durch einen mobilen Medienapparat, der die Schallaufzeichnung als künstlerische Praktik jenseits konventioneller Tonstudioarchitektur und deren Raum- und Zeitregime ermöglicht. Ortsunabhängig werden ihr sozialer wie auch der akustische Raum dabei permanent von Zuständen der Durchlässigkeit und Offenheit bestimmt. Die Grundlage ihrer Medienproduktionen bilden musikalische Sessions und Improvisationen, die wie hedonistische Happenings über mehrere Nächte zelebriert werden. Dort, wo die Nonkonformität und mit ihr die medientechnischen Eskalationen der Pranksters allerdings ihren Schwellenwert erreichen, werden sie zur Basis für Kommunen, Sekten und den gesellschaftlichen „drop out" (vgl. ders. 1999). Die Stones hingegen nehmen einfach die im mobilen Studioexil produzierten Bänder und finalisieren ihr Album in einem der großen kommerziellen Tonstudios von Walt Disney. In den Sunset Sound Studios (Hollywood) wird ihr Album schließlich neu strukturiert und soundästhetisch unter Kontrolle gebracht. Die produktionsästhetische Gegenstrategie wird letztlich wieder in das Studiodispositiv integriert, zu der sie ursprünglich einen Differenzpunkt gebildet hat. Es gibt kein außerhalb der Macht, hatte Foucault einmal gesagt.[117] Das rollende Studio der Stones aber wird von anderen Produzenten, wie etwa Ronnie Lane oder auch Timbaland, kopiert. In der Konstruktion des Studiobusses konvergieren dabei das „travelling-concept" (Feustel 2013, S. 312) der Pranksters mit der Sonifikation des Studioexils der Stones: Es geht um das Unterwegssein, man ist auf einer musikalischen Reise, einem soundästhetischen Trip, *On the road* (Kerouac 1957)[118] oder eben ‚verbannt auf die Hauptstraße'.

5.3 „I'm up in the woods": Reduktionen eines Mediendispositivs

Mit der zunehmenden Digitalisierung der Schallaufnahme- und Audiotechnologie transformieren sich auch konventionelle Studiokonzepte und hinterfragen gleichzeitig die Machtarithmetik der Musikproduktion. Künstler produzieren sich zunehmend über die wesentlich günstigere digitale Tontechnik selbst und bleiben so zunächst autark gegenüber hierarchischen Studiostrukturen. Kleinere Budgetierungen reichen zudem mittlerweile aus, um die eigene Musik qualitativ hochwertig und somit konkurrenzfähig anzufertigen. Auf diese Marktlage reagieren viele

---

117 Vgl. Kapitel 2.1.
118 Der gleichnamige Roman von Jack Kerouac verhandelt wesentliche Narrative der Beat- und Gegenkultur. Das Unterwegssein funktioniert hierbei sowohl als Drogen- wie auch als Reisemetapher und beschreibt einen popkulturell bedeutsamen, fiktionalen Trip durch die USA.

Profimusiker oder Hobbyproduzenten mit kleineren Heim- und Projektstudios, die in gewisser Weise Gegenplatzierungen und Widerstandsorte zu den großen Tonstudios der Plattenfirmen darstellen. Musik kann darüber hinaus nun durch portable Audiorecorder oder Computersysteme quasi an jedem Ort produziert werden; gleichwohl kann auch jeder Ort zum akustischen Gegenstand einer soundästhetischen Programmatik werden. Dies wird im Bereich der Klangkunst hörbar, wenn etwa Joseph Bertolozzi nur mit den perkussiven Klängen des Eiffelturms oder der New Yorker Mid-Hudson Bridge komponiert (vgl. Bertolozzi 2009 und ders. 2016). Aber auch popkulturelle Produktionen gehen auf eine studiotechnische Nutzbarmachung spezifischer Örtlichkeiten zurück, so bei der Gruppe Bon Iver, mit der sich vor allem der aus Wisconsin stammende Justin Vernon identifizieren lässt. Als soundästhetischer Geburtsort von Bon Iver, und damit zugleich bedeutend für die Künstlerbiographie Vernons, erscheint die Jagdhütte als zentral und raumtheoretisch besonders erkenntnisstiftend. Denn der stark romantisierte Schöpfungsmythos von Bon Ivers Erstlingswerk kreist narrativ um das Hüttenmotiv: Ein junger Musiker, am Ende der Adoleszenzphase, befindet sich in einer schweren Sinn- und kreativen Schaffenskrise. Weiter vom Trennungsschmerz einer verlorenen Liebe angetrieben, flüchtet er in die einsame Jagdhütte seines Vaters, in der er lange Zeiten seiner Kindheit verbrachte. Ausgerüstet mit akustischer Gitarre, einem Mikrophon und digitaler Audiorecording-Software verfiel der Künstler den Winter über zunächst weiter in eine lethargische Grundstimmung. Vernons Alltag orientierte sich einerseits an minimalen, aber für das Überleben wichtigen Arbeiten in der Natur, wie Jagen, Feuermachen und Reparaturen an der Holzhütte, sowie andererseits an manchem Alkoholrausch. Nach einer gewissen Zeit der inneren Aufarbeitung und Bewältigung seines psychischen Ausnahmezustandes gelingt ihm durch Rückbesinnung auf traditionellere Kompositionstechniken des Appalachian Folk wieder ein erster, aber für ihn wegweisender künstlerischer Prozess. Denn aus dieser Initiationskrise resultiert für Vernon so etwas wie ein neues ästhetisches Bewusstsein, welches sich u. a. durch die Entwicklung eines choralen Falsettgesangs äußert. Durch *Overdubbing*-Verfahren und bestimmte technologischer Montagen kreiert er eine Mehrstimmigkeit, die sich zwischen der Nähe von melancholisch brüchigem Wispern und des großen, distanzierten Raumklangs der Wiener Sängerknaben bewegt. Instrumentale Basis bleibt für lange Zeit die Gitarre. Seine Lyrik formt er nach intrinsischen Lautschriften, einer Art frei improvisiertem Kauderwelsch, und bleibt so oft eigenartig undurchsichtig, aber deutungsoffen. Dieser künstlerische und biographische Nullpunkt ist auf dem Album *For Emma, Forever Ago* (Bon Iver 2007) unter dem neuen Namen Bon Iver[119] dokumentiert. Aus dieser

---

119 Das Pseudonym ist durch die Comedy-Drama-Serie *Northern Exposure* inspiriert und rekurriert

Schaffensphase resultiert eine weltweite Erfolgsgeschichte, die u. a. durch Grammy- und Platinauszeichnungen prämiert wurde.

Wie bereits Günter Figal herausgearbeitet hat, spielt der Ort der Hütte als Reduktionsfigur auch bereits in Heideggers Philosophie eine topographische Rolle (vgl. Figal 2012). Nicht nur ist die moderne Kunst und Architektur seiner Gegenwart geprägt von einem reduktionistischen Stil, wie es vornehmlich vom Bauhaus repräsentiert wird; Heidegger selbst setzt das Einfache als das Wesentliche für seine Philosophie voraus (vgl. Heidegger 1983, S. 10).[120] Im Schwarzwald begibt er sich regelmäßig für mehrere Wochen zum Arbeiten in die Einsamkeit einer Skihütte. Bücher kann er auf dem Weg an der Zahl nur so viele mitnehmen, wie er neben dem üblichen Gepäck auch körperlich auf dem Wanderweg fähig ist zu tragen. Es ist daher eine Einkehr im doppelten Wortsinn, wenn er auf die Berghütte kommt. Die Arbeit in der Hütte ist nämlich eine Selbstbesinnung und eine Konzentration auf das Wenige, was gleichsam für Heidegger das Substanzielle darstellt.

Als Ort der Erkenntnis ist die Hütte ein Reduktionsort; diese Funktion besitzt ihr Motiv auch im Roman *Walden* von Henry David Thoreau: „Ich bin in den Wald gezogen, weil mir daran lag, bewußt zu leben, es nur mit den wesentlichen Tatsachen des Daseins zu tun zu haben." (Thoreau 2012, S. 100) Als Abkehr von der industriellen Massengesellschaft Amerikas schildert Thoreau in einer Aneinanderreihung von Tagebucheinträgen seine Suche nach alternativen Lebensweisen am Walden Pond-See in den Wäldern von Massachusetts. Die selbst erbaute Blockhütte symbolisiert dabei einen Gegenort, die, wie auch die Hütte Heideggers, nicht zur Weltflucht und der totalen Entsagung von der zivilen Gesellschaft dient. Die Hütte stellt vielmehr eine lebensweltliche Verminderung, eine reduktionistische und daher alternierende Perspektive auf die Dinge dar. Und obwohl sie nun sozusagen eine

---

auf die natürlichen und rauen Bedingungen arktischer Wildnis. Die Protagonisten in der Episode „First Snow" zelebrieren den ersten Schneefall, indem sie sich „bon hiver", einen schönen Winter, ungeachtet der Gewissheit wünschen, dass die für sie härteste Zeit des Jahres beginnt. Diese Tradition ist allerdings rein fiktiv (vgl. Attias 1993).

120 Weiter heißt es hier auch: „Meine ganze Arbeit aber ist von der Welt dieser Berge und ihrer Bauern getragen und geführt. Zuweilen ist jetzt die Arbeit dort oben für längere Zeit unterbrochen durch Verhandlungen, Vortragsreisen, Besprechungen und die Lehrtätigkeit hier unten. Aber sobald ich wieder hinaufkomme, drängt sich schon in den ersten Stunden des Hüttendaseins die ganze Welt der früheren Fragen heran, und zwar ganz in der Prägung, in der ich sie verließ. Ich werde einfach in die Eigenschwingung der Arbeit versetzt und bin ihres verborgenen Gesetzes im Grunde gar nicht mächtig. Die Städter wundern sich oft über das lange, eintönige Alleinsein unter den Bauern zwischen den Bergen. Doch es ist kein Alleinsein, wohl aber Einsamkeit. In den großen Städten kann der Mensch zwar mit Leichtigkeit so allein sein, wie kaum irgendwo sonst. Aber er kann dort nie einsam sein. Denn die Einsamkeit hat die ureigene Macht, daß sie uns nicht vereinzelt, sondern das ganze Dasein loswirft in die weite Nähe des Wesens aller Dinge." (Ebd., S. 11).

gesellschaftliche Gegenplatzierung verkörpert, ist die Hütte raumtheoretisch jedoch keine direkte Heterotopie. Da sich in ihrer Konstitution eben nicht mehrere Räumlichkeiten durchdringen, sondern Vielschichtigkeit eher zurückgenommen wird, wird die Hütte zum Zeichen einer topologischen Komplexitätsreduktion.

Wenn sich Justin Vernon 2006 nun entsprechend seinem eigenen Initiationsmythos auf den Müßiggang in die Jagdhütte seiner Kindheit begibt, steht er genau in dieser motivischen Traditionslinie, wie sie darüber hinaus auch von dem Aussteigernarrativ um die Figur Alexander Supertramp bedient wird. In der Verfilmung *Into the Wild* durch den Regisseur Sean Penn bricht der 22-jährige Student Christopher McCandless Anfang der 1990er Jahre mit seiner bürgerlichen Identität, indem er seinen Pass vernichtet und sich unter einem Pseudonym in die Wildnis Alaskas zurückzieht, wo er ein paar Jahre später einer Vergiftung erliegt (vgl. Penn 2007). Während der Protagonist in *Into the Wild* den radikalen Rückzug aus der bürgerlichen Gesellschaft vollzieht und damit letztlich auch rein biologisch seinem Leben ein Ende setzt, stirbt auch Vernon den symbolischen Künstlertod. Denn von der wenigen Tontechnik, die er in die Jagdhütte überhaupt mitnehmen kann, stürzt sein Laptop ab und er überschreibt unwiderruflich alle Daten (vgl. Beaumont 2013, S. 95). Neben der digitalen Aufnahme-Software werden dabei unzählige Songs, Ideen oder Soundfragmente von der Festplatte gelöscht, wobei sich dadurch auch Vernons alte musikalische Identität auflöst. Es ist eine künstlerische Kalamität, die zum ästhetischen Nullpunkt führt, auf dem Bon Iver aufsetzt, indem er mit rudimentären Aufnahmeequipment seine Hütte zum Tonstudio umfunktioniert. Mit nur einem portablen Achtspurrecorder als medialer Speicherbasis wird die Hütte vom Rückzugsort einer persönlichen Krisenbewältigung letztlich zum soundästhetischen Reduktionsort und somit zum Initiationsraum der neuen künstlerischen Identität Vernons.[121] Die vielfältigen Optionen digitaler Effekte, Verschaltungen und Editierfunktionen werden dabei einer dezidierten Rationalisierung unterzogen. Mit dem Hüttenstudio vollzieht Vernon eine raum-technische Komplexitätsreduktion. Der Raum repräsentiert durch das Einfache der Schallaufnahme eine strukturelle Dekonstruktion großer Studioapparate auf das Wesentliche – eine raumtheoretische Schlichtheit, die sich auch auf dem Plattencover versinnbildlicht.

Bevor Bon Ivers bei der Plattenfirma Jagjaguwar einen Vertrag unterzeichnet, ist *For Emma, Forever Ago* zunächst im Selbstverlag noch mit abstrakterem, eher

---

121 Das Ausbilden einer neuen künstlerischen Identität nach der Bewältigung einer kreativen Sinn- oder Schaffenskrise verweist zudem auf die künstlerische Aneignung des Schamanenkonzeptes. Initiationsriten im Schamanismus sind strukturell von ähnlichen Motiven gekennzeichnet. Der Initiand zieht sich dabei während einer etwa durch Krankheit hervorgerufenen oder substanzinduzierten Krise aus der Stammesgesellschaft zurück und erlangt heilende Kräfte (vgl. Eliade 1975, S. 43ff. und Riedl 2014).

floral-psychedelischem Front-Cover über die sozialen Medien vertrieben wurden. Wo die Erstveröffentlichung noch im gemalten Einband erscheint, ist auf der Wiederauflage die Fotografie eines vereisten Fensters vor kargen Bäumen und weißer Landschaft zu sehen. Diese Szene verweist im Kontext der Künstlerbiographie deutlich auf den Topos ihrer Geschichte und das Innere des kreativen Raums, in der sie stattfindet. Der Betrachter sieht gewissermaßen durch die Augen Vernons aus der einsamen Waldhütte auf die frostig zerklüfteten Bedingungen seiner natürlichen Umgebung. Der ‚schöne Winter', der sich in Gestalt von Eisblumen auf dem Fensterglas niederlässt, versteht sich im Kontext der Fernsehserie *Northern Exposure* dabei als Motivation und einen durch Hoffnung getragenen Optimismus, eine schwierige Zeit zu überstehen. Die Überwindung persönlicher und künstlerischer Sinnkrisen materialisiert sich hier im fotografisch inszenierten Blick aus dem selbstgewählten Exil. Doch das Bild ist wenig authentisch, da es sich um eine vom polnischen Fotografen Griszka Niewiadomski bereits 2002 geschossene Momentaufnahme handelt, dessen Lizenz auf der Internetseite freeimages.com frei erworben werden kann.[122] Darüber hinaus wurde das Motiv am rechten Bildrand in seiner kristallinen Struktur so manipuliert, dass zum einen die Häusersilhouetten auf dem Original verschwinden und es sich andererseits an die abstrakt-florale Zeichnung der ersten Eigenauflage anzulehnen scheint. Zudem lassen sich nun *vice versa* Rückschlüsse auf eine bereits bestehende Intention visueller Umsetzung vom ersten Cover-Druck her ziehen. Die Eisblumen, erst als abstrakte Verzierung, dann als manipulierte Fotografie, bilden hier wie da das Hauptmotiv. Im Vergleich beider Artworks lässt sich nun recht zweifelsfrei ein gestalterischer Zusammenhang und eine vor der Kommerzialisierung bestehende Idee zur optischen Umsetzung des Produktdesigns bestimmen. Die Eisblumen als indexikalisches Zeichen für das einfach verglaste Fenster und somit als symbolischer Ausdruck für das einfache Leben stehen ihrerseits wiederum im klaren Kontrast zu modernen und im Zuge städtischer Gentrifizierungsprozesse kernsanierten Wohnkomplexen. Durch die seit den 1970er Jahren zunehmenden Isolierungsmaßnahmen hat man es hier gewissermaßen mit einer vom Aussterben bedrohten Art romantischer Winterlandschaft zu tun. Die Wärmedurchlässigkeit von Fenstern ist eine wesentliche Bedingung für das Entstehen von Eiskristallen auf der Innenseite des Raumes. Der niedrige bautechnische Isolationswert von einfach verglasten Fenstern stellt somit abermals die raumarchitektonische Dekonstruktion des Tonstudios durch die Hütte dar.

---

122 Vgl. Niewiadomski, Griszka in: https://www.freeimages.com/es/photo/frost-1386958, https://www.freeimages.com/es/photo/frost-1386963.

5.4 „Little Hell": Kapellen, Kirchen und heilige Hallen

Entgegen der Architektur akustischer Reduktionsräume bilden Tonstudios in Kirchen und Kapellen sicherlich die auratische Antithese. Bereits die Victor Talking Machine Company vergrößert 1918 ihre Aufnahmelokation um die Camden Trinity Church in New Jersey.[123] Mit den sich weiterentwickelnden neuen Anforderungen der elektronischen Audiotechnologie um 1925 wird auch der Studioraum innerhalb der vormals orthodoxen und dann reformierten Kirche neu konzipiert und akustisch optimiert: „curtains of burlap and a burlap ceiling, designed to increase the acoustical efficiencey, conceal the walls and roof; the great organ has been enlarged until it rivals those in the leading theaters of the country." (ricgrass 2015) Wo vorher die Gebetsbänke gestanden haben, bietet der Raum nun den entsprechenden Platz für ein Orchester zur musikalischen Vertonung von Filmmaterial. Benannt als die „church of the screen" (ebd.) stellt Victor aufgrund der Bauakustik den Studiobetrieb in der Kirche 1935 allerdings wieder ein. Unterhalb des Gebäudes verläuft seit diesem Zeitpunkt das erweiterte U-Bahn-Netz der Stadt und überträgt den Schall der Fahrgeräusche ins Innere der Studiokirche. Zwar ist die Trinity Church durch ihre bautechnische Grundsubstanz als Studioort seither vielleicht eher dysfunktional, doch vom architektonischen Raumprinzip erscheinen Studiokonzepte mit Kirchen und Kapellen in einem produktiven Wechselverhältnis zu stehen. Denn vor allem im Zusammenhang mit Filmmusik denkt man bei Kirchenstudios wohl unmittelbar an die 1992 von George Martin in der Lyndhurst Hall (London) wiedereröffneten Air Studios. Der romanische Kirchenbau ist 1884 vom Architekten Alfred Waterhouse entworfen worden und zeichnet sich aufgrund seiner hexagonalen Struktur durch eine außergewöhnliche Akustik aus (vgl. Air Studios 2022). Aufgrund der Raumgröße von 17 x 20 Metern und einer durch ein Akustikmodul variabel gestaltbaren Deckenhöhe eignet sich der Aufnahmeraum gerade auch für größere Orchester mit Chor. Insgesamt drei Tonregien, weitere Isolationskabinen und Aufenthaltsräume, vier Masteringstudios und eine hauseigene Café-Bar mit Catering-Service runden den Status eines Weltklasse-Studios ab (vgl. ebd.). Hier werden etwa die Blockbuster von Hans Zimmer vertont oder Welthits von Adele, Coldplay und Gregory Porter produziert, aber auch Alben von Nils Frahm, Miles Davis oder dem Rapper A$AP Rocky gemastert (vgl. ebd.). Die Bandbreite dieser unterschiedlichen Genres und Musikarten spiegelt sich dabei in der raumakustischen Flexibilität des Kirchenstudios wider. Entsprechend dem heterosonotopischen Tonstudiodispositiv[124] kann die Lyndhurst Hall durch den Einsatz modularer Schallschirme oder

---
123 https://www.stokowski.org/Camden%20Church%20Studio%20Recording%20Location.htm.
124 Vgl. Kapitel 4.6.

Breitbandabsorber an die soundästhetischen Ansprüche der jeweiligen Produktion angepasst werden. Die auf vielfältige Weise veränderbare Akustik, von intimer Nähe bis hin zur Weite einer Kathedrale, stellt dabei die zentrale Raumcharakterisitk der Studiokirche dar. Eine weitere viktorianische Kirche im Norden von London vermarktet diesen Aspekt für ihren Studiobetrieb noch eindringlicher als Warenzeichen:

> The sound of the room alone is massive, however by implementing a number of panels, screens and amp cupboards you have a large variety of acoustic options. One of the old church booths has been converted into a large recording booth which can accommodate drums, and there are countless nooks and crannies around the building that can be exploited, for example the church spire which makes a brilliant echo chamber. (The Church Studios 2022)

The Church Studios dienten 1984 ursprünglich dem Pop-Duo Eurythmics als Produktionsort für ihr Debütalbum „Sweet Dreams" (Eurythmics 1983). Im Laufe ihres schnellen Erfolgs nutzt die Band dann einen größeren Raum im Erdgeschoss für die Konstruktion eines Tonstudios (vgl. professorenol 2012, TC: 05:00–05:09). Jedoch war es erst der Produzent Paul Epworth, der ab 2013 durch eine Überarbeitung der Räume das volle akustische Potential aus der Kirche schöpft. Er installiert drei Studios, wovon das jetzige Studio 2 im ebenerdigen Gebäudebereich ein vom Grund der Bausubstanz neu isoliertes Setting bietet (The Church Studios 2022). Ein kleineres Studio 3 auf derselben Ebene dient als „Writing Room" (ebd.). Das Hauptstudio 1 hingegen ist mit 158 qm mehr als doppelt so groß wie der ehemalige Studioraum von *Eurythmics* und befindet sich auf dem baulich nahezu unveränderten hohen Dachboden in der ersten Etage der Kirche. „So obviously we needed to isolate the room downstairs because we didn't want to have to change this room at all, because it's such a character space that we didn't really want to touch it." (Paul Epworth, zit. nach Sound on Sound magazine 2015, TC: 04:45–04:56) Um die besondere Charakteristik dieses Kirchenraums allerdings zu erhalten, musste das rekonstruierte Studio 2 akustisch vollständig vom oberen Gebäudebereich entkoppelt werden. Das raumästhetische Spezifikum hierbei ist nun die offene Struktur des Studios, da Epworth auf weitreichende Umbaumaßnahmen im Hauptraum und somit auch auf eine komplette akustische Separierung von Kontroll- und Aufnahmeraum verzichtete. Dies geschah zum einen aus pragmatischen Gründen, da sein 72-Kanal-Neve-Mischpult zu groß für die anderen Regieräume ist; zum anderen hat dies vor allem für das Aufnahmeverfahren weitreichende Folgen:

> Actually I do like working and open-plan spaces because I feel like you are much more connected with the people you are working with. There is a sort of healthy communication and I think you kind of get much better understanding of the created dynamics are going on in the

> room with the group of the musicians, and so they are from that perspective I think I have always enjoyed working in spaces there isn't glass and you have to monitor on headphones when you are recording. You have to make compromises like test recording before you put someone in for pass [...]. (ebd., TC: 05:48–06:40)

Die Auflösung der Raumtrennung erscheint fast wie ein paritätischer Akt, da die Kommunikation innerhalb des Studioapparats nun nicht mehr isoliert und dadurch vom Kontrollraum aus medientechnisch gesteuert verläuft. Alle im Moment der Produktion beteiligten Personen befinden sich im selben Raum, der zwar durch Vorhänge und Stellwände in Mikroräume aufgeteilt werden kann, jedoch in einem raumakustisch eben nicht vollständig abgesonderten Sinne. Abgehört wird individuell über Kopfhörer, wodurch die leibliche Präsenz in Form der Geste zum entscheidenden Medium für die kommunikative Qualität des Studiokollektivs wird. Über das Ein-Raum-Konzept des Tonstudios vollzieht sich daher gleichzeitig eine Demokratisierung der Kommunikationsstruktur. Die Augenkontakte oder Handzeichen, die vorher nur den Musikern im Aufnahmeraum zum Informationsaustausch geblieben sind, gelten ab jetzt auch für die Ingenieure, Techniker oder Produzenten. Dadurch kann die Verständigung unmittelbarer und offensichtlich intuitiver erfolgen:

> When you are recording you can have our contact yourself as an engineer will produce it with the musicians, which means that you can very quickly get involved in guiding performances or encouraging people to repeat parts or stand around waving your hands frantically to guide them to do the right thing. (ebd., TC: 11:24–11:48)

Das offene Konzept einer barrierefreien, beziehungsweise „completely ‚no-bars' recording experience" (The Church Studios 2022), wie es u. a. in der Studiobeschreibung von The Church Studios heißt, teilen ebenfalls die Chapel Studios in London oder auch die Catherine North Studios in Hamilton (Kanada). Ersteres entspricht im Vergleich eher dem Kirchenbau einer Kapelle, weil die Grundfläche wesentlich kleiner ist und einem Gebetsraum gleichkommt. Catherine North hingegen erscheint wieder als großflächigerer Kirchenraum und ist raumakustisch vor allem auf den Aufnahmen des Soloprojekts City and Colour des Alexisonfire-Frontmanns Dallas Green zu hören. Zur Produktion des Albums *Little Hell* (City and Colour 2011) äußerte sich Green wie folgt zu den Aufnahmebedingungen im offenen Studioraum der Kirche:

> The church is cool like can be a pain in the butt because there is no control room. So everything you do, you have to be very quiet and then when trying to get sounds, you have to kind of record stuff and then play it back and see, as opposed to like someone sitting in the control room and listening and twist knobs what is happening. So it just can be a bit time-consuming,

> where you are kind of everyone is together, there is no segregation, at the same time there is such a cool vibe in here. (Dallas Green, zit. nach in City And Colour 2011, TC: 03:11–03:34)

Betont werden hier sowohl der zusammenführende Aspekt der Architektur gegenüber dem konventionellen Raumsplitting der Tonstudios als auch die dadurch beeinträchtigte Aufnahmeprozedur. Wie auch Epworth schildert, können Schallaufnahmen nämlich nicht mehr unbedingt in Echtzeit bewertet werden. Da der Lautstärkepegel der Schallquellen während der Aufnahmen generell im Raum so hoch ist, dass das Monitorsignal des Kopfhörers davon übersprochen wird, können die gespeicherten Performances erst im Anschluss beurteilt werden. Die Abhörkontrolle erfolgt daher asynchron zur Aufnahme, kann dafür aber im Kollektiv und unter denselben medialen Bedingungen geschehen. Zeitaufwändige Testaufnahmen sind hierbei oft unabwendbar. Gleichzeitig entsteht während der Aufnahmen im offenen Tonstudio aber auch ein Effekt, der auf besondere Weise mit der Klangkultur in sakralen Räumen zusammenfällt. Green beschreibt die Produktion nämlich als einen sehr leisen Prozess, der sich im Studio notwendigerweise aus dem Mediendispositiv ergibt. Die Raumsituation bedingt für alle Anwesenden deshalb dieselben Verhaltensrestriktionen, weil sich während der Aufnahme auch alle gleichermaßen im Performancebereich befinden und von Mikrofonen abgehört werden. Selbst bei einer Einzelaufnahme müssen die anderen im Raum sich ebenso absolut ruhig verhalten, um keine Störgeräusche zu produzieren. Wird die Aufnahme dann abgespielt, gilt die volle Konzentration dem Abhörprozess. Der Kontrollraumhabitus – also Unterhaltungen, Zwischenkommentare oder (geräuschvollere) Körperbewegungen während des Aufnahmeverfahrens – ist in diesem Studiosetting unangemessen. Die Audioproduktion in einem Ein-Raum-Studio erscheint somit durchweg als eine Tätigkeit von andächtiger Stille. Diese Art der Produktionsästhetik resoniert förmlich mit der „Stimmungs-Ordnung" (Hasse 2017, S. 114) der Kirchenarchitektur, wie sie etwa auch von Jürgen Hasse in den dichten Beschreibungen seiner Mikrologie des Innenraums einer katholischen Kirche behandelt wird:

> Die Ordnung des Raumes erscheint im Eindruck absoluten Stillstandes. In dieser Ordnung nistet die Stille. Die Atmosphäre wird schlagartig so stimmungsmächtig, dass sie gar nicht mehr aus der Perspektive emotionaler Distanz – ohne Betroffenheit vom atmosphärischen Gefühl des gestimmten sakralen Raumes – wahrgenommen werden kann. [...] Vielmehr sakralisiert die Bauform den tatsächlichen und atmosphärischen Raum und verstärkt damit die numinose Aura des gesamten Kirchenraumes. Dies kommt der Erfahrung einer Stille entgegen, die in keinem profanen Sinne erlebt wird, sondern als Stille im „heiligen Raum". So steigert sich in der Situation des Numinosen die Stille in ihrer Intensität und Immersivität noch einmal. [...] Stille resultiert nicht nur aus bestimmten atmosphärischen Bedingungen wie ruhender Ord-

nung und relativer Lautlosigkeit. In der Besinnung auf die sich im sakralen Raum anbahnende Stimmung verdichtet sie sich zudem. (Ebd., S. 116, 119)[125]

Die Stille und der Erfahrungsraum in einer Kirche werden laut Hasse damit grundlegend durch die auratische Präsenz der Architektur bestimmt. Denn als Ort der Heiligenverehrung kann die Kirche als ein durchweg auratisch aufgeladener Raum verstanden werden. Das zeigte sich im Mittelalter bereits in der christlichen Weltsicht, bei der die intuitiv-sensuelle Wahrnehmung der Aura von Dingen „die transzendental legitimierte Autorität von Personen bzw. Gottheiten verbürgte" (Spangenberg 2010, S. 400). Veranschaulicht wird dies vor allem in bildlichen Darstellungen des Nimbus und der Heiligenscheine sowie auch in dessen Lichtbrechungen bei Bleiglasfenstern. Im Zusammenhang mit den Schallaufnahmeverfahren eines Tonstudios fallen in der Kirche nun aber dieses vormodern-religiöse Verständnis des Auratischen und der Aura-Begriff bei Walter Benjamin mit dem Atmosphärischen zusammen.

Die Medien der technischen Reproduktion lösen das Kunstwerk bei Benjamin bekanntlich aus seiner temporären und topologischen Singularität, was einen Verlust der Aura zur Folge hat: „[W]as im Zeitalter der technischen Reproduzierbarkeit des Kunstwerks verkümmert, das ist seine Aura." (Benjamin 1981, S. 13) Photographie oder Phonographie entkoppeln etwa die Malerei oder das Konzert aus ihren zeitlich und räumlich tradierten Kontexten, sie entwerten dabei das „Hier und Jetzt" (ebd.) der jeweiligen Werke. Der Aura-Begriff beschreibt demnach sowohl ein rezeptionsästhetisches Phänomen, was der subjektiven Erfahrung nur in einem rezeptiv unmittelbar räumlichen und zeitlichen Zusammenhang mit dem Werk zugänglich ist. Gleichzeitig verweist er auf die Fertigungsbedingungen des Kunstwerks, wodurch die Aura sich durch eine dem Objekt eigene ontische und damit authentische Qualität auszeichnet. Reproduktionstechnologien wie die Schallaufnahme entziehen der Musik laut Benjamin ihr auratisches Moment, weil sie sich vom Aufführungsort lösen und dem Rezipienten in Form des Mediums der Schall-

---

125 Zum Unterschied von Lautlosigkeit und Stille im sakralen Raum: „Außer mir ist kein Mensch in dieser Kirche – und es ist auch nichts zu hören. Der sich aufdrängende Eindruck schwankt zwischen Lautlosigkeit und Stille. Dennoch ist da eine Abfolge im Zudringlich-Werden des atmosphärischen Eindrucks spürbar; zuerst kommt die Lautlosigkeit und dann die Stille. Die Lautlosigkeit wirkt in einer Weise atmosphärisch, als wäre sie eine Bedingung für die Erlebbarkeit von Stille, die im engeren Sinne gar keine ‚einzel'-sinnliche Qualität hat. Lautlosigkeit kann man in gewisser Weise hören, Stille aber nur als Gefühl am eigenen Leib spüren. Vielleicht geht sie deshalb in der Macht ihrer Immersivität auch über das Lautlose hinaus. Stille hat nur in einem Nebensinn mit „abwesenden" oder „fehlenden" Geräuschen, Tönen oder Klängen zu tun. Dennoch kommt relative Lautlosigkeit ihrer Konstitution fördernd entgegen." (Ebd., S. 116).

platte entgegenkommen: „Die Kathedrale verläßt ihren Platz, um in dem Studio eines Kunstfreundes Aufnahme zu finden; das Chorwerk, das in einem Saal oder unter freiem Himmel exekutiert wurde, läßt sich in einem Zimmer vernehmen." (Ebd.) Zwar meint Benjamin hier weder das Tonstudio als vielmehr das Künstleratelier, noch die Schallaufnahme als vielmehr die Aufnahme im Sinne von Rezeption – er bezieht sich wohl eher auf das durch die Fotografie reproduzierte Abbild der Kathedrale eines Kunstwerks. Doch lässt sich seine Feststellung für das Tonstudio entsprechend wenden: Das Studio verlässt seinen Platz, um mit der Aufnahme in einer Kathedrale ihre raumakustische Aura zu reproduzieren.

Geht Benjamin noch von einem Aura-Verlust durch medientechnische Reproduktionsverfahren aus, muss vor dem Hintergrund, dass Sound in modernen Musikproduktionen als formbares Medienmaterial verstanden werden kann, auch sein Aura-Konzept reformiert werden. Wenn Sound nämlich als eigenständige mediale Form der Schallaufnahme und somit als künstlerisches Artefakt produktiv werden kann, muss ihm auch etwas Auratisches anhaften können. Eine Teilmenge dieser Aura des Sounds, so die hier vertretene These, wird neben den soundästhetischen Spuren der Medientechnik durch die dem Werk immanente Räumlichkeit bestimmt. Der akustische Raum, der hier gemeint ist, kann jedoch entsprechend der kritischen Stellungnahmen Adornos zum Aura-Begriff von Benjamin womöglich besser mit der Atmosphäre beschrieben werden:

> Was hier Aura heißt, ist der künstlerischen Erfahrung vertraut unter dem Namen der Atmosphäre des Kunstwerks als dessen, wodurch der Zusammenhang seiner Momente über diese hinausweist, und jedes einzelne Moment über sich hinausweisen läßt. (Adorno 2017, S. 408)

Klangereignisse weisen bereits rein physikalisch, und je nach raumakustischer Beschaffenheit mal mehr und mal weniger durch die Schallreflektion, über sich selbst hinaus. Im Raumhall oder im Echo verlängert sich der Schall ihrer akustischen Quelle und produziert zugleich einen ästhetischen Überschuss. Was dabei erklingt, sind Formen des Mediums Raum. Legt man nämlich Niklas Luhmanns visuelle Vorstellung zur Kunst und der sie einschließenden Raumatmosphäre ein akustisches Verständnis zugrunde, lässt sich das Atmosphärische leicht als ein Produkt der Raumakustik verstehen:

> Ein [akustisch; sämtliche Einfügungen durch den Verf.] besetzter Raum läßt Atmosphäre entstehen. Bezogen auf die Einzeldinge [Klangereignisse], die die Raumstellen besetzen, ist Atmosphäre [die raumakustische Resonanz] jeweils das, was sie nicht sind, nämlich die andere Seite ihrer Form; also auch das, was mitverschwinden würde, wenn sie verschwänden. Das erklärt die „Ungreifbarkeit" des Atmosphärischen zusammen mit ihrer Abhängigkeit von dem, was als Raumbesetzung gegeben ist. Atmosphäre ist gewissermaßen ein Überschusseffekt der Stellendifferenz. Sie kann nicht in Stellenbeschreibungen aufgelöst, nicht auf sie zurückge-

> rechnet werden, denn sie entsteht dadurch, daß jede Stellenbesetzung eine Umgebung schafft, die nicht das jeweils festgelegte Ding [z. B. ein Ton] ist, aber auch nicht ohne es Umgebung sein könnte. Atmosphäre ist somit das Sichtbarwerden [Hörbarwerden] der Einheit der Differenz, die den Raum konstituiert; also auch die Sichtbarkeit [Hörbarkeit] der Unsichtbarkeit [Unhörbarkeit] des Raumes als eines Mediums für Formbildungen. Sie ist jedoch nicht der Raum selbst, der als Medium niemals sichtbar [hörbar] werden kann. (Luhmann 2020, S. 181f.)

Die Atmosphäre ist die räumliche Negativfolie des Klangs, sie ist ein ästhetisches Mehr. Durch die audiotechnischen Aufnahme- und Reproduktionsverfahren kann dieser ästhetische Überschuss, also die akustische Konstitution der Architektur in Gestalt der Raumatmosphäre, nun beliehen werden. Entgegen den ‚akustisch toten Aufnahmeräumen' verhält sich das Tonstudio im Kirchenraum dabei wie ihr auratischer Counterpart und wird als solcher medial auch inszeniert. In The Church Studios performt etwa Annie Lennox „Amazing Grace" am Harmonium, womit sie gleichzeitig auf die Sakralität des Ortes und dessen akustische Atmosphäre verweist (vgl. professorenol 2012, TC: 00:26–01:17). Auch die aktuelle Selbstbeschreibung des Studios bedient sich dieses Motivs:

> All musicians know that recording studios are sacred spaces. The Church is quite literally so, a beautiful old place of worship in north London, whose stone walls and stained glass have reverberated for 170 years to the sound of prayers and some of the greatest music ever made. (The Church Studios 2022)

Die heilige Raumstimmung wird auch in der Studiodokumentation während der Produktion zum Album *Little Hell* in den Catherine North Studios genutzt. Gleich zu Beginn hält die Kamera auf das Kirchenfenster und eine Jesus-Darstellung mit umgebendem Nimbus, während der durch eine Gitarre angesprochene typische Raumklang des Albums zu hören ist (vgl. City and Colour 2011, TC: 00:00–00:10). Der Gitarrensound erklingt weit in die Raumtiefe platziert, die Aufnahmeszenerie wirkt konzentriert und bekommt durch den Kirchenraum gleichzeitig eine besinnliche Atmosphäre. Die Kirche wird laut Gernot Böhme hier zum „Raum als Medium von Darstellungen" (Böhme 2006, S. 16), der sich aber gleichzeitig auf den „Raum als Raum leiblicher Anwesenheit" (ebd.) bezieht. Denn bevor die Kirchenarchitektur zum Teilapparat des Tonstudios und somit zum Medium für Sound wird, geht dem die leibliche Erfahrung der Raumatmosphäre voraus. Den leiblichen Raum versteht Böhme für den Menschen dabei als die „Sphäre seiner sinnlichen Präsenz" (ebd., S. 88), die beständig die Grenzen des eigenen Körpers transzendiert. Denn der Mensch nimmt seine Umgebung nicht nur innerhalb seiner Körpergrenzen wahr, sondern kann auch in seine Umwelt hinaushören und sich so in räumliche Grundstimmungen einfühlen. Mit dem Begriff der Atmosphäre greift er das phänomenologische Konzept von Hermann Schmitz auf und versteht sie als „unbestimmt in die

Weite ergossene Gefühle, die als ergreifende Mächte erfahren werden" (ebd., S. 139). Die Atmosphäre der Kirche führt Böhme in diesem Zusammenhang auf die Erfahrung einer numinosen Macht zurück, die u. a. durch Erhabenheit und Stille in der Architektur ihren Ausdruck findet:

> Erhabenheit und Stille gehen aber in kirchlichen Räumen häufig eine innige Verbindung ein, und zwar weil sie das Subjekt in derselben ambivalenten Weise anmuten. Durch die Einladung, sich in der Weite zu verlieren, werfen sie das Subjekt zugleich auf seine kleine und beschränkte Präsenz zurück. (Ebd., S. 146)

Diese räumliche Stimmung erhält sich nach Böhme nun auch über eine profane Besetzung des Kirchenraums hinaus (vgl. ebd., S. 150). Die Atmosphäre der Kirche wird grundlegend von einer „Transzendenzerwartung" (ebd.) bestimmt, die etwa das Publikum bei Konzerten oder Ausstellungen emotional berührt. Böhme spricht von einer Rückgewinnung des Auratischen in der modernen Kunst, das nach Benjamin aufgrund der Reduktion auf den Ausstellungswert der Werke zurückgeführt worden sei. Somit wird den Werken „wenigstens ein Hauch vom Kultwert zuteil, indem sie an der Atmosphäre kirchlicher Räume partizipieren" (ebd., S. 150). Dieser Aspekt lässt sich nun auch mit den Tonstudios in sakralen Bauten vergleichen, deren raumatmosphärische Präsenz auf ähnliche Weise von Liturgie geprägt und durchdrungen ist: Die Erhaltung des Auratischen durch das Ein-Raum-Studiodesign, die damit in Wechselbeziehung stehende Verhaltensrestriktion der stillen Medienpraktik sowie die soundästhetische Verwertung der Kirchenakustik spiegeln die spezifische Stimmungsordnung der Architektur wider.

Laut der Raumsoziologin Martina Löw beruht die Wahrnehmung dieser Stimmungsmacht, die von den Atmosphären ausgeht, jedoch auf kultureller Differenz und ist daher keine dem Raum immanente Eigenschaft: „Da Wahrnehmung kein unmittelbarer Vorgang ist, sondern selektiv und über Habitus strukturiert, ist die Realisierung von Atmosphären abhängig von Strukturprinzipien, wie Geschlecht, Klasse oder Ethnizität." (Löw 2019, S. 210) Der Kirchenraum entfaltet daher sein Fluidum vornehmlich auf die in christlichen Kulturen sozialisierten Menschen. Zudem erweitert sie Luhmanns Begriff der Atmosphäre um eine dezidiert raumsoziologische Perspektive, indem Löw nicht von Stellen und Objekten, sondern von relational angeordneten Menschen und sozialen Gütern ausgeht: „Raum ist eine an materialen Sachverhalten festgeschriebene Figuration, deren spürbare unsichtbare Seite die Atmosphäre ist. Atmosphären machen den Raum als solchen und nicht nur die einzelnen Objekte wahrnehmbar." (Ebd., S. 206) Räume bedingen durch ihre Atmosphäre demnach bestimmte soziale Regeln, wodurch sich das Tonstudio oder weitere alternative Besetzungen des Kirchenraums nach Löw jedoch nicht zwangsläufig als gegenkulturelle Räume verstehen lassen:

> Dieses gegen institutionalisierte (An)Ordnungen gerichtete Handeln nenne ich gegenkulturell, die in diesem Prozeß konstituierten Räume, unabhängig davon, ob es sich um einmalige Aktionen oder um regelmäßige Abweichungen handelt, *gegenkulturelle Räume*. (Ebd., S. 185, Hervorhebung i. Orig.)

Natürlich wird an die Stelle des Altars vielleicht das Mischpult gerückt, und Rockmusiker bedienen sich lyrisch einer eher antichristlichen und dunklen Höllenmetaphorik,[126] doch wird das Tonstudio letztlich vollständig von der Kirchenatmosphäre eingenommen. Die Produktionen bedienen sich konkret des auratischen Konzeptes des sakralen Raums, wobei die Soundästhetik der Kirchenstudios wesentlich von ihrer Architektur dominiert wird.

5.5 „When We ALL Fall Asleep": Das Schlafzimmer als Tonstudio im Zeitalter digitaler Netzwerke

Die Digitalisierung der Schallaufnahme oder der Tonerzeugung sowie im Anschluss deren Computerisierung haben die Produktionskultur von Musik und Sound vollständig neu organisiert. Diese medienkulturelle Zäsur wird dabei durch ihre eigene ökonomische Voraussetzung katalysiert. Denn im Vergleich zu analogen Apparaten ist die Digitaltechnik weitaus kostengünstiger in der Anschaffung und Instandhaltung, was zu einer medientechnischen Neuordnung des Tonstudios und seinen räumlichen Bedingungen führt. Denn die digitalen Produktionswerkzeuge bieten vor allem semi-professionellen Produzenten und Amateurmusikern die Gelegenheit, individuelle Wege in der Tonstudioarbeit zu gehen. Peter Bickel hat dies bereits 1992 kritisch kommentiert:

> Der heutige musikalische Heimarbeiter, ausgestattet mit multifunktionalem Computersystem, muß nicht diese breite Kenntnispalette besitzen. Spezialwissen ist höchstens noch auf dem Gebiet der EDV vonnöten, doch angesichts des Ideals eines „anwenderfreundlichen Programms" geht die Softwareentwicklung den Weg zum einfach gestalteten und selbsterklärenden, aber wenig Auswahlmöglichkeiten gestattenden „Allround-Programm": Bedienungskomfort zu Lasten der Komplexität. Tatsächlich wirkt auf den ersten Blick der Vorteil einer Demokratisierung durch Verbilligung der die Maschinen als gegeben. Doch wenn sich die musikalische Betätigung durch die von der Musikalienindustrie geförderte Bausteinstruktur auf das Variieren von vorgegebenem Fremdmaterial und damit dem Ergötzen an „Presets" beschränkt, erscheint die Situation des massenhaft reproduzierenden Musikoperators als die eines Gefangenen, der sich mit jedem Kauf eines neuen Musikcomputers nicht dem ver-

---

126 „Through the black soulless water. Then I heard the church bells from afar. But we found each other in the dark" (City and Colour 2011, TC: 04:22).

meintlichen Weg in die Freiheit nähert, sondern die ihn umgebende Mauer mit einem Stein erhöht. (Bickel 1992, S. 120f.)

Die Räume, die die „Musikoperatoren" hierfür audio-technisch verkabeln und umfunktionieren, lassen sich maßgeblich in Proberäumen oder im privaten Wohnraum lokalisieren. (Dass die eigene Band im Keller des Wohnhauses oder in der Garage probt, ist zugleich ein bekanntes popkulturelles Phänomen.) Adam Patrick Bell nutzt, unter Verweis auf den Do-it-yourself-Charakter der Eigenproduktionen, für diese Raumkonzepte die Bezeichnung „DIY Recording Studio" (Bell 2018 S. XVII) und adaptiert dabei die von Mark Slater als Überbegriff formulierte Bezeichnung des Projektstudios:

> The "project studio", as an umbrella term, encompasses an unknowable range of possibilities and variations. There is no neat designation: project studios can produce professional-standard material (though they might also be the realm of amateur hobbyists); there can be a flow of people and materials between project studios and professional studios in the overall process of bringing music into being; project studios may be as stable as professional studios (architecturally, economically, and in reputation) but they may also be in a constant state of flux in terms of technologies that constitute them and the practices and materials that are explored there. (Slater 2106, S. 10)

Wesentlich lässt sich aus Slaters Definition ableiten, dass der Raum des Projektstudios kein signifikantes Indiz für den qualitativen Standard der dort produzierten Musik liefert. Wo die großen kommerziellen Tonstudios noch das Wissensfeld von Elektroingenieuren und Tontechnikern kennzeichnen, wird im kleineren Projektstudio dieses Spezialwissen durch die Digitaltechnik sukzessiv in eine intuitiv zu bedienende Nutzeroberfläche überführt. Die Industriehalle, als das architektonische Dispositiv eines professionellen Arbeitsraums für groß dimensionierte Analogtechnik, wird vom Heim- oder Schlafzimmerstudio abgelöst, in dem digitale Gadgets den Studioapparat bilden. Bereits die ersten Geräte, wie der Movement MCS Drum Computer, von dem Dave Stewart (Eurythmics) einen Prototyp noch in sein ‚Projektstudio' integriert und darauf „Sweet Dreams (Are Made of This)" programmiert hat, lassen diesen Wandel hin zur technischen Spielerei bereits erahnen. „And I had this new drum machine that was a prototype. In fact, the outside of the computer was wood. And it had a tiny little screen that was black and white almost like early Space Invaders or ping-pong."[127]

---

[127] Dave Stewart in: *Eurythmics & the Home Studio. Soundbreaking*, https://www.pbslearningmedia.org/resource/eurythmics-home-soundbreaking/eurythmics-home-soundbreaking. Zugegriffen am 26. Januar 2022, TC: 00:53–01:01. Stewart bezieht sich hier auf „Pong", das Videospiel von Atari.

Die ersten Visualisierungen früher Sequenzer auf Computermonitoren erinnern in ihrem strukturellen Bildschirmaufbau durchaus an die Gaming-Ästhetik der 1980er Jahre. Das Modell, an dessen Grundmuster sich noch heutige Programme orientieren, lieferte der erste vollständig digitale Synthesizer mit integriertem Sampler: das Fairlight CMI (Computer Musical Instrument). Der Fairlight-Synthesizer stellt über die berühmte ‚Page R'-Funktion einen Echtzeit-Sequenzer und Editor über die graphische Oberfläche dar, dessen beschränktes, aber funktionales Design wie ein Computerspiel wirkt. Eine vertikal über das Display von eins bis acht gestaffelte Linienführung symbolisiert die gewählten Sounds auf einzelnen Spuren. Auf der horizontalen Zeitachse lassen sich auf jeder ‚Soundlinie' verschiedene Notenwerte eintragen oder über die Klaviatur einspielen, um ein Pattern zu erzeugen. In spielerischer Interaktion mit dem Display, was unter anderem auch mit einem Lichtgriffel geschieht, lässt sich so sehr leicht Musik komponieren, während die dabei entstehenden Taktmuster den Pixelgraphiken früherer Videospiele ähneln. Beim Movement MSC wünscht der Computer dem Benutzer am Ende allgemeiner Funktionshinweise sogar ein „good luck" zu. Darüber hinaus lassen sich im Information-Sheet offenbar eigene Texte über die Tastatur eingeben.[128] Das inspirierte den Keyboarder Tony Banks von Genesis während der Produktion des gleichnamigen Bandalbums dazu, piktographisch einen eigenen Avatar mit Bogenpfeil durch den Kopf zu entwerfen. Banks betitelte das Computerbild als „the artist at work" (Tony Banks, zit. nach AlternativoPT451 2011, TC: 08:33–08:45) und stellte damit karikaturenhaft einen allegorischen Zusammenhang mit der Nachricht für das Spielende bzw. *Game-Over* her.

Intermediale Kopplungen zwischen Gaming und professioneller Audiotechnologie lassen sich auf ästhetischer Ebene zwar fortan bis in die Gegenwart hinein nachvollziehen,[129] doch dürfen digital programmierbare Soundmaschinen dabei nicht grundsätzlich auf eine intuitive oder sogar primitive Bedienbarkeit reduziert werden. Die umfangreichen Benutzer-Handbücher der Hardware-Sampler und digitalen Synthesizer-Workstations zeugen im Gegensatz von komplexen, steuerbaren Systemen. Doch richten sich ihre Interfaces zunehmend an Komponisten, die nicht mehr zwangsläufig professionelle Musiker oder studierte Ingenieure sein müssen. Mit geringem technologischem Aufwand können Musikinteressierte im eigenen Schlafzimmerstudio eigene Kompositionen produzieren und erfolgreich vermark-

---

[128] Vgl. Belaen 2017. Vgl. MCS-2 Vemia 2012, https://secure.flickr.com/photos/28928718@N07/albums/72157629310409198. Zugegriffen am 26. Januar 2022.
[129] Das Unternehmen *Reactable* etwa konzipiert digitale Systeme zur Klangerzeugung und Musikproduktion, deren Oberflächenästhetik sich deutlich am Spieledesign orientiert (https://reactable.com).

ten.[130] Daher lässt sich vorerst festhalten, dass, aufgrund der digitalen Audiotechnologie, das Potential des DIY Recording Studios Professionalität ebenso einschließt, wie es Subjekten mit weniger oder überhaupt keinen fachlichen Kenntnissen einen Zugang zu einem hohen technischen Standard der Musikproduktion ermöglicht. Wichtig erscheint in diesem Zusammenhang jedoch die Sphäre der privaten Räumlichkeit, also des *Home-* oder *Bedroom* Studios, wie es u. a. auch von Annie Lennox beschrieben wird: „We didn't like big intimidating studios. You go in there and it's all, you know, big desks and it's very glossy and it's like a big Rolls-Royce as opposed to, like a little Volkswagen. We like the Volkswagen."[131] Bevor die Eurythmics im Zuge ihres Welterfolgs mit ihrem Studio die Kirche in Crouch End bezogen, mieteten sie sich im Dachgeschoss einer Bilderrahmenfabrik ein und experimentierten mit den neuen audiotechnologischen Möglichkeiten. Die bescheidene Atmosphäre und die damit verbundene Abkehr von den großen luxuriösen Rockstudios prägen maßgeblich den Sound ihrer Produktionen. Ein paar Synthesizer und Drumcomputer werden mit einem Tonband verschaltet und bereiten Lennox' Stimme den soundästhetischen Boden. Die auf die synthetischen Klänge reduzierte Ästhetik ist das Produkt eines Minimalismus, der sich auch aus der Schlichtheit des kleinen Studioraums ergibt. Auf das DIY-Studio, für das Stewart und Lennox noch einen externen Raum anmieteten, trifft die Bezeichnung *Home Studio* im Sinne vom ‚Studio im privaten Wohnraum' sicherlich nicht eindeutig zu, obwohl das technisch-räumliche Dispositiv damit nahezu identisch ist. Der wesentliche Unterschied sind die räumliche Anbindung oder Integrationsfähigkeit des Tonstudios in den privaten Lebensraum, wie dies auch bereits Paul Théberge geschildert hat:

> The home studio is, above all, a private space. Studios tend to be located in bedrooms, dens, or basement rec rooms, far from the main traffic of everyday life. [...] The home studio is thus, by design, a private space within a private dwelling. (Théberge 1997, S. 234)

Undifferenziert bleibt bei Théberge allerdings, dass sich das Heim- vom Schlafzimmerstudio wiederum dahingehend unterscheidet, dass ersteres einen abgeschlossenen Bereich innerhalb des eigenen Wohnraums definiert. Dies kann eben ein Keller, eine Garage oder ein ausgebauter Dachboden sein, die ihrerseits natürlich auch mit einfachen oder umfangreicheren Maßnahmen akustisch verbessert werden können. Klare Grenzen zum professionell abgemessenen Abhörraum lösen sich dabei mit dem Grad der raumakustischen Optimierung auf und lassen sich oft

---

130 Siehe im Folgenden am Beispiel des Musikproduzenten Denis Berger alias *PVLACE*.
131 Annie Lennox in: *Eurythmics & the Home Studio*. https://www.pbslearningmedia.org/resource/eurythmics-home-soundbreaking/eurythmics-home-soundbreaking/. Zugegriffen am 26. Januar 2022, TC: 01:20–01:34.

kaum mehr erkennen. Ein *Home Studio* ist also ein *DIY Recording Studio*, das in einem abgeschlossenen Bereich innerhalb des eigenen Wohnraums gelegen ist. An diesem Punkt unterscheidet es sich vom sogenannten *Bedroom Studio*, das der Bezeichnung nach nur einen Teilbereich, vornehmlich des Schlafzimmers, einnimmt. Aus raumsoziologischer Perspektive lässt sich die wesentliche Differenz hierbei auf den Aspekt der Intimität herunterbrechen. Das Zuhause ist in der Regel ein persönlicher und familiärer Schutzraum, innerhalb dessen Freizeit- respektive Studioräume potentiell auch für Gäste und Besucher zugänglich sind, wenn nicht diese sogar exklusiv hierzu eingeladen werden. Vor dem Hintergrund, dass Musizieren allgemein auch als soziale Praktik verstanden werden kann, ist anzunehmen, dass im *Home Studio* kollaborative Produktionen unter der körperlichen Anwesenheit anderer Personen wahrscheinlicher sind als im eigenen Schlafzimmer. In Anlehnung an John Richards wäre das klassische *Home Studio* im Vergleich von Bell daher eher als ein „do-it-with-others (DIWO) studio" (Bell 2018, S. 189) zu verstehen und das *Bedroom Studio* hingegen dezidiert als ein „do-it-alone (DIA) studio" (ebd., S. 186). Das eigene Schlafgemach ist etwa im Gegensatz zum Wohnzimmer nämlich kein Ort der Repräsentation und der Gastfreundschaft (vgl. Steets 2019, S. 143). Es ist der Ort für Intimität und stellt auch innerhalb der Familie eine persönliche Rückzugsmöglichkeit dar, die für andere eher verschlossen bleibt. Ausgenommen werden hier meist nur die Mitglieder der Kernfamilie, wie es vor allem die enge Zusammenarbeit des Produzenten Finneas O'Connell mit seiner Schwester Billie Eilish beschreibt:

> There is a crazy intimicy I think to what we doing. There is such a kind of a like private feeling to what we doing, because we are not at a recording studio where different people are there everyday and people are down the hall, cause it's our house and it's where we live and it's where we experience everything. (Finneas O'Connell, zit. nach AWAL 2019, TC: 02:39–02:57)

Das Album *When We All Fall Asleep, Where Do we Go?* (Eilish 2019) des Geschwister-Duos reflektiert eben diese Intimität des *Bedroom Studios* und wurde im Jahr 2020 dafür mit mehreren Grammys prämiert, u. a. für ‚Best Engineered Album, Non-Classical' und O'Connell selbst als ‚Producer of the Year'. Damit zielen sie im Zeitalter von Social Media, in dem Personen des öffentlichen Lebens ihren privaten Alltag audiovisuell inszenieren und mit den Fans teilen, auf Authentizitätseffekte, die auch schon Bruce Springsteen 1982 mit seinem Album *Nebraska* oder später Bon Iver klanglich bedienten – allerdings mit dem wesentlichen Unterschied, dass man Billie Eilish die Eigenproduktion qualitativ nicht unbedingt anhört. Bei Springsteen oder auch Bon Iver speist sich das vermeintlich Authentische aus dem rohen und ungeschliffenen Soundmaterial. Das studiotechnisch Einfache und Reduzierte wird hierbei zum akustischen Echtheitszertifikat. Bei Eilish hingegen, die sich mit ihrem

Genre eher im Bereich der elektronischen Popmusik bewegt, wodurch wiederum das Studiosetup medientechnisch andere Schwerpunkte voraussetzt, ist es vor allem die Soundästhetik ihrer Stimmperformance, die eine gewisse Nähe herstellt. Mit leisem Hauchen und Flüstern erzeugt Eilish einen brüchigen Gesang, indem sie das mediale Phänomen *Autonomous Sensory Meridian Response* (ASMR) musikalisch nutzt.

ASMR versteht sich als ein Internet-Phänomen, bei dem Videos produziert werden, die spezifisch über akustische Reize das Empfinden der Rezipienten stimulieren. Zu den maßgeblichen sensorischen Empfindungsreizen zählt die menschliche und im Mikrokosmos der ASMR-Community vornehmlich die weibliche Stimme (zu Gender und ASMR vgl. Andersen 2014). Hierbei werden nah am Mikrophon Stimmenlaute produziert, die, bei dafür sensiblen Menschen, typische Affekte wie angenehmes Hautkribbeln und Tiefenentspannung auslösen (vgl. Kirschall 2014, S. 19), weshalb Sonja Kirschall bei ASMR auch von einem teletaktilen Medium spricht (vgl. ebd., S. 23). Beliebte stimmliche Strategien sind in diesem Zusammenhang etwa Flüstern, Atmen oder das *Soft Speaking*, dass „zu vibrierenden, musikalischen Tönen [führt] und [...] individuelle Merkmale der Stimme, vor allem der Klangfarbe erkennbar [macht]" (ebd., S. 26). Auch das *Inaudible Whispering* ist zu nennen, bei dem vor allem die Phonetik der Sprache, und zwar durch das Akzentuieren von Plosiv- und Verschlusslauten, ästhetisiert wird. Diese Effekte können im Studio durch den Einsatz von Dynamikprozessoren medientechnisch kontrolliert, also verstärkt, vermindert oder auch rhythmisiert werden. Diese soundästhetischen Strategien, auf die sich auch Eilish und ihr Bruder hervorragend verstehen, fabrizieren eine „akustische Ameisenperspektive" (ebd., S. 27) und stellen eine gewisse Authentizität her, „da sie den Körper des ASMRtist so als präsenten, greifbaren Körper [konstituieren], aber auch als ungekünstelten, eigensinnigen Körper, der oft Geräusche produziert, die nicht vollständig zu kontrollieren sind" (ebd., S. 28). Selbstironisch beginnt das Album von Eilish deshalb auch mit klappernden Geräuschen, die sie kommentiert mit: „I have taken out my invisalign [Zahnschiene] and this is the album." (Eilish 2019, TC: 00:14) Natürlich dirigiert O'Connell jede Silbe, jeden Atemzug und jeden Schmatzer seiner Schwester präzise in das Timing des Arrangements und nutzt alle Laute als Gestaltungselemente für die sonische *Mise en Scène* des Songs. Doch die Nähe bzw. die medialisierte Intimität bleiben als der körperliche Rest einer musikalischen Adaption der ASMR-Ästhetik bestehen. „In ASMR, the intimacy is intensified through the primacy of the body: the sensuality and physicality of the content being created and consumed, and the centrality of its visceral, carnal effects." (Harper 2020, S. 96)

Bei ASMR besitzen die Stimmlaute jedoch nicht die einzige mediale Authentifizierungsfunktion, sondern sie korrelieren mit der visuellen Ebene der Videos. Entscheidend dabei ist vor allem, dass ASMR DIY- (oder präziser *do-it-alone-*)Produktionen darstellen. ASMRtistinnen produzieren und filmen sich allein im eigenen *Bedroom Studio*, wobei zur raumakustischen Reflektionsverringerung Decken und Matratzen genutzt werden (vgl. ASMR Charlie 2021). Die eigenen Schlafzimmer dienen auch Finneas O'Connell und Billie Eilish als zentrales Motiv der Vermarktung. Eilish selbst gibt Videointerviews, sitzend auf ihrem oder liegend im Bett ihres Bruders (vgl. triple j 2020 und CBS Sunday Morning O. J.). Darüber hinaus posiert Eilish auf dem Albumcover gewohnt ‚creepy' auf einem mit weißem Laken bezogenen Bett.[132] Der intime Blick ins Schlafzimmerstudio sowie dessen Sonifikation spielen auf künstlerischer Ebene mit dem, was Paul Virilio als „universellen Voyeurismus" (Virilio 1998) begreift. Virilio erkennt eine neue Form der Tele-Vision, bei der es weniger um die klassische Masseninformation oder -unterhaltung geht; „vielmehr dringt sie in den häuslichen Bereich von Privatleuten ein und stellt diesen zur Schau" (ebd.). Dabei weicht „[d]ie Angst vor der Zurschaustellung der eigenen alltäglichen Intimität [...] dem Wunsch, diese Intimität den Augen aller übermäßig zur Schau zu stellen" (ebd.). Im Kontext der Globalisierung und digitalen Netzkultur wird das Sichtbare dabei zur Ware und somit zum Vermarktungskalkül. An diese Verkaufslogik knüpft auch Apple an, in dem das Unternehmen aus dem Narrativ der Intimität und dem voyeuristischen Blick ins *Bedroom Studio* von Finneas O'Connell eine Marketingstrategie entwirft. Ohne weitere Ankündigung seitens des Unternehmens befindet sich ‚versteckt' in der Apple-DAW Logic Pro X ab Version 10.5 die Projektdatei des Songs „Ocean Eyes" (Eilish 2017) von Billie Eilish in der Originalfassung, wie sie von O'Connell produziert wurde. Mit Erwerb der entsprechenden Programm-Aktualisierung erhält der Benutzer auf diese Weise gleichzeitig eine vollständig technische und künstlerische Transparenz über das Produktionsverfahren des Songs, der Eilish und ihrem Bruder 2016 zum großen Durchbruch verhalf. O'Connell, der das Stück nahezu vollständig mit den Logic-eigenen Plug-Ins produziert hat, legt sein Produzentengeheimnis offen, was sich im Netz erwartungsgemäß rasch verbreitet und seinen Werbezweck erfüllt. Die Projektsession gewährt tiefe Einblicke in den Schaffensprozess und die Zusammenarbeit mit seiner Schwester, denn es lassen sich nicht nur die technischen Schritte über die Parametereinstellungen der Software verfolgen. Über die automatisch von Logic generierten Nummerierungen der aufgenommenen *Audioregions* lassen sich zudem alle Takes des Gesangs und dessen schrittweise Montage nachvollziehen. Dabei offenbaren sich auch alle tonalen Unsicherheiten in der Gesangsperformance, die von O'Connell herausgeschnitten und durch alternative Aufnahmen ersetzt und ausgeglichen wurden. Über das Medium der DAW können Nutzer somit akustisch bis vor das Mikrophon in den Privatbereich des Schlafzimmers vorrücken, also an

---

132 Vgl. Billie Eilish, *When We All Fall Asleep, Where Do we Go?*, Album Cover.

den Ort, der Eilish und ihrem Bruder gleichzeitig als Wohn- und Produktionsraum dient. Der Inhalt der ‚geheimen' Werbebotschaft ist dabei eindeutig: ‚Jeder kann mit Logic Pro im eigenen Schlafzimmer Welthits produzieren.'

Es ist eine Erfolgsgeschichte, die auch der deutsche Denis Berger alias PVLACE zu schreiben versteht. Aus seinem ‚Kinderzimmer' in Heilbronn komponierte sich der heute 25-jährige Hobbymusiker Berger per Laptop in die Topriege US-amerikanischer Produzenten. 2018 unterschrieb der Schwabe beim Produzenten-Team 808 Mafia und verzeichnet seitdem mehrfache Gold- und Platinauszeichnungen für Arbeiten mit Weltstars wie Future, Migos oder Wiz Khalifa (vgl. Stoppa 2021). Dabei sind Bergers Produktionen nicht nur ein weiteres Beispiel für das Potential des *Bedroom Studios*, sondern paradigmatisch für die Produktionsbedingungen zeitgenössischer Popmusik.

> Ich bin sozusagen der Anfang von der Produktionskette. Die Beats sind ja das Schlagzeug (die Drums) und die Melodie und ich exportier die Melodie komplett einzeln, ich send es dann zu anderen Produzenten und die fügen dann das Schlagzeug hinzu, damit der komplette Beat entsteht. Und ich spezialisiere mich halt auf die Komposition, auf den Loop. (Denis Berger, zit. nach ebd., TC: 01:50–02:11)

Anhand des Hip-Hop-Genres werden Spezialisierungen und arbeitsteilige Prozesse deutlich, die wesentlich auf eine maximal-ökonomische Effizienz zielen. Schnelligkeit und eine hohe Produktionsdichte sind innerhalb der Musikindustrie heute ebenso entscheidend wie ein hoher Standard an Soundqualität. Um diesen Anforderungen zu genügen und die eigene Marktfähigkeit herzustellen, etablierte sich wegweisend mit der Figur Frank Dukes seit den 2010er Jahren die sogenannte *Loop-Economy*. Wie bereits in Kapitel 3.4 dargelegt, reagieren Unternehmen und Produzenten wie Dukes damit auf das für die Hip-Hop-Musik urheberrechtlich problematische, aber kulturell konstituierende Artefakt des Samples. Innerhalb einer kollaborativen Kette erstellen Komponisten samplefähige Loops, die dann von anderen Produzenten selektiv weiterverwertet werden. Die Musikproduktion erfährt dabei eine Dezentralisierung, während das einzelne Tonstudio, als Ort und Raum einer bestimmten soundästhetischen Identität, an Bedeutung verliert. Die Konstituierung des von Théberge in diesem Zusammenhang bezeichneten „Network-Studio" (vgl. Théberge 2004) kennzeichnet gleichzeitig die Transformation des Tonstudios in einen Nicht-Ort: „So wie ein Ort durch Identität, Relation und Geschichte gekennzeichnet ist, so definiert ein Raum, der keine Identität besitzt und sich weder als relational noch als historisch bezeichnen läßt, einen Nicht-Ort." (Augé 1994, S. 92) Die nach Marc Augé für die ‚Übermoderne' attestierte Raumlogik des Nicht-Ortes erscheint vor dem Hintergrund der raumakustischen Studioarchitektur und ihrer Entwicklungsgeschichte evident. Wo die großen Studioinstitutionen noch maßgeblich den Sound ihrer Produktionen durch die eigene Räumlichkeit definieren, wird mit der audiotechnischen Raumsimulation und der akustischen Neutralisierung des Studios gleichzeitig auch das Auratische bzw. das sonische Alleinstellungsmerkmal beseitigt. Die akustische Isolation enthebt den Raum zudem aus der Verbindung mit dem Soundscape seiner topographischen Umgebung. Théberge erkennt darüber hinaus eine damit in Korrelation stehende Soziodynamik, die weg von einer Identifikation mit der lokalen Musikszene hin zu einer mehr globalisierten Soundkultur der Genres führt:

> Despite the promotional discourses that portrayed each studio as unique, they were, by and large, essentially identical in character: acoustically dead, less connected to local musicians and musical styles and more intent on reproducing music in a variety of "international" genres, and possessing a range of increasingly sophisticated and standardized recording technologies. (vgl. Théberge 2004, S. 769)

Räumliche Isolation bedeutet hier also auch eine Entbindung von lokaler Identität.

Diese Entwicklung hat mit der Digitalisierung des Studioapparates deutlich an Fahrt aufgenommen und Normstudios produziert, die im direkten Vergleich untereinander fungibel sind. Dies zeigt sich vor allem am neuen Standard der digitalen *Midi*-Schnittstelle (Musical Instrument Digital Interface, eingeführt 1982), die Steuerinformationen zwischen elektronischen Instrumenten überträgt. Über das Midiprotokoll lassen sich etwa musikalische Parameter, wie etwa die Tonhöhe oder Anschlagsstärke einer Keyboardklaviatur, in einen digitalen Code umwandeln und unabhängig vom Ursprungssound speichern. Aufgenommen werden also nur Steuerdaten, die bei ihrer Wiedergabe zurück an den Klangerzeuger geschickt werden und den dort generierten Sound adressieren. So ist es mit geringen Datengrößen möglich, digitale Soundmodule über einen Sequenzer zu synchronisieren und die eingespielte Performance über die entsprechenden Steuerbefehle auch zu editieren. Studios besitzen damit den praktischen Vorteil, dass sich Kompositionen auf Midibasis leicht austauschen lassen. Weil eben nicht der Originalsound als Audiodatei im Speichermedium abgelegt wird, bleiben die bei der Wiedergabe der Mididaten angesteuerten Klänge variabel. Eine Spur, die beispielsweise mit einem Pianosound bespielt wird, kann per Midi im Anschluss ohne Weiteres von einem Moog-Synthesizer oder einer beliebigen Samplebank wiedergegeben werden. Théberge schlussfolgert daraus, dass

> [t]he increasing dependence on MIDI technology, and the prefabricated sound programs associated with it [...] led many to criticize this period as one in which much popular music began to sound the same: not only had the studio become a non-place but, in the process, it seemed that it had become incapable of producing original sounds. (Ebd., S. 773)

Midi treibt die digitale Vernetzung des Tonstudios im gleichen Maße an, wie es zu seiner funktionalen Homogenisierung beiträgt. Dispositiv-theoretisch entsteht hieraus quasi eine Notwendigkeit oder eine mediale Anforderung, auf die das Sounddispositiv ‚strategisch' reagieren muss. Denn erhält ein Studio Fremdmaterial in Mididaten, fehlen die Originalklänge zum jeweiligen Projekt. Um dieser Problematik zu begegnen und eine Vergleichbarkeit der Klänge zu ermöglichen, wurden ab 1991 digitale Soundgeneratoren mit dem General Midistandard (GM) ausgestattet. Das Protokoll weist 128 Midikanälen konkrete Sounds, also Inhalte, zu. (Auf Kanal 1 befindet sich zum Beispiel immer das ‚Acoustic Piano', während Kanal 10 immer den Klang eines Glockenspiels ansteuert usw.) Damit kommt es zu einer medientechnischen Synchronisation der Tonstudios, aber auch zu einer soundästhetischen Gleichschaltung, die die klangliche Originalität oder Individualität unterminiert. Die Möglichkeit der maschinellen Metronomisierung der Musik bzw. die Quantisierung (also das ‚ins-vorgegebene-Taktraster-setzen') der Mididaten als Korrektiv unterstreichen diesen Aspekt der digitalen Standardisierung und markieren dabei gleichzeitig einen Verlust an spezifischem Profil der Tonstudios: „Der Raum des Nicht-Ortes schafft keine besondere Identität und keine besondere Relation, sondern Einsamkeit und Ähnlichkeit." (Augé 1994, S. 121)

Théberge argumentiert unter Bezugnahme auf die Theorie der Netzwerkgesellschaft von Manuel Castells, dass in diesem Zusammenhang die Entwicklung des Tonstudios zu einem identitätslosen Nicht-Ort mit der Funktionalisierung als kommunikativer Knotenpunkt zusammenfällt (vgl. Théberge 2004, S. 772). Im Zuge der digitalen Vernetzung über das Internet entstehen laut Castells jenseits industrieller Metropolen zunehmend lokale Produktionsstätten, die als Knoten in einem globalen Netzwerk operieren. Produktionen verlaufen daher zunehmend dezentralisiert, wobei die Strukturen der Netzwerke dennoch hierarchisch organisiert bleiben (Castells 2017, S. 503). Dies spiegelt sich allgemein in der *Loop-Economy* des Hip-Hop und spezifisch am Beispiel des Produzenten PVLACE wider. Berger fungiert als digitaler Knotenpunkt und Zulieferer von Loops an die ihm übergeordnete Dachorganisation 808 Mafia. Er ist die erste kreative Instanz, befindet sich damit aber in einem hierarchischen Abhängigkeitsverhältnis weiterer von ihm unabhängiger Studioprozesse. Der Ort seiner Produktionen spielt keine Rolle, Heilbronn besitzt keine pophistorische Identität und sein Schlafzimmerstudio in der elterlichen Wohnung ist kein Anlaufpunkt für die lokale Szene. Die internationalen Kollaborationen dieser Soundkultur sind daher durch eine Vernetzung von Nicht-Orten gekennzeichnet. *Bedroom Studios* sind laut Augé demnach „der einsamen Individualität, der Durchreise, de[s] Provisorischen und Ephemeren" (Augé 1994, S. 93) zuzuordnen. Die Mobilität digitaler Audiotechnologie verstärkt diesen Effekt, so dass auch Hotelzimmer als Aufnahmestudios und Produktionsstätten dienen und demnach ein klangkulturelles Phänomen darstellen.

Ikonisch für die mobile Studioproduktion in Hotelräumen wird die in dem Film *The Carter* dokumentierte Performance des Rappers Lil Wayne. Die Eingangsszene des Films zeigt Wayne 2008 in einem Amsterdamer Hotel. Er steht mitten im Raum vor einem Studiomikrophon, dass mit einem Laptop verbunden ist (vgl. Jones u. a. 2019, TC: 02:46–04:01). Wayne performt seinen Part für den Song „Swagga Like Us" (Jay-Z und T.I. 2008), auf dem er gemeinsam mit Kanye West und der britischen Sängerin M.I.A. die Rapper Jay-Z und T.I. featured. Der technische Aufbau erscheint rudimentär und provisorisch, denn es gibt keine raumakustische Optimierung. Das Audioprogramm steuert Wayne selbst und manövriert sich allein durch die Aufnahme seines Rap-Textes. Für die Produktionsästhetik und den rohen, trashigen Sound nachfolgender Rap-Mikrogenres wirkt diese Szene stilprägend.

Das Tonstudio geht mit dieser Inszenierung vollständig in einem Nicht-Ort auf. Denn Transitorte wie Flughäfen oder Hotelzimmer sind ‚Räume des Reisenden' und stellen nach Augé den „Archetypus des Nicht-Ortes" (Augé 1994, S. 103) dar. Es sind Räume, die – sicherlich mit ein paar Abstufungen nach Klassenunterschieden – Individuen als Passagiere uniformieren und als ‚Durchgehende' bestimmen. Durch die Verfügbarkeit mobiler Audioproduktionstechnologie kann das Tonstudio im Hotel als ephemerer Raum und Nicht-Ort verstanden werden, das sich architektonisch damit am Ende eines Entindividualisierungsprozesses befindet. Wayne präsentiert sich dabei in einer Geste der Unabhängigkeit, als der ortlose Weltenbummler (auf Promotiontour). Seine Studioarbeit erledigt er in einem transitorischen Zwischenraum und entsagt damit der diskursiven Logik des klassischen Tonstudios als akustisches Mediendispositiv.

6 Wo sind wir, wenn wir Musik produzieren?

Auf die Frage, wo wir sind, wenn wir Musik hören, antwortet Peter Sloterdijk mit einem „in der Primärgestik aller Musik [inhärenten] Dualismus von Ausfahrt und Heimkehr" (Sloterdijk 1993, S. 301). Es ist eine, wie er selbst eingesteht, eher vage Ortsbestimmung, die das hörende Subjekte innerhalb Sloterdijks ‚historischer Ohren-Ontologie' in einer ständigen Bewegung von der Welt weg oder auf sie zu versteht: „sicher ist nur, daß man beim Musikhören nie ganz in der Welt sein kann." (Ebd., S. 307) Entgegen diesem Versuch einer metaphysischen Lokalisierung des musikhörenden Subjekts erscheint die Antwort auf die Frage nach dem Produktionsort musikalischer Schallaufnahmen ebenso trivial wie hochkomplex: Wir befinden uns im Tonstudio.

Das Tonstudio, so viel hat die vorliegende Arbeit gezeigt, lässt sich aus medien- und kulturwissenschaftlicher Perspektive als ein Medienapparat verstehen, der Subjektivierungsprozesse über eine räumlich-technische Anordnung auslöst. Mit dem Konzept des Dispositivs verschränken sich im Medium des Studios dabei theoretische Grundannahmen von Michel Foucault mit denen von Jean-Louis Baudry, wie es in der Rezeption der deutschsprachigen Medienwissenschaft u. a. bereits durch Knut Hickethier, Joachim Paech oder Jan Distelmeyer vertreten worden ist. Die apparative Struktur, die medientheoretisch durch die zentralen Funktionen der Schallspeicherung und -prozessierung beschrieben ist, setzt demzufolge ein Machtgefüge voraus, innerhalb dessen künstlerische Autonomie verhandelt wird. Das Tonstudio kann daher auch als Machtraum verstanden werden, in dem Hierarchien gleichermaßen das Produktionsverfahren bestimmen wie an den Orten ihrer Widerstände Gegenstrategien entstehen können. Dabei hat der Blick auf die medienhistorischen Phasen des Studios offengelegt, dass man von keinem starren Machtkonzept, sondern eher einem dynamischen Kräfteverhältnis ausgehen muss. Dennoch lässt sich in 145 Jahren der Schallaufnahme tendenziell eine zunehmende Demokratisierung beobachten, die mit der (Rück-)Eroberung des Produktionsraums und der Selbstermächtigung über die Soundästhetik des eigenen Werkes durch den Musiker zusammenfällt. In diesem Zusammenhang lösen sich die Architektur und die medientechnische Konfiguration des Tonstudios von einer Ästhetik der Industriegesellschaft ab und erscheinen nunmehr als Zeichen einer durch Flexibilität markierten neoliberalen Ökonomisierung. Ziel dieser Untersuchung war es daher, die Tonproduktion als einen durch die Struktur des Mediendispositivs bedingten Handlungsraum und das Studiodesign als Repräsentation einer (pop-)kulturellen Ordnung zu verstehen. Hier zeigt sich, dass soundästhetische Strategien in einem Bedeutungszusammenhang mit der Raumlogik und der Architektur ihrer Produktionsorte stehen. Eine signifikante Funktion besitzt dabei die Raum- und Bauakustik des Tonstudios selbst.

Bereits in der Frühphase der phonographischen Schallaufzeichnung wird die Raumarchitektur der Aufnahmestudios von der mechanischen Medienapparatur bestimmt. Die techno-deterministischen Konsequenzen der Phonographie für die Akustik des Aufnahmebereichs sind in Bezug auf die Aufstellung und Ausrichtung der Schallquellen vor dem Trichter sowie die damit korrelierenden geringen Raumkapazitäten hinlänglich erforscht und diskursiv erschlossen. Durch die Untersuchung früher Studioarchitekturen ließ sich jedoch eine Hierarchisierung des Produktionsverfahrens nachvollziehen, die bisher erst im Zusammenhang der elektrisch-verstärkten Mikrophontechnologie und der Isolation des Kontrollraums erkannt wurde (vgl. Thompson 1997, S. 616–620; Volmar 2010, S. 165; van Keeken 2021, S. 102). Aus einem Artikel von 1906 wird deutlich, dass in der Architektur der Edison-Studios im Knickerbocker-Building bereits eine Trennung von Aufnahme- und Abhörraum realisiert worden ist. Nach Aufnahme eines Werks wurde die beschriebene Wachswalze in einem Nebenraum (*Test Room*) von einem Komitee aus Kritikern abgehört und unter Berücksichtigung eines technischen Qualitätsmaßstabs ästhetisch beurteilt. Die musikalischen Direktoren sowie die Musiker selbst blieben von diesen Entscheidungsprozessen ausgeschlossen. Die Rangordnung, in der Kritiker und technische Aufnahmeleiter funktional höhergestellt werden als Künstler, wurde bereits in die Architektur der Edison-Studios integriert, weshalb hier der strukturelle Nullpunkt für die Souveränität des Produzentensubjekts festzustellen ist.

Allgemein kennzeichnen die bautechnischen Konstruktionen der frühen Tonfabriken laut Alan Williams die Übergangsphase vom akustischen Laborexperiment hin zu einem neuen beruflichen Tätigkeitsfeld. Maßgeblich unter Bezugnahme auf Karin Knorr Cetina, Bruno Latour und Antoine Hennion konnte allerdings durch einen Akteur-Medien-theoretischen Zugang gezeigt werden, dass die Raumlogik des Laboratoriums auch in modernen Studioprozessen fortbesteht. Nach Hennion verhält sich eine Musikproduktion grundsätzlich analog zu den Trial-and-Error-Experimenten im naturwissenschaftlichen Labor. Demnach wird an beiden Orten versucht, innerhalb nicht-öffentlicher Räumlichkeiten durch eine apparative Anordnung unbekannte Größen zu bestimmen. Im akustischen und gleichzeitig sozialen Isolationstank des Studiolabors operieren Produzenten und Versuchsleiter dabei als Mediatoren zwischen Kunst, Industrie und Öffentlichkeit. Künstlerische oder medientechnische Fragmente werden als Rohmaterialien in einer Versuchsschleife so lange miteinander kombiniert, bis im Erfolgsfall als Ergebnis ein neues Publikum adressiert und somit die fehlende Variable bestimmt werden kann. Dadurch werden gleichzeitig semiotische Prozesse ausgelöst, die Realität erzeugen, wobei Messverfahren zum Beispiel über graphische Displays oder andere bildgebende Verfahren repräsentiert und ausgewertet werden. Die Subjekte treten mit Medien dabei in hybride Akteur-Netzwerk-Verhältnisse ein, so dass den Dingen und Maschinen gleichwertige Aktionspotentiale zugestanden werden, wie auch der Mensch als handlungsmächtiger Akteur gilt. Aus den medientechnisch bedingten Studioversuchen entstehen im angestrebten Idealfall neue Soundobjekte, wodurch in weiteren experimentellen Übersetzungsverfahren (Marketing, Tanzbewegung, Musikvideo) eine Referenzialität bzw. eine Soundsignatur generiert werden kann. Sound erscheint dabei als ein Laborprodukt aus miteinander verschalteten Medienmaschinen. Mit Digitalisierung der Audiotechnologie erscheint der Analogieschluss von Laborexperiment und Studioproduktion allerdings weniger haltbar. Wie Eliot Bates bereits ähnlich argumentiert, lassen sich im digitalen Studio durch ‚*undo*-Funktionen' die individuellen Arbeitsschritte und Fehler nahezu beliebig rückgängig machen (vgl. Bates 2012, o. S.). Ein naturwissenschaftliches Experiment hingegen muss in der Regel vollständig wiederholt werden. Dennoch lässt sich zwischen Labor und Studio eine strukturelle Ähnlichkeit erkennen, die für die Phasen der mechanischen, elektrischen und elektromagnetischen Schallaufnahme ein Disziplinarregime aufzeigt. Für die Durchführung experimenteller Vorgänge wird besondere Geschicklichkeit vorausgesetzt, die ein gewisses Maß an Affektkontrolle und Frustrationstoleranz bedingt. Der eigene Körper dient innerhalb der Versuchsanordnungen auch als Messinstrument, so dass das Subjekt hierbei als ein körperlich geschultes in Erscheinung tritt. An das Gelingen des Experiments sind zudem ökonomische Faktoren, wie der Verbrauch von Ressourcen, geknüpft, woraus eine erhöhte Belastung resultieren kann. Negativfolgen konnten in der Phonographie etwa am Beispiel der „Trichterfurcht" kenntlich gemacht werden.

Disziplin und Leistungsfähigkeit gehören daher zum Habitus der Studiosubjekte, allenfalls droht die Bestrafung mittels medientechnischer Schnitttechniken. Anfällige Körper können so entfernt und ersetzt werden, wie es bekanntlich Walter Legge in einer Produktion von Wagners *Tristan und Isolde* vollzogen hat. Höhere Gesangspassagen der Sopranistin Kirsten Flagstad ließ der Produzent von seiner Ehefrau, Brigitte Schwarzkopf, korrigieren und kompensierte dadurch die Schwächen einer Stimme durch die Stärken einer anderen (vgl. Beadle 1993, S. 28). Diese Optimierungstendenzen sind im Mediendispositiv begründet und strukturell etwa über die Architektur von Übungsräumen implementiert (vgl. o. V. 1906, S. 6). Mit der Elektrifizierung des Tonstudios wirken Mikrophone darauf wie akustische Brenngläser und dienen äquivalent zu ihrer medientechnischen Funktion nicht nur als Schallverstärker, sondern katalysieren gleichzeitig die autoritären Effekte eines Disziplinarregimes. Dies konnte vor allem anhand der Parzellierung von Aufnahme- und Kontrollraum gezeigt werden, wobei sich die macht-soziologischen Folgen dieser Ordnung über das panoptische Dispositiv nach Foucault verstehen ließen. Im Tonstudio werden demnach akustische Isolationskammern durch ein vom Kontrollraum gesteuertes Hörregime durchsetzt. Jede Regung vor dem Mikrophon kann in der Tonregie potentiell abgehört und der Kommunikationsfluss von der Schaltzentrale aus gesteuert werden. Diese Formen der medialen Überwachung und kommunikativen Disparität konditionieren das Künstlersubjekt, welches die Mechanismen des panakustischen Tonstudio-Dispositivs inkorporiert und gegen sich selbst richtet. Mit Etablierung des Magnettonbandes und der Option des *Overdubbing*-Verfahrens intensiviert sich nach Williams schließlich der Disziplinareffekt des Studioapparates, da der Künstler während der Aufnahme anderer im Kontrollraum selbst die Überwacherperspektive einnehmen kann. Das Tonband erlaubt das sukzessive Schichten von Audiospuren, so dass eine Aufnahme nicht mehr zwangsläufig die Speicherung eines singulären Schallereignisses voraussetzt. Wird ein Werk daher nach individuellen Instrumenten und Stimmen fragmentiert, ermöglicht es während der Produktion den nicht aktiven Künstlern, im Kontrollraum temporär die Abhörposition zu teilen. Die dort zu beobachtenden medientechnischen (‚Geheim'-)Operationen, ästhetischen Urteile und Reglementierungen konstituieren ein hierarchisiertes Regelsystem, bei dem die Produzenten die Souveränität besitzen. Das Tonstudio offenbart sich in dieser Gestalt als medialer Machtapparat und Herrschaftsraum, in dem der Künstler als Unterwerfungsfigur fungiert.

Das in dieser Arbeit damit konzipierte Studioregime findet mit dem Produzenten Phil Spector einen seiner prominentesten Repräsentanten. In Spectors Produktionsästhetik verdichten sich künstlerische und mediale Praktiken zu einem Bedeutungskomplex, der wesentlich das Tonstudio als repressives Ordnungssystem hervorbringt. In diesem Zusammenhang resonieren zugleich die Akustik und Raumarchitektur des Gold Star Studios mit den dort operierenden Machtmechanismen. Denn die musikalische Individualität einzelner Studiosubjekte wird sowohl von den durch endlose Wiederholungen dominierten Aufnahmeprozessen als auch vom Apparat selbst aufgesogen. Im Ergebnis entsteht eine Klangwand, in der sich die akustischen Spuren des Individuums zugunsten eines übergeordneten Effekts aufzulösen scheinen. An diesem Punkt, so konnte gezeigt werden, korreliert die *Wall of Sound* mit dem, was Adorno zu Richard Wagners Konfiguration der Klangfarben festgestellt hat. Demnach vollziehen sich über die Raumakustik des Bayreuther Festspielhauses und der Instrumentierung in Wagners Werken Momente der Entsubjektivierung. Es sind Momente, in denen gezielt akustische Interferenzen produziert werden, die „die subjektiven Teilaktionen" (Adorno 1952, S. 102) einzelner Instrumentalisten retuschieren. Entsprechend erscheint Spectors ästhetische Strategie als eine medientechnische Radikalisierung von Wagners Klangkonzeption. Entscheidend ist hier darüber hinaus, dass das Tonstudio damit von dem Anspruch eines klangneutralen Abbildmediums befreit und in ein originäres Musikinstrument und Kompositionswerkzeug transformiert wird. Die von

Spector produzierten Werke bilden dabei genuine Studioartefakte, die ästhetisch von einem neuen Paradigma bestimmt werden: Sound.

Mit dem Soundbegriff wurde in dieser Arbeit an das medientheoretische Konzept von Friedrich Kittler angeschlossen. Demnach kann Sound produktiv als ein akustischer Medieneffekt von Audiotechnologie verstanden werden. Im Anschluss an Niklas Luhmann konnte darüber hinaus gezeigt werden, dass Sound die akustische Form und damit gestaltetes Material des Mediums Tonstudio darstellt. Diese Makroform wird wiederum durch eine medientechnisch konfigurierbare Mikrostruktur gebildet, so dass Sound sowohl als Form wie auch als formbares Material erscheinen kann. In der Nähe dieser Definition bewegt sich der Begriff des Sonischen, wie er durch Peter Wicke und anschließend auch durch Wolfgang Ernst definiert worden ist. Dabei wird versucht, eine Beschreibungsebene zwischen dem Symbolischen und Realen einzuführen, von der aus ganz allgemein die kulturelle Formung physikalischer Schallereignisse bezeichnet werden kann. Das Sonische operiert daher an einer Schnittstelle von (Elektro-)Akustik und Ästhetik. Ferner erscheint in medien- und kulturtheoretischer Begriffserweiterung Sound als ein zunächst ästhetisches Sekundärprodukt medienakustischer Elektronik, was sich unter popkulturellen Vorzeichen zum dominierenden Fetisch entfalten konnte. So konnte dargelegt werden, dass vor allem für Film- und Popmusik die spezifischen Klangcharakteristiken der Produktionsmedien konstitutiv sind. Hierbei können sich z. B. soundästhetische Idealvorstellungen auf ein (sonisches) Objektbegehren richten. Versteht man Sound daher als entscheidenden ästhetischen Parameter, rückt gleichzeitig der Studioapparat in den Fokus dieser Objektbegierde. Das Tonstudio konnte deshalb als Repräsentationsraum eines Soundfetischismus betrachtet werden. Dabei erscheint es manchmal als ‚magisches' Korrektiv, als symbolischer Gegenstand einer Klangordnung, als Pilgerstätte und Reliquie eines Ahnen- oder Totenkults sowie auch als Lustobjekt. Wie im animistischen Milieu entspricht der Fetisch einem kraftgeladenen Ding und einem symbolischen Ordnungsprinzip, so dass er seinen Eigentümern dabei auch zur Machtdemonstration dienen kann.

Aus dieser Fetischisierung der technologischen Klangästhetik resultiert letztlich eine neue medienkulturelle Ordnung. Hierbei lässt sich das Tonstudio nach Markus Stauff als mediales Mikrodispositiv einer Makrostruktur erkennen (Stauff 2005, S. 118ff.). Als solch ein abstraktes Gefüge aus Diskursverflechtungen und medialen Praktiken kann mit dieser Analyse wesentlich das Sounddispositiv bestimmt werden. Das Tonstudio erscheint innerhalb dieses heterogenen Netzes als ein konstitutives Teilelement, als sein Triebwerk und Wissensobjekt. Das Sounddispositiv absorbiert dabei seine Subjekte und bestimmt über deren Autonomie. Innerhalb des Studioregimes eines Phil Spectors kann das Individuum daher auf ein dirigierbares Soundobjekt reduziert werden und eine höhere ästhetische Struktur stabilisieren, in der es selbst wieder aufgelöst wird.

Bezüglich der Arbeiten von Rolf Großmann und Dieter Mersch konnte jedoch dargelegt werden, dass medienästhetische Praktiken der Soundproduktion vor allem dann von besonderem Interesse werden, wenn sie durch Gegenoffensiven mindestens einen Differenzpunkt des Dispositivs freilegen. In diesem Fall wird das Tonstudio als Widerstandsort und Sound als Ästhetik der Subversion aktiviert. Derartige Formen einer ästhetischen Antidisziplin, wie sie bereits in der von Michel de Certeau beschriebenen Kombinationskunst von Alltagspraktiken sichtbar geworden sind, konnten auch anhand des Soundsamplings herausgearbeitet werden. Sampling stellt dabei eine soundästhetische Ermächtigungsstrategie über phonographisches Fremdmaterial dar, was gleichzeitig geschützte Urheberrechte attackiert und herausfordert. Diesem kulturellen Notstand wurde mit der Vereinnahmung des subkulturellen Kapitals begegnet, in dem die im *Crate Digging* begründeten Wissensformen in digitale Codes von Onlinediensten übersetzt und kommerzialisiert worden sind. In den programmierten Soundbibliotheken wird die Bricolage als klangästhetische Praktik institutionalisiert, reglementiert und einer Normierung unterworfen. Samples werden dabei u. a. nach Nationalitäten, Genres und Geschlechtlichkeit kategorisiert und offenbaren dabei nicht selten eine auf kulturellen Stereotypen basierende Klangordnung.

Entlang dieser Konfliktlinien konnte das Tonstudio gleichzeitig in seiner Archivfunktion diskutiert werden. Dabei wurde deutlich, dass im Anschluss an Michel Foucault das Studioarchiv ein sonisches Aussagesystem konstituiert. Denn gespeichertes und archiviertes Klangmaterial erscheint im Tonstudio nicht automatisch als etwas Passives oder Wegsortiertes, sondern besitzt vor allem auf digitaler Basis ein kontinuierliches Potential, reaktiviert sowie qua Sampling neu gemischt (remixing) und rekombiniert zu werden. Die Archive der Tonstudios präfigurieren somit quasi soundästhetische ‚Botschaften' und statten ihre Produzenten mit einer gewissen Verfügungsmacht aus. Archivierte Sounds bilden dabei produktive Elemente.

Innerhalb ökonomisierter und kommerzieller Medienarchive kehrt das Soundsample schließlich als Warenfetisch zurück und wird gemäß einer Werbesemantik als begehrtes Soundobjekt gehandelt. Hierbei erweist sich der Musikproduzent als ‚autonomer Prosumer' im Spannungsfeld der Popkultur, die sich ambivalent zwischen kulturindustriellen und subversiven Formen bewegt. Wie Dick Hebdige bereits dargelegt hat, kommunizieren Popkulturen nämlich „mit Hilfe von Waren, auch wenn sie deren Bedeutung absichtlich verzerren oder umkehren" (Hebdige 2013, S. 132). Entsprechend von Roger Behrens' Überlegungen zur Warenform des Sounds lassen sich Tonstudios damit auch als akustische Designmanufakturen begreifen, da sich Popmusikproduktionen nach Behrens tendenziell in ihrem Sounddesign aufheben (vgl. Behrens 2008, S. 182).

Abschließend wurde im letzten Teil dieser Arbeit speziell nach Räumen gefragt, die sich rigiden Studioarchitekturen und damit auch etablierten Machtstrukturen widersetzen. Es wurde versucht, Widerstands- oder Gegenorte aufzuspüren, die das Produktionsstudio als Tonfabrik und Disziplinarsystem partiell oder temporär überwinden können. Hierfür wurde zunächst das Konzept der Heterotopie bemüht, das laut Michel Foucault gesellschaftliche Negations- und Inversionsräume bezeichnet. Kulturelle Normen und Regeln können hier z. B. in ihrer Negativform repräsentiert, herausgefordert und aufgehoben werden. Mit solch einer Perspektive auf Studioarchitekturen musste zugleich ein Zugang über die Bau- und Raumakustik geschaffen werden, die ihrerseits mit soziodynamischen Prozessen teilweise kollidieren oder konvergieren können. Dabei wurden sowohl soundästhetische Strategien auf ihre räumlichen Bedingungen hin als auch Studiodispositive nach deren Differenzialität analysiert.

In einem ersten Analyseschritt konnte die Architektur des Studios anhand seines Raumklangkonzeptes, im Anschluss an die Untersuchung von Kiron Patka zum Rundfunkstudio, als akustische Heterotopie identifiziert werden. Mit einer terminologischen Wendung wurde hierfür der Begriff Heterosonotopie eingeführt und theoretisch präzisiert. Demnach ist ein Tonstudio ein akustischer Erfahrungsraum, der mit dem auditiven Alltag einer Gesellschaft wenige Analogien zulässt. Studios entsprechen in ihrer Idealkonstruktion vergleichsweise einem akustischen Isolationsgehäuse und sind von der Außenwelt abgeschirmt. Um diese Leitidee baulich zu verwirklichen, setzen Ingenieure auf Raum-in-Raum-Modelle, wodurch Studioräume von ihrem architektonischen Grundfundament entkoppelt werden. Studios sind somit von der Außenwelt enthoben. Zudem finden durch eine gezielte Schallabsorption und Diffusoren zugleich eine akustische Neutralisierung und damit auch eine Enträumlichung statt. Andererseits werden durch Hall- oder Echokammern sowie modulare Schallschirme Räume akustisch flexibel und (auch medientechnisch) nachgebildet. Studios produzieren regelrecht Raumparadoxien und lassen sich daher akustisch als heterosonotopisch definieren. Im Medium der Audioproduktion lassen sich demzufolge technologische Raumsimulationen, in begrifflicher Abgrenzung zu denen von real-physikalischen Räumen, wiederum als Heterophonotopien unterscheiden.

Jedoch repräsentieren Tonstudios in ihrer Entsprechung als Heterotopie nicht nur realisierte Klangutopien oder auditive Illusionsräume, sondern können auch ganz allgemein als raumästhetischer Gegenentwurf zur klassischen Studioarchitektur gestaltet werden. Dabei konnte am Beispiel des Shangri-La-Studiokomplexes der Kulminationspunkt einer Entwicklungsgeschichte dargestellt werden, die das Tonstudio vom funktionalen Design einer Fabrik oder Werkstatt hin zu einem Retreat-Resort durchlaufen hat. Die Inneneinrichtungen wurden im historischen Verlauf zunehmend komfortabler, so dass auch luxuriöse Wohn- und Aufenthaltsbereiche in die Studiokultur integriert wurden. Für ein wohlhabenderes Klientel ist Shangri-La deshalb auch für längere Aufenthalte konzipiert wurden, wobei der Produktionsapparat dabei jederzeit eine unmittelbar abrufbare Freizeitressource symbolisiert.

Diese Entwicklungslinie läuft parallel mit einem zunehmenden Kontrollgewinn des Künstlers über den eigenen soundästhetischen Werkprozess. Als einen räumlichen Indikator hat Alan Williams diesbezüglich etwa die Position der Studiocouch ermittelt, die in früheren Tonregien noch vor und mittlerweile hinter die Technik mit Blick auf den Aktionsradius aller Akteure gerückt ist. Dem Künstler wird dadurch ein bequemer, meist in zentraler Ausrichtung überwachender Platz eingeräumt, was wiederum als ein struktureller Demokratisierungsprozess gelten kann. Der Aspekt kann an dieser Stelle noch mit Williams' machtanalytischen Blick auf den Computermonitor ergänzend vertieft werden:

> The presence of the graphic display in the recording environment significantly alters the collaborative process, wresting secretly held knowledge from the control of engineer and producer, thus extending the role of the musician beyond the performance stage, while simultaneously exposing vulnerable human weaknesses in a harsh, unblinking light. (Williams 2012b)

Das einsehbare Display legt ein zuvor stabilisiertes Herrschaftswissen und damit neue Konfliktpotentiale offen. Hierarchische Strukturen können durch die für alle im Kontrollraum visualisierten Produktionsabläufe und Entscheidungen untergraben werden, indem der Klient beginnt, die technologischen Schritte einzusehen und sich anzueignen. Hierbei zeigt sich der Computer als „Machtmaschine", wie ihn etwa Jan Distelmeyer versteht, da seine „Medialität ein Wechselspiel von Verfügung und Fügung in Gang setzt, das solche und weitere Operationen bedingt und ermöglicht" (Distelmeyer 2017, S. 91f.). Das Teilen des Bildschirms suggeriert allen Anwesenden im Kontrollraum, nun über die Steuerbarkeit des Metamediums verfügen zu können. Dadurch können individuelle Aufgaben- und Rollenverteilungen zu kollaborativen Angelegenheiten mutieren und von kollektiven Entscheidungsprozessen zersetzt werden. Der Künstler erlangt dadurch ein weiteres Stück Unabhängigkeit, was in diesem Fall gleichzeitig mit dem Versprechen der Flexibilität des Digitalen verbunden ist: „die Loslösung von der Schwere, Sperrigkeit und räumlich-zeitlicher Fixierung analoger Materie" (ebd., S. 104).

Wie jedoch gezeigt werden konnte, stand bereits mit dem Rolling Stones Recording-Truck die Mobilisierung analoger Tonproduktion im Zeichen einer Flexibilisierung der Studiokultur. Der mobile Aufnahmeapparat bedeutete für die Künstler dabei im Wesentlichen, aus einem neuen akustischen Potential raumästhetischer Strategien schöpfen zu können. Denn das rollende Tonstudio konnte an nahezu jeden beliebigen Ort gebracht werden, wodurch der charakteristische

Raumklang von Gebäuden als produktives Element dem Soundbild dienen konnte. Es lässt sich hierbei von einer Sonifikation der Orte und Architekturen sprechen, die in Zeiten der akustisch ‚toten' Studioräume ein Moment von Lebendigkeit, *Liveness* und Authentizität erklingen lassen. Doch legen diese im Vergleich zum klassischen Studiosound der 1970er Jahre anti-ästhetischen Produktionsverfahren, wie anhand der Aufnahmen zu „Exile on Main St." gezeigt werden konnte, auch die technischen Schwächen des mobilen Medienapparates offen, die erst mit der Digitalisierung überwunden wurden.

Allgemein eröffnete die Computerisierung der Schallaufnahme und Klangerzeugung ein nahezu unausschöpfliches Möglichkeitsfeld, das mit analogen Verfahren durch raum- und zeitökonomische Faktoren begrenzt ist. Von großen Plattenfirmen unabhängige Projektstudios werden damit für die etablierten Produktionsstätten zu einer existenzbedrohenden Konkurrenz. Musiker produzieren sich zunehmend selbst und bringen angesichts der neuen digitalen Soundpräzision ihrerseits wieder ästhetische Gegenreaktionen hervor. Dabei können die Räume ihrer Produktionen den jeweiligen ästhetischen Konzepten entsprechen und daher auch topologische Abweichungen repräsentieren. So wählt etwa Bon Iver die Waldhütte als romantisierten Rückzugsort in Abgrenzung zur Komplexität digital vernetzter Räume. Mit dem Schöpfungsmythos des Erstlingswerkes „For Emma Forever Ago" bedient Bon Iver damit nicht nur einen romantischen Aussteigermythos US-amerikanischer Prägung, sondern deutet das Tonstudio gleichzeitig als Reduktionsort. Mit der Zurücknahme von vielschichtigen raum- und medientechnischen Optionen gelingt dabei die Konzentration auf das soundästhetisch Wesentliche durch das Einfache. Die Reduktionsfigur der Hütte, die schon in Heideggers Philosophie ein produktives Moment kennzeichnet, dient Bon Iver als ein Authentizitätseffekt, der mit einer Simplifizierung des Studiodispositivs zusammenhängt.

Im Kontrast zur Bescheidenheit und ‚Bodenständigkeit' einer Hütte verhält sich die Größe und Erhabenheit von Kirchenbauten. Hier konnte wesentlich am Beispiel der Catherine North- und The Church Studios gezeigt werden, wie die individuellen Raumkonzepte akustisch mit der Stimmungsordnung der sakralen Architektur korrelieren. Auffällig ist in beiden Studios die Auflösung der Raumbarrieren und Schallisolation zwischen Tonregie und Aufnahmebereich. Die Hör- und Kommunikationssituation wird somit nicht mehr zwingend von einer zentralen Schaltstelle strukturiert, sondern verläuft für die an der Produktion beteiligten Personen symmetrisch. So kommt es zu einer Liberalisierung des Raumes, da für alle Anwesenden auch die gleichen Verhaltensrestriktionen gültig werden. In Ein-Raum-Studiokirchen wird der Aufnahme- und Produktionsprozess insofern zu einer stillen und kontemplativen Praktik, weil die (göttlichen) Medienohren denkbar alles (ab)hören. Die leisen Produktionschoreographien stehen dabei mit der sakralen

Raumatmosphäre, der nach Gernot Böhme eine Transzendenzerwartung vorausgeht, in unmittelbarer Wechselwirkung. In Resonanz mit der Architektur wird die Schallaufnahme schließlich akustisch auratisiert. Dabei stellt der Kirchenraum einen atmosphärischen Komplementärklang des Sonischen der Studioproduktion dar.

Die Entwicklung von Studiotechnologien zielt aber eben nicht nur auf einen (semi-)professionellen Sektor, sondern erobert zunehmend auch einen Amateurmarkt. Mit Apps für mobile Endgeräte lassen sich Tracks über Interfaces produzieren, deren Ästhetik und Bedienbarkeit sich von Videospielen inspiriert zeigen. Diese Entwicklungstendenz konnte bereits anhand von Visualisierungen und graphischen Oberflächen aus den Anfängen digitaler Audiotechnik aufgezeigt werden. Die Studiokultur dringt damit verstärkt in den privaten Wohnbereich vor und operiert ganz im Zeichen einer DIY-Bewegung. Die hieraus resultierenden Produktionsräume konnten laut Mark Slater unter dem Sammelbegriff des Projektstudios erkannt und weiter ausdifferenziert werden. Während dabei das *Home Studio* noch eher einem Repräsentationsraum innerhalb des Privaten entspricht, gleicht das Schlafzimmerstudio einem räumlichen Intimbereich. Dies wird mittlerweile auch soundästhetisch reflektiert. Das Geschwisterpaar Billie Eilish und Finneas O'Connell sonifizieren etwa die häuslich-familiäre Intimität im eigenen *Bedroom Studio* unter Einbeziehung von ASMR-Techniken. Dieses nach Sonja Kirschall so definierte „teletaktile Medium" (Kirschall 2014, S. 19) vermittelt über akustische Reize der Stimme ein als besonders empfundenes Näheverhältnis zwischen dem Körper des Klangerzeugers und dem des Rezipienten. Diese mediale Inszenierung der Stimmlichkeit geht schließlich in der Semantik der räumlichen Intimität des Schlafzimmers auf und konnte als das erkannt werden, was Paul Virilio unter „universellem Voyeurismus" (Virilio 1998) begreift. Die von Eilish inszenierte Sichtbarkeit und Hörbarkeit des intimen Alltagsraums wird dabei schließlich zur Ware. Dies zeigte sich letztlich auch in der Kooperation mit dem Unternehmen Apple, das in einer Programmversion der professionellen Audioproduktionssoftware „Logic Pro" die vollständige Transparenz in einem ihrer Produktionsprozesse gewährt.

Allgemein lässt sich innerhalb der Studiokultur eine wachsende Dezentrierung moderner Pop-Produktionen erkennen. Musik wird nicht mehr unbedingt nur an einem Ort, sondern teilweise sogar in transitorischen Zwischenräumen (wie etwa Hotelzimmern) aufgenommen. Wo Tonstudios vorher noch den Sound einer lokalen Identität repräsentieren konnten, lösen sie sich mit der digitalen Medientechnik zunehmend in Nicht-Orte auf. Ein weiterer Indikator dafür stellt die Normierung der Midi-Studios dar, die sich aufgrund ihrer klanglichen Homogenität einer soundästhetischen Selbstdefinition regelrecht verweigern. Projektstudios in privaten Wohnräumen dienen auch weniger als soziale Begegnungsstätte und zur kollaborativen Vernetzung einer lokalen Musikszene. Nach den Untersuchungen von Manuel Castells und Paul Théberge konnte allerdings, anhand der sich vor allem im

Hip-Hop-Bereich etablierenden *Loop-Economy*, das Studio als Knotenpunkt innerhalb eines globalisierten Datennetzwerkes bestimmt werden. Network-Studios funktionieren dabei wie Zulieferer in einer hierarchisch organisierten Produktionskette. So konnte gezeigt werden, wie junge Hobbyproduzenten im eigenen Kinderzimmer Soundmaterial fabrizieren und zur Weiterverarbeitung einer Exekutive anbieten. Hierbei werden Loop-Fragmente wie von einem Content-*Creator* erstellte Medieninhalte gehandelt, die in eine Produktionspipeline gefüllt werden. Am anderen Ende dieser Kette können Welthits entstehen, indem die zur Verfügung gestellten Audiofiles soundästhetisch ausgewählt und collagiert werden. Produzenten externalisieren demnach, aufgrund einer möglichen Steigerung zeitökonomischer Effizienz, studiotechnische Prozesse. Hierfür wird offenbar gezielt versucht, einen semi-professionellen Sektor oder Amateurbereich als kreative Ressource zu aktivieren, womit zugleich der private Raum des DIY-Studios von neoliberalen Marktstrukturen okkupiert wird. Auf eine Externalisierung und die Arbeitsteilung von Studioprozessen reagieren offensichtlich auch die Architekturen größerer Institutionen. Eliot Bates hat in einem ähnlichen Zusammenhang bereits auf die Umgestaltung großer Aufnahmestudios hingewiesen, die ihre Grundfläche entsprechend einer Bürokultur in mehrere Einzelkabinen aufteilen (vgl. Bates 2012). Die isolierten Separees dienen dabei als privatisierter Freiraum und können flexibel besetzt und genutzt werden.

Schließlich lassen sich zwei wesentliche Bereiche für eine Erweiterung des bereits erschlossenen Analysehorizonts feststellen: die Gadgetierung und Algorithmisierung der Studiokultur und ihre Effekte auf die Raumarchitektur und Klangkonfiguration der Musik.

Ersteres setzt unmittelbar an dem zuletzt behandelten Aspekt der digital bedingten Flexibilisierung an. Hier scheint es weitere medien-ästhetische wie auch -praktische Wechselwirkungen und Synergien mit einer Gamifizierung der Studiotechnik zu geben. Kanye West brachte etwa jüngst zu seinem Album „Donda" (Ye 2021) einen eigenen *Stemplayer* auf den Markt, der auf einer eigenen Hardware die einzelnen mehrkanaligen Audiogruppen (*Stems*) aller Titel seines Werks enthält. Das Gerät wirkt wie ein futuristisches Taschenspiel, mit dem sich die instrumentalen Tonspuren und Stimmen individuell bearbeiten und neu mischen lassen.[133] Einmal mehr deutet West damit das Werkdispositiv als eine flexible Struktur und entwickelt die für Hip-Hop konstitutive Samplepraktik medial weiter. Hier wird ein mobiles Studio als Remix-Gadget handhabbar und offenbart, ähnlich wie die Apparate des Unternehmens Reactable, neue Spielweisen der Musikproduktion.

---

133 https://www.stemplayer.com.

Der zweite Anknüpfungspunkt bildet die Algorithmisierung des Studios, wie es etwa zuletzt Jonathan Sterne und Elena Razlogova am Beispiel der KI-gestützten Plattform LANDR gezeigt haben. Das kanadische Unternehmen MixGenius entwickelte 2014 einen Algorithmus zum automatisierten Mastering auf Basis maschinellen Lernens. Grundlegend stellt Audiomastering die finalisierende Klangveredelung einer Studioproduktion im Vorgriff auf ihre künftige Distributionsweise dar. Je nach Audioformat werden Musikaufnahmen dabei individuellen Normierungsprozessen unterworfen, die von Mastering-Ingenieuren nach vorgegebenen kulturellen Mustern bearbeitet werden. Diese soundästhetischen Urteile sollen nun von LANDR durch einen algorithmischen Abgleich mit Referenzobjekten selbständig getroffen und mit dem zu finalisierenden Datenfile verrechnet werden. Die Medienpraktik des Masterings wird dabei jedoch zum Preis einer ästhetischen Komplexitätsreduktion automatisiert (vgl. Sterne und Razlogova 2021). Algorithmen dienen auch der Berechnung und Optimierung der Abhörakustik und zeigen ihr Anwendungspotential daher auch für die Raumarchitektur von Tonstudios (vgl. mb akustik 2022). Bei diesen und ähnlichen algorithmisierten Studiooperationen werden erneut Fragen nach Dispositiven einer Klang-Kulturpolitik akut, die soundästhetischen Entscheidungsprozessen strukturell vorgeordnet sind und wieder eigene Differenzpunkte ermöglichen. Daher ist die Frage nach dem ‚Wo' der Musikproduktion auch immer eine nach dem ‚Wie'. Dabei offenbaren Studioräume entsprechend einem historischen Kontext immer auch eine spezifische medienkulturelle Klangordnung.

7 Quellenverzeichnis

7.1 Literaturverzeichnis

Adorno, Theodor W. 1938. Über den Fetischcharakter in der Musik und die Regression des Hörens. *Zeitschrift für Sozialforschung* 7: 321–356.
Adorno, Theodor W. 1952. *Versuch über Wagner*. Frankfurt am Main: Suhrkamp.
Adorno, Theodor W. 1964. *Versuch über Wagner*. München u. a.: Droemer Knaur.
Adorno, Theodor W. 2017. *Ästhetische Theorie*. 20. Aufl. Frankfurt am Main: Suhrkamp.
Agamben, Giorgio. 2008. *Was ist ein Dispositiv?* Zürich u. a.: diaphanes.
Andersen, Joceline. 2014. Now You've Got the Shiveries: Affect, Intimacy, and the ASMR Whisper Community. *Television & New Media* 16 (8): 683–700.
Augé, Marc. 1994. *Orte und Nicht-Orte. Vorüberlegungen zu einer Ethnologie der Einsamkeit*. Frankfurt am Main: S. Fischer.
Bates, Eliot. 2012. What Studios Do. *Journal on the Art of Record Production* 7 (November 2012): o. S. https://www.arpjournal.com/asarpwp/what-studios-do. Zugegriffen am 23. Januar 2022.
Baudrillard, Jean. 1978. *Agonie des Realen*, Berlin (West): Merve-Verlag.
Baudrillard, Jean. 1983. *Oublier Foucault*, 2., neubearb. Aufl. München: Raben-Verlag.
Baudry, Jean-Louis. 2000. Das Dispositiv: Metapsychologische Betrachtungen des Realitätseindrucks. In *Kursbuch Medienkultur. Die maßgeblichen Theorien von Brecht bis Baudrillard*, hrsg. von Claus Pias, Joseph Vogl, Lorenz Engell, Oliver Fahle und Britta Neitzel, 3. Aufl., 381–404. Stuttgart: DVA.
Baumann, Dorothea. 2011. *Music and Space. A systematic and historical investigation into the impact of architectural acoustics on performance practice followed by a study of Handel's Messiah*. Bern u. a.: Peter Lang.
Baumgärtel, Tilman. 2015. *Schleifen. Zur Geschichte und Ästhetik des Loops*. Berlin: Kadmos.
Beadle, Jeremy J. 1993. *Will Pop Eat Itself? Pop Music in the Soundbite Era*. London: Faber & Faber.
Beaumont, Mark. 2013. *Bon Iver. Good Winter*. London u. a.: Omnibus Press.
Behren, Karl-Hermann von. 2004. *Die analogen Hitmaschinen: Tonstudiotechnik – die vergangenen 50 Jahre*. Wehe-Dreye: Life-Media-Verlag.
Behrens, Roger. 2008. Kann man die Ware hören? Zur kritischen Theorie des Sounds. In *Sound Studies: Traditionen – Methoden – Desiderate. Eine Einführung*, hrsg. von Holger Schulze, 167–185. Bielefeld: transcript.
Bell, Adam Patrick. 2018. *Dawn of the DAW: The Studio as Musical Instrument*. New York: Oxford University Press.
Bellinger, Andréa und David J. Krieger. 2006. Einführung in die Akteur-Netzwerk-Theorie. In *ANThology. Ein einführendes Handbuch zur Akteur-Netzwerk-Theorie*, hrsg. von dens., 13–50. Bielefeld: transcript.
Benjamin, Walter. 1981. *Das Kunstwerk im Zeitalter seiner technischen Reproduzierbarkeit*. 12. Aufl. Frankfurt am Main: Suhrkamp.
Bennett, Samantha. 2019: *Modern Records, Maverick Methods. Technology and Process in Popular Music Record Production 1978–2000*. New York: Bloomsbury Academic.
Bickel, Peter. 1992. *Musik aus der Maschine. Computervermittelte Musik zwischen synthetischer Produktion und Reproduktion*. Berlin: Edition Sigma.
Bielefeld, Christian. 2015. Produzenten und Studios in der populären Musik. *Musik und Ästhetik* 19 (76): 20–42.

Bielefeldt, Christian, Udo Dahmen und Rolf Großmann. Hrsg. 2008. *PopMusicology. Perspektiven der Popmusikwissenschaft*. Bielefeld: transcript.
Bippus, Elke, Jörg Huber und Roberto Nigro. Hrsg. 2012. *Ästhetik x Dispositiv: Die Erprobung von Erfahrungsfeldern*. Wien: Springer.
Böhme, Gernot. 2006. *Architektur und Atmosphäre*. München: Fink.
Böhme, Hartmut. 2006: *Fetischismus und Kultur. Eine andere Theorie der Moderne*. Hamburg: Rowohlt.
Bonz, Jochen. 2001. *Sound Signatures. Pop-Splitter*. Frankfurt am Main: Suhrkamp.
Bourbon, Andrew und Simon Zagorski-Thomas. Hrsg. 2020. *The Bloomsbury Handbook of Music Production*. New York: Bloomsbury Academic.
Breuer, Stephan. 1987. Foucaults Theorie der Disziplinargesellschaft. Eine Zwischenbilanz. *Leviathan* 15 (3): 319–337.
Brockhaus, Immanuel und Bernhard Weber. Hrsg. 2010. *Inside The Cut. Digitale Schnitttechniken und Populäre Musik. Entwicklung – Wahrnehmung – Ästhetik*. Bielefeld: transcript.
Brown, Rick. 2007. *Tearing Down the Wall of Sound. The Rise and Fall of Phil Spector*. London: Bloomsbury.
Brown, Rick. 2009. *Rick Rubin: In the Studio*. Toronto: ECW Press.
Bührmann, Andrea D. und Werner Schneider. Hrsg. 2008. *Vom Diskurs zum Dispositiv. eine Einführung in die Dispositivanalyse*. Bielefeld: transcript.
Bull, Michael. 2011. iPod Culture: The Toxic Pleasures of Audiotopia. In *The Oxford Handbook of Sound Studies*, hrsg. von Trevor Pinch und Karin Bijsterveld. 526–543. New York: Oxford University Press.
Bull, Michael und Les Back. 2003. *The Auditory Culture Reader*. Oxford u. a.: Berg.
Bunz, Mercedes. 2001. Das Mensch-Maschine-Verhältnis. Ein Plädoyer für eine Erweiterung der Medientheorie am Beispiel von Kraftwerk, Underground Resistance und Missy Elliott. In *Sound Signatures. Pop-Splitter*, hrsg. von Jochen Bonz, 272–290. Frankfurt am Main: Suhrkamp.
Burgess, Richard James. 1997. *The Art of Music Production*. London u. a.: Omnibus Press (4. Auflage, New York 2013).
Burgess, Richard James. 2014. *The History of Music Production*. New York: Oxford University Press.
Burkhart, Benjamin, Laura Niebling, Alan van Keeken, Christofer Jost und Martin Pfleiderer. Hrsg. 2021. *Audiowelten. Technologie und Medien in der populären Musik nach 1945 – 22 Objektstudien*. Münster u. a.: Waxmann.
Burkowitz, Peter K. 1977. Recording, Art of the Century? *Journal of the Audio Engineering Society* 25(10–11): 873–879.
Buskin, Richard. 1999. *Inside Tracks. A First-Hand History of Popular Music from the World's Greatest Record Producers and Engineers*. New York: Spike.
Butler, Judith. 2015. *Psyche der Macht. Das Subjekt der Unterwerfung*. 8. Aufl. Frankfurt am Main: Suhrkamp.
Byrnside, Ronald L. 1975. The Formation of a Musical Style: Early Rock. In *Contemporary Music and Music Cultures*, hrsg. von Charles Hamm, Bruno Nettl und Ronald L. Byrnside, 159–192. Englewood Cliffs: Prentice Hall.
Caborn Wengler, Joannah, Britta Hoffarth und Lukasz Kumiege (Hrsg.). 2013. *Verortung des Dispositiv-Begriffs. Analytische Einsätze zu Raum, Bildung, Politik*. Wiesbaden: Springer VS.
Callon, Michel. 2006. Techno-ökonomische Netzwerke und Irreversibilität. In *ANThology. Ein einführendes Handbuch zur Akteur-Netzwerk-Theorie*, hrsg. von Andréa Bellinger und David J. Krieger, 309–342. Bielefeld: transcript.

Castells, Manuel. 2017. *Der Aufstieg der Netzwerkgesellschaft. Das Informationszeitalter. Wirtschaft, Gesellschaft, Kultur.* Wiesbaden: Springer VS.
Chion, Michel und Guy Reibel. 1976. Le Studio n'est pas un instrument. In *Les musique électroacoustiques*, hrsg. von dens., 240–241. Aix-en-Provence: Chaudoreille-Edisud.
Clapton, Eric. 2007. *Mein Leben.* Köln: Kiepenheuer & Witsch.
Cogan, Jim und William Clark. 2003. *Temples of Sound: Inside the Great Recording Studios.* San Francisco: Chronicle Books.
Crespin, Régine. 1997. *On Stage, Off Stage: A Memoir.* Boston: Northeastern University Press.
Cunningham, Mark. 1998. *Good Vibrations. A History of Record Production*, 2. Aufl. London: Sanctuary Publishing Ltd.
Dauss, Markus und Karl-Siegbert Rehberg. 2009. Gebaute Raumsymbolik. „Die Architektur der Gesellschaft" aus Sicht der Institutionsanalyse. In *Die Architektur der Gesellschaft*, hrsg. von Joachim Fischer und Heike Delitz, 109–135. Bielefeld: transcript.
De Certeau, Michel. 1988. *Kunst des Handelns*, Berlin: Merve.
De la Motte-Haber, Helga. 2014. Der klingende Raum als Medium und Instrument. In *Resonanzräume. Medienkulturen des Akustischen*, hrsg. von Dirk Matejovski, 47–62. Düsseldorf: Düsseldorf University Press.
Deleuze, Gilles und Félix Guattari. 1977. *Anti-Ödipus. Kapitalismus und Schizophrenie I.* Frankfurt am Main: Suhrkamp.
Deleuze, Gilles. 1991. Was ist ein Dispositiv? In *Spiele der Wahrheit. Michel Foucaults Denken*, hrsg. von François Ewald und Bernhard Waldenfels, 153–162. Frankfurt am Main: Suhrkamp.
Deleuze, Gilles und Félix Guattari. 1996. *Was ist Philosophie?* Frankfurt am Main: Suhrkamp.
Deleuze, Gilles. 2010. Postscriptum über die Kontrollgesellschaften. In *Kreation und Depresession. Freiheit im gegenwärtigen Kapitalismus*, hrsg. von Christoph Menke und Julian Rebentisch, 11–17. Berlin: Kadmos.
Delitz, Heike. 2009. *Architektursoziologie.* Bielefeld: transcript.
Derrida, Jacques. 2013: *Grammatologie*, 12. Aufl. Frankfurt am Main: Suhrkamp.
Dickreiter, Michael. 1987. *Handbuch der Tonstudiotechnik.* Bd. 1. München u. a.: Saur.
Dickreiter, Michael, Volker Dittel, Wolfgang Hoeg und Martin Wöhr. 2008. Schallquellen. In *Handbuch der Tonstudiotechnik.* Bd. 1, hrsg. von ARD.ZDF medienakademie, 43–94. 7. Aufl. Berlin u. a.: de Gruyter.
Diederichsen, Diedrich. 2014. *Über Popmusik.* Köln: Kiepenheuer & Witsch.
Diller, Ansgar 1980. Rundfunkpolitik im Dritten Reich. München: Deutscher Taschenbuch Verlag.
Distelmeyer, Jan. 2012. *Das flexible Kino. Ästhetik und Dispositiv der DVD und Blu-ray.* Berlin: Bertz + Fischer.
Distelmeyer, Jan. 2017. *Machtzeichen. Anordnungen des Computers.* Berlin: Bertz + Fischer.
Doane, Mary Ann. 2003. Ideologie und die Praktiken der Tonbearbeitung und -mischung. In *Der kinematographische Apparat. Geschichte und Gegenwart einer interdisziplinären Debatte*, hrsg. von Robert F. Riesinger, 125–132. Münster: Nodus.
Dockwray, Ruth und Allan F. Moore. 2010. Configuring the Sound-Box. 1965–1972. *Popular Music* 29 (2): 181–197.
Dreckmann, Kathrin. 2014. „Abhören und Strafen". Die Geburt der Überwachung aus dem Geiste der Phonographie. In *Resonanzräume. Medienkulturen des Akustischen*, hrsg. von Dirk Matejovski, 137–165. Düsseldorf: Düsseldorf University Press.
Dreckmann, Kathrin. 2018. *Speichern und Übertragen. Mediale Ordnungen des akustischen Diskurses. 1900–1945.* Paderborn: Fink.

Dreesen, Philipp, Lukasz Kumiega und Constanze Spieß. Hrsg. 2012. *Mediendiskursanalyse. Diskurse – Dispositive – Medien – Macht.* Wiesbaden: Springer VS.
Eliade, Mircea. 1975. *Schamanismus und archaische Ekstasetechniken.* Frankfurt am Main: Suhrkamp.
Epping-Jäger, Cornelia. 2003. Laut/Sprecher Hitler. Über ein Dispositiv der Massenkommunikation in der Zeit des Nationalsozialismus. In *Hitler der Redner,* hrsg. von Josef Kopperschmidt und Johannes G. Pankau, 143–158. Paderborn: Fink.
Ernst, Stefan. 1995. *Urheberrecht und Leistungsschutz im Tonstudio.* Baden-Baden: Nomos.
Ernst, Wolfgang. 2002. *Das Rumoren der Archive. Ordnung aus Unordnung.* Berlin: Merve.
Ernst, Wolfgang. 2008. Zum Begriff des Sonischen (Mit medienarchäologischem Ohr erhört/ vernommen). In *Forschungszentrum Populäre Musik. PopScriptum 10: Das Sonische. Sounds zwischen Akustik und Ästhetik.* https://edoc.hu-berlin.de/bitstream/handle/18452/21055/pst10_ernst.pdf?sequence=1&isAllowed=y. Zugegriffen am 27. November 2022.
Ernst, Wolfgang. 2012. *Gleichursprünglichkeit. Zeitweisen und Zeitgegebenheit technischer Medien.* Berlin: Kadmos.
Ernst, Wolfgang. 2015. *Im Medium erklingt die Zeit. Technologische Tempor(e)alitäten und das Sonische als ihre privilegierte Erkenntnisform.* Berlin: Kadmos.
Evans, Dylan. 2020. *Wörterbuch der Lacanschen Psychoanalyse.* Wien: Turia + Kant.
Fabian, Alan und Johannes Ismaiel-Wendt. 2018. Editorial: Musikformulare und Presets. In *Musikformulare und Presets. Musikkulturalisierung und Technik/Technologie,* hrsg. von dens., 1–5. Hildesheim: Universitätsverlag.
Farís, Ignacio und Alex Wilkie. Hrsg. 2016. *Studio Studies. Operations, topologies and displacements.* London: Routledge.
Feustel, Robert. 2008. Vom Simulationsraum der Macht. Foucault mit Baudrillard gelesen. In *Widerstand denken: Michel Foucault und die Grenzen der Macht,* hrsg. von Daniel Hechler und Axel Philipps, 201–216. Bielefeld: transcript.
Feustel, Robert. 2013. *Grenzgänge. Kulturen des Rauschs seit der Renaissance.* Paderborn: Fink.
Figal, Günter. 2012. Heidegger in der Moderne. 2. Vorlesung vom 8. Mai 2012. https://www.videoportal.uni-freiburg.de/category/audio/2-Vorlesung-08052012/c75d42c7ccc566cd1613e04140586532/116). Zugegriffen am 27. November 2022.
Fink-Eitel, Hinrich. 1980. Michel Foucaults Analytik der Macht. In *Austreibung des Geistes aus den Geisteswissenschaften. Programme des Poststrukturalismus,* hrsg. von Friedrich A. Kittler, 38–78. Paderborn u. a.: Schöningh.
Flückiger, Barbara. 2002. *Sound Design. Die virtuelle Klangwelt des Films.* 2. Aufl. Marburg: Schüren.
Forsyth, Michael. 1992. *Bauwerke für Musik. Konzertsäle und Opernhäuser. Musik und Zuhörer vom 17. Jahrhundert bis zur Gegenwart.* München: Saur.
Foucault, Michel. 1978. Ein Spiel um die Psychoanalyse. Gespräch mit Angehörigen des Departements der Psychoanalyse der Universität Paris/Vincennes. In *Dispositive der Macht. Michel Foucault. Über Sexualität, Wissen und Wahrheit,* 118–175. Berlin: Merve.
Foucault, Michel. 1981. *Archäologie des Wissens.* Frankfurt am Main: Suhrkamp.
Foucault, Michel. 1983. *Der Wille zum Wissen. Sexualität und Wahrheit 1.* Frankfurt am Main: Suhrkamp.
Foucault, Michel. 1986. *Sexualität und Wahrheit 2: Der Gebrauch der Lüste.* Frankfurt am Main: Suhrkamp.
Foucault, Michel. 1991. Andere Räume. In *Aisthesis. Wahrnehmung heute oder Perspektiven einer anderen Ästhetik,* hrsg. von Karlheinz Barck, Peter Gente, Heidi Paris und Stefan Richter, 34–46. Leipzig: Reclam.
Foucault, Michel. 1993. *Der Staub und die Wolke.* 2. Aufl. Grafenau: Trotzdem.

Foucault, Michel. 2005. *Die Heterotopien. Der utopische Körper. Zwei Radiovorträge*. Frankfurt am Main: Suhrkamp.
Foucault, Michel. 2005. Mächte und Strategien. In ders., *Schriften in vier Bänden. Dits et Ecrits, Bd. 3: 1976–1979*, hrsg. von Daniel Defert und François Ewald, 538–550. Frankfurt am Main: Suhrkamp.
Foucault, Michel. 2005. Gespräch mit Ducio Trombadori. In ders., *Schriften in vier Bänden. Dits et Ecrits Bd. 4: 1980–1988*, hrsg. von Daniel Defert und François Ewald, 51–118. Frankfurt am Main: Suhrkamp.
Foucault, Michel. 2005. Subjekt und Macht. In ders., *Schriften in vier Bänden. Dits et Ecrits, Bd. 4: 1980–1988*, hrsg. von Daniel Defert und François Ewald, 269–293. Frankfurt am Main: Suhrkamp.
Foucault, Michel. 2016. *Überwachen und Strafen*. 16. Aufl. Frankfurt am Main: Suhrkamp.
Foucault, Michel. 2017. *Die Ordnung der Dinge*. 24. Aufl. Frankfurt am Main: Suhrkamp.
Frith, Simon. 1999. Musik und Identität. In: *Die kleinen Unterschiede. Der Cultural-Studies-Reader*, hrsg. von Jan Engelmann, 145–169. Frankfurt am Main u. a.: Campus.
Frith, Simon und Simon Zagorski-Thomas. Hrsg. 2016. *The Art of Record Production. An Introductory Reader for a New Academic Field*. London u. a.: Routledge.
Frohne, Ursula, Lilian Haberer und Annette Urban. Hrsg. 2018. *Display, Dispositiv: Ästhetische Ordnungen*. Paderborn: Fink.
Gauß, Stefan. 2009. *Nadel, Rille, Trichter. Kulturgeschichte des Phonographen und des Grammophons in Deutschland (1900–1940)*. Köln u. a.: Böhlau Verlag.
Gigla, Birger. o. J. Bauakustik und Raumakustik: Eine Einführung. *Baunetzwissen*. https://www.baunetzwissen.de/bauphysik/fachwissen/schallschutz/bauakustik-und-raumakustik-einfuehrung-6432836. Zugegriffen am 27. November 2022.
Gnosa, Tanja. 2018. *Im Dispositiv. Zur reziproken Genese von Wissen, Macht und Medien*. Bielefeld: transcript.
Gould, Glenn. 1992. *Schriften zur Musik II. Vom Konzertsaal zum Tonstudio*. Hrsg. von Tim Page. 2. Aufl. München: Piper.
Granata, Charles L. 1999. *Sessions with Sinatra: Frank Sinatra and the Art of Recording*. Chicago: Chicago Review Press.
Groote, Inga Mai. 2015. Annäherungen an Hör-Räume des Mittelalters. Klang im liturgischen Raum. In *Kompositionen für hörbaren Raum. Die frühe elektroakustische Musik und ihre Kontexte*, hrsg. von Martha Brech und Martha Ralph Paland, 27–43. Bielefeld: transcript.
Großmann, Rolf. 2008a. Die Geburt des Pop aus dem Geist der phonographischen Reproduktion. In *PopMusicology. Perspektiven der Popmusikwissenschaft*, hrsg. von Christian Bielefeldt, Udo Dahmen und Rolf Großmann, 119–132. Bielefeld: transcript 2008.
Großmann, Rolf. 2008b. Verschlafener Medienwandel. Das Dispositiv als musikwissenschaftliches Theoriemodell. *Positionen – Beiträge zur Neuen Musik* 74: 6–9.
Großmann, Rolf. 2012. Medienkonfigurationen als Teil (musikalisch-)ästhetischer Dispositive. In *Ästhetik x Dispositive. Die Erprobung von Erfahrungsfeldern*, hrsg. von Elke Bippus, Jörg Huber und Roberto Nigro, 207–216. Zürich: Ed. Voldemeer.
Groys, Boris. 2004. *Über das Neue. Versuch einer Kulturökonomie*. 3. Aufl. Frankfurt am Main: Fischer-Taschenbuch.
Gugutzer, Robert. 2013. *Soziologie des Körpers*. 4. Aufl. Bielefeld: transcript.
Habermas, Jürgen. 1985. *Der philosophische Diskurs der Moderne*. Frankfurt am Main: Suhrkamp.
Hague, Graeme. 2014. Hearing Double. *Audiotechnology*. https://www.audiotechnology.com/tutorials/hearing-double-2. Zugegriffen am 27. November 2022.

Harenberg, Michael. 2013. Heterotope Räume des Musikalischen. In *Heterotopien. Perspektiven der intermedialen Ästhetik*, hrsg. von Nadja Elia-Borer, Constanze Schellow, Nina Schimmel, und Bettina Wodianka, 194–210. Bielefeld: transcript.
Harper, Paula Clare. 2020. ASMR: Bodily Pleasure, online Performance, Digital Modality. *Sound Studies. An Interdisciplinary Journal* 6 (1): 95–98.
Hasse, Jürgen. 2017. *Die Aura des Einfachen. Mikrologien räumlichen Erlebens*. Freiburg im Breisgau u. a.: Verlag Karl Alber.
Hebdige, Dick. 2013. Wie Subkulturen vereinnahmt werden. In *Texte zur Theorie des Pop*, hrsg. von Charis Goer, Stefan Greif und Christoph Jacke, 128–138. Stuttgart: Reclam.
Heidegger, Martin. 1983. Schöpferische Landschaft: Warum bleiben wir in der Provinz? In ders., *Gesamtausgabe. 1. Abteilung: Veröffentlichte Schriften 1910–1976. Bd. 13. Aus der Erfahrung des Denkens*, 9–14. Frankfurt am Main: Vittorio Klostermann.
Heiser, Jörg. 2015. *Doppelleben. Kunst und Popmusik*. Hamburg: Philo Fine Arts.
Helms, Dietrich. 2003. Auf der Suche nach einem neuen Paradigma: Vom System Ton zum System Sound. In *Pop Sounds. Klangtexturen in der Pop- und Rockmusik*, hrsg. von Thomas Phleps und Ralf von Appen, 197–228. Bielefeld: transcript.
Hennion, Antoine. 1981. *Les professionnels du disque: Une sociologie des varietes*. Paris: Metailie.
Hennion, Antoine S. 1989. An Intermediary between Production and Consumption: The Producer of Popular Musik. *Science, Technology & Human Values* 14 (4): 400–424.
Herbst, Jan-Peter. 2021. Recording Studios as Museums? Record Producers' Perspectives on German Rock Studios and Accounts of their Heritage Practice. *Popular Music* 40 (1): 91–113.
Hickethier, Knut. 1991. Apparat – Dispositiv – Programm. Skizze einer Programmtheorie am Beispiel des Fernsehens. In *Medien/Kultur. Schnittstellen zwischen Medienwissenschaaft, Medienpraxis und gesellschaftlicher Kommunikation. Knilli zum Sechzigsten*, hrsg. von dems. und Siegfried Zielinski, 421–447. Berlin: Spiess.
Hickethier, Knut. 1993. Dispositiv Fernsehen, Programm und Programmstrukturen in der Bundesrepublik Deutschland. In *Geschichte des Fernsehens in der Bundesrepublik Deutschland. Bd.1: Institution, Technik und Programm: Rahmenaspekte der Programmgeschichte des Fernsehens*, hrsg. von Helmut Kreuzer, 171–243. München: Fink.
Hilton, James. 1933. *Lost Horizon*. New York: Grosset & Dunlap.
Hodgson, Jay. 2019. *Understanding Records. A Field Guide to Recording Practice*. New York: Grosset & Dunlap.
Hoffmann, Frank W. 2004. *Encyclopedia of Recorded Sound*. London: Routledge.
Hosokawa, Shuhei. 1990. Der Walkman-Effekt. In *Aisthesis. Wahrnehmung heute oder Perspektiven einer anderen Ästhetik*, hrsg. von Karlheinz Barck, 229–251. Leipzig: Reclam.
Howard, David N. 2004. *Sonic Alchemy. Visionary Music Producers and their Maverick Recordings*. Milwaukee: Hal Leonard Corp..
Huxley, Aldous. 2000. *Die Pforten der Wahrnehmung. Himmel und Hölle*. 21. Aufl., München: Piper.
Jeansonne, Glen, David Luhrssen und Dan Sokolovic. 2011: *Elvis Presley, Reluctant Rebel: His Life and Our Times*. Santa Barbara: Praeger.
Kappelmayer, Otto. 1929. Achte Großmacht Mikrophon. Scherl's Magazin 5(9): 1022–1024. August https://www.arthistoricum.net/werkansicht/dlf/73353/89. Zugegriffen am 18. 2021.
Katz, Mark. 2010. *Capturing Sound: How Technology Has Changed Music*. Berkeley u. a.: University of California Press.
Kealy, Edward R. 1979. From Craft to Art: The Case of the Sound Mixer and Popular Music. *Sociology of Work and Occupation* 6 (1): 3–29.

Kerouac, Jack. 1957. *On the Road*. New York: Buccaneer Books.
Kielty, Martin. 2022. Corey Taylor: I want to say sorry. *Loudersound*. https://www.loudersound.com/news/slipknot-corey-taylor-sorry-producer-rick-rubin. Zugegriffen am 27. November 2022.
Kircher, Athanasius. 1684: *Neue Hall- und Thon- Kunst*. Nördlingen: Friederich Schultes.
Kirschall, Sonja. 2014. Touching Sounds – ASMR-Videos als akustisch teletaktile Medien. *Jahrbuch Immersiver Medien* 2014: Klänge, Musik und Soundscapes, 19–32.
Kittler, Friedrich. 1986. *Grammophon, Film, Typewriter*. Berlin (West): Brinkmann & Bose.
Kittler, Friedrich. 1987. *Aufschreibesysteme, 1800/1900*. 2. Aufl. München: Fink.
Kittler, Friedrich. 1993. Real Time Analysis, Time Axis Manipulation. In ders., *Draculas Vermächtnis. Technische Schriften*, 182–207. Leipzig: Reclam.
Kittler, Friedrich. 2002. Rockmusik – ein Mißbrauch von Heeresgerät. In ders., *Short Cuts*, 7–30. Frankfurt am Main: Zweitausendeins.
Kittler, Friedrich. 2010. Techniken, künstlerische. In *Ästhetische Grundbegriffe*. Bd. 6, hrsg. von Karlheinz Barck, Martin Fontius, Dieter Schlenstedt, Burkhart Steinwachs und Friedrich Wolfzettel, 15–23. Stuttgart u. a.: Metzler.
Kittler, Friedrich. 2012. Der Gott der Ohren. In *Das Nahen der Götter vorbereiten*, hrsg. von dems., 48–61. München: Fink.
Kleinberg-Levin, David Michael. 1993. *Modernity and the Hegemony of Vision*. Berkeley u. a.: University of California Press.
Kleiner, Marcus S. 2003. *Soundcultures. Über elektronische und digitale Musik*. Frankfurt am Main: Suhrkamp.
Kneif, Tibor. 1978. *Sachlexikon Rockmusik. Instrumente, Stile, Techniken, Industrie und Geschichte*. Reinbeck bei Hamburg: Rowohlt.
Knorr Cetina, Karin. 1988. Das naturwissenschaftliche Labor als Ort der „Verdichtung" von Gesellschaft. *Zeitschrift für Soziologie* 17(2): 85–101.
Knorr Cetina, Karin. 2002. *Wissenskulturen. Ein Vergleich naturwissenschaftlicher Wissensformen*. Frankfurt am Main: Suhrkamp.
Knorr Cetina, Karin. 2016. *Die Fabrikation von Erkenntnis. Zur Anthropologie der Wissenschaft*, 4. Aufl. Frankfurt am Main: Suhrkamp.
Krämer, Sybille. 2004. Friedrich Kittler – Kulturtechniken der Zeitachsenmanipulation. In *Medientheorien. Eine philosophische Einführung*, hrsg. von Alice Lagaay und David Lauer, 201–224. Frankfurt am Main: Campus.
Kristeva, Julia. 1978. *Die Revolution der poetischen Sprache*. Frankfurt am Main: Suhrkamp.
Lacan, Jaques. 1978. *Die vier Grundbegriffe der Psychoanalyse*. Olten u. a.: Walter.
Latour, Bruno und Steve Wolgar. 1979: *Laboratory Life. The Construction of Scientific Facts*. Beverly Hills: Sage Publications.
Latour, Bruno. 2000. *Die Hoffnung der Pandora*. Frankfurt am Main: Suhrkamp.
Latour, Bruno. 2006. Gebt mir ein Laboratorium und ich werde die Welt aus den Angeln heben. In *ANThology. Ein einführendes Handbuch zur Akteur-Netzwerk-Theorie*, hrsg. von Andréa Bellinger und David J. Krieger, 103–134. Bielefeld: transcript.
Latour, Bruno. 2006. Die Macht der Assoziation. In *ANThology. Ein einführendes Handbuch zur Akteur-Netzwerk-Theorie*, hrsg. von Andréa Bellinger und David J. Krieger, 195–212. Bielefeld: transcript.
Latour, Bruno. 2017. *Eine neue Soziologie für eine neue Gesellschaft*. 4. Aufl. Frankfurt am Main: Berlin.
Leary, Timothy. 1968. *Politik der Ekstase. Die wichtigsten grundlegenden Texte zum Verständnis der psychedelischen Drogen und der psychedelischen Bewegung*. Hamburg: Wegner.
Leary, Timothy. 1999. *Turn on, tune in, drop out*. Berkeley: Ronin.

Lewisohn, Mark. 1988. *The Complete Beatles Recording Sessions. The Official Story of the Abbey Road Years*. London: Hamlyn.

Levin, David Michael. 1993. *Modernity and the Hegemony of Vision*. Berkeley u. a.: University of California Press.

Levin, Tom. 1984. The Acoustic Dimension. Notes on Cinema Sound. *Screen* 25(3): 55–65.

Lichtenstein, Leon. 1919. *Über das Nebensprechen in kombinierten Fernsprechkreisen*. Berlin u. a.: Springer.

Lindvall, Helienne. 2010. Muse Slate Producer Rick Rubin at Awards Ceremony. *The Guardian*. https://web.archive.org/web/20130629083349/http://www.guardian.co.uk/music/2010/feb/12/muse-diss-rick-rubin [Zugegriffen am 25.01.2022].

Link, Jürgen. 2014. Dispositiv. In *Foucault Handbuch. Leben, Werk, Wirkung*, hrsg. von Clemens Kammler, Rolf Parr und Ulrich Johannes Schneider, 237–242, Stuttgart: Metzler.

Losse, Michael. 2020. Wehrerker, Wurferker. In *Wörterbuch der Burgen, Schlösser und Festungen*, hrsg. von Horst Wolfgang Böhne, Reinhard Friedrich, Barbara Schock-Werner und Europäisches Burgeninstitut – Einrichtung der Deutschen Burgenvereinigung e. V. https://books.ub.uni-heidelberg.de/arthistoricum/catalog/book/535. Zugegriffen am 27. November 2022.

Löw, Martina. 2019. *Raumsoziologie*. 10. Aufl. Berlin: Suhrkamp.

Lubin, Tom. 1996. The Sound of Science: The Development of the Recording Studios as Instrument. *NARAS Journal* 7 (1): 41–99.

Luhmann, Niklas. 2008. Das Medium der Kunst. In ders., *Schriften zu Kunst und Literatur*, hrsg. von Niels Werber, 123–138. Frankfurt am Main: Suhrkamp.

Luhmann, Niklas. 2020. *Die Kunst der Gesellschaft*, 10. Aufl. Berlin: Suhrkamp.

Martens, Georg. 1846. *Das malerische und romantische Italien*. 3. Bd. Stuttgart: Scheible, Rieger und Sattler.

Martensen, Karin. 2022. *Das Tonstudio als diskursiver Raum: Theorie, ästhetisches Konzept und praktische Umsetzung in der klassischen Tonaufnahme*. Würzburg: Königshausen & Neumann.

Marx, Karl und Friedrich Engels. 1968. *Das Kapital. Kritik der politischen Ökonomie*. 3 Bde. 2. Aufl. Berlin (Ost): Dietz.

Massey, Howard. 2000. *Behind the Glass. Top Record Producers Tell How They Craft the Hits*. San Francisco: Backbeat Books.

Matejovski, Dirk. Hrsg. 2014. *Resonanzräume. Medienkulturen des Akustischen*. Düsseldorf: Düsseldorf University Press.

McLuhan, Marshall. 1994. *Understanding Media: The Extension of Man*. Cambridge, Mass.: MIT Press.

Meintjes, Louise. 2012. The Recording Studio as Fetish. In *The Sound Studies Reader*, hrsg. von Jonathan Sterne, 265–282. New York u. a.: Routledge, Taylor & Francis Group.

Mersch, Dieter. 2012. Dispositiv, Medialität und singuläre Paradigmata. In *Ästhetik x Dispositive. Die Erprobung von Erfahrungsfeldern*, hrsg. von Elke Bippus, Jörg Huber und Roberto Nigro, 25–38. Zürich: Ed. Voldemeer.

Meyer, Petra Maria. 2008. *Acoustic Turn*. 2. Aufl. Paderborn: Fink.

Middleton, Richard. 2001. Musikalische Dimensionen. Genres, Stile, Aufführungspraktiken. In *Rock- und Popmusik*, hrsg. von Peter Wicke, 61–106. Lilienthal: Laaber.

Miller, Norbert. 1985. Das Ohr des Dionysios. Akustische Verkehrungen und Vorkehrungen. *Daidalos. Berlin Architectural Journal* 17: 74–83.

Milner, Greg. 2009. *Perfecting Sound Forever. An Aural History of Recorded Music*. New York: Faber & Faber.

Mirabella, Vincenzo. 1613. *Dichiarazioni della Pianta dell' antiche Siracuse, e d'alcune scelte Medaglie d'esse, e de Principi che quelle posedettero*. Neapel: Scorriggio.
Moore, Allan F. 2004. *Rock: The Primary Text. Developing a Musicology of Rock*. 2. Aufl. Aldershot u. a.: Ashgate.
Moore, Jerrold Northrop. 1999. *Sound Revolutions. A Biography of Fred Gaisberg, Founding Father of Commercial Sound Recording*. London: Sanctuary.
Moorefield, Virgil. 2010. *The Producer as Composer. Shaping the Sound of Popular Music*. Cambridge, Mass.: MIT Press.
Müller, Jürgen E. 1998. Intermedialität als poetologisches und medientheoretisches Konzept. Einige Reflexionen zu dessen Geschichte. In *Intermedialität. Theorie und Praxis eines interdisziplinären Forschungsgebiets*, hrsg. von Jörg Helbig, 31–40. Berlin: Erich Schmidt.
Multhaupt, Otto. 1909. Die praktische Aufnahmetechnik. *Phonographische Zeitschrift* 10 (28): 666.
Negus, Keith. 1992. *Producing Pop. Culture and Conflict in the Popular Music Industry*. London u. a.: Edward Arnold.
Nietzsche, Friedrich. 2012: Die Geburt der Tragödie aus dem Geist der Musik. In ders., Gesammelte Werke, hrsg. von Karl Schlechta, 7–115. Köln: Anaconda.
Osborne, Richard. 2022. *Owning the Masters. A History of Sound Recording Copyright*. New York: Bloomsbury.
o. V. *Phonographische Zeitschrift*, 1, 1900.
o. V. Ohne Jahr. Analoge Synthesizer. *Sound & Recording*. https://www.soundandrecording.de/thema/analog-synthesizer. Zugegriffen am 27.11.2022.
o. V. 2011. Corey Taylor: Rick Rubin ist überbewertet und überbezahlt. *RockHard*. https://www.rockhard.de/artikel/corey-taylor_-_rick-rubin-ist-ueberbewertet-und-ueberbezahlt._166364.html. Zugegriffen am 27.11.2022.
o. V. 1906. Our New York Recording Plant. *Edison Phonograph Monthly* 4(9): 6–8. https://archive.org/details/edisonphonograph04moor/page/n149/mode/2up. Zugegriffen am 27.11.2022.
o. V.: *Phonographische Zeitschrift* 2, 1901, Nr. 4.
o. V.: *Phonographische Zeitschrift* 25, 1924, Nr. 10.
o. V.: *Talking Machine News*, 1. Aug. 1903.
o. V. 1929. The Problems of the Producer. *B.B.C. Handbook*: 177–180.
Paech, Joachim. 1997. Überlegungen zum Dispositiv als Theorie medialer Topik. *Medienwissenschaft* 1997 (4): 400–420.
Papenburg, Jens Gerrit. 2012. *Hörgeräte. Technisierung der Wahrnehmung durch Rock- und Popmusik*. Berlin: Phil. Diss. Humboldt Universität.
Papenburg, Jens Gerrit und Holger Schulze. 2011. Fünf Begriffe des Klangs. Disziplinierungen und Verdichtungen der Sound Studies. *Positionen – Texte zur aktuellen Musik* 24 (86: Sound Studies): 10–15.
Parthey, Gustav. 1834. *Wanderungen durch Sicilien und die Levante*. Berlin: Nicolai.
Patka, Kiron. 2018. *Radio-Topologie. Zur Raumästhetik des Hörfunks*. Bielefeld: transcript.
Pelleter, Malte. 2013. Chop that record up! Zum Sampling als performative Medienpraxis. In *Performativität und Medialität populärer Kulturen. Theorien – Ästhetiken – Praktiken*, hrsg. von Marcus S. Kleiner und Thomas Wilke, 391–412. Wiesbaden: Springer VS.
Pfleiderer, Martin. 2003. Sound. Anmerkungen zu einem populären Begriff. In *Pop Sounds. Klangtexturen in der Pop- und Rockmusik*, hrsg. von Thomas Phleps und Ralf von Appen, 19–29. Bielefeld: transcript.

Pfleiderer, Martin, Tilo Hähnel, Katrin Horn und Christian Bielefeldt. Hrsg. 2015. *Stimme, Kultur, Identität. Vokaler Ausdruck in der populären Musik der USA, 1900-1960*, Bielefeld: transcript.
Phleps, Thomas. 2003. Pop sounds so und Pop Sound so und so. Einige Nachbemerkungen vorweg. In *Pop Sounds. Klangtexturen in der Pop- und Rockmusik*, hrsg. von dems. und Ralf von Appen, 11–18. Bielefeld: transcript.
Pinch, Trevor und Karin Bijsterveld. Hrsg. 2011. *The Oxford Handbook of Sound Studies*. New York: Oxford University Press.
Poschardt, Ulf. 1996. *DJ Culture*. 2. Aufl. Reinbek bei Hamburg: Rowohlt.
Ramone, Phil. 2007. *Making Records. The Scenes Behind the Music*. New York: Hyperion.
Rancière, Jacques. 2008. *Ist Kunst widerständig?* Berlin: Merve.
Rauhe, Hermann. 1968. Kritischer Schallplattenvergleich aus den Bereichen Folklore und Beat. Ein didaktischer Beitrag zur musikalischen Werkanalyse. In *Der Einfluß der Technischen Mittler auf die Musikerziehung unserer Zeit*, hrsg. von Egon Kraus, 176–190. Mainz: Schott.
Reddington, Helen. 2021. *She's at the Controls. Sound Engineering, Production and Gender Ventriloquism in the 21st Century*. Sheffield: Equinox.
Reynolds, Simon. 2012. *Retromania. Warum Pop nicht von seiner Vergangenheit lassen kann*. Mainz: Ventil.
Ribowsky, Mark. 2006. *He's a Rebel. Phil Spector: Rock & Roll's Legendary Producer*. Cambridge: Da Capo Press.
Riedl, Karin. 2014. *Künstlerschamanen. Zur Aneignung des Schamanenkonzepts bei Jim Morrison und Joseph Beuys*. Bielefeld: transcript.
Rieger, Matthias. 2003. Musik im Zeitalter von Sound. Wie Hermann von Helmholtz eine neue Ära begründete. In *Pop Sounds. Klangtexturen in der Pop- und Rockmusik*, hrsg. von Thomas Phleps und Ralf von Appen, 183–196. Bielefeld: transcript.
Ritzer, Ivo und Peter W. Schulze (Hrsg.). 2018. *Mediale Dispositive*, Wiesbaden: Springer VS.
Roscher, Wilhelm Heinrich. Hrsg. 1897–1902. *Ausführliches Lexikon der Griechischen und Römischen Mythologie*. Leipzig: Teubner.
Ruschkowski, André. 2010: *Elektronische Klänge und musikalische Entdeckungen*. 2. Aufl. Stuttgart: Reclam.
Sabine, Wallace C. 1906. Architectural Acoustics. *Proceedings of the American Academy of Arts and Sciences* 42(2): 49–84.
Sander, Wolfgang. 1977. Sound & Equipment. In *Rockmusik: Aspekte zur Geschichte, Ästhetik, Produktion*, hrsg. von dems., 81–99. Mainz: Schott.
Savona, Anthony. 2005. *Console Confessions. The Great Music Producers in Their Own Word*. San Francisco: Backbeat Books.
Schafer, Murray R. 1969. *The New Soundscape. A Handbook for the Modern Music Teacher*. Scarborough (Ontario): Berandol Music Limited.
Schafer, Murray R. 1994. *The Soundscape: Our Sonic Environment and the Tuning of the World*. Rochester: Destiny Books.
Schafer, R. Murray. 2006. Soundscapes – Design für Ästhetik und Umwelt. In *Der Aufstand des Ohrs – die neue Lust am Hören*, hrsg. von Volker Bernius, 141–152. Göttingen: Vandenhoeck & Ruprecht.
Schafer, R. Murray. 2010. *Die Ordnung der Klänge. Eine Kulturgeschichte des Hörens*. Neu übersetzte Auflage. Mainz: Schott.
Schätzlein, Frank. 2005. Sound und Sounddesign in Medien und Forschung. In *Sound. Zur Technologie und Ästhetik des Akustischen in den Medien*, hrsg. von Harro Segeberg und Frank Schätzlein, 24–40. Marburg: Schüren.

Schmidt-Horning, Susan. 2013. *Chasing Sound. Technology, Culture and the Art of Studio Recording from Edison to the LP*. Baltimore: Johns Hopkins University Press.
Schulze, Holger. 2008. Bewegung, Berührung, Übertragung. Einführung in eine historische Anthropologie des Klangs. In *Sound Studies: Traditionen – Methoden – Desiderate. Eine Einführung*, hrsg. von dems., 143–165. Bielefeld: transcript.
Schulze, Holger. Hrsg. 2008. *Sound Studies: Traditionen – Methoden – Desiderate. Eine Einführung*. Bielefeld: transcript.
Schwarte, Ludger. 2009. *Philosophie der Architektur*. München: Fink.
Simons, David. 2006. *Analog Recording: Using Analog Gear in Today's Home Studio*. San Francisco: Backbeat.
Slater, Mark. 2016. Processes of Learning in the Project Studio. In *Music, Technology and Education. Critical Perspectives*, hrsg. von Andrew King und Evangelos Himonides, 9–26. London u. a.: Routledge.
Sloterdijk, Peter. 1993. *Weltfremdheit*. Frankfurt am Main: Suhrkamp.
Smudits, Alfred. 2003. A Journey into Sound. Zur Geschichte der Musikproduktion, der Produzenten und der Sounds. In *Pop Sounds. Klangtexturen in der Pop- und Rockmusik*, hrsg. von Thomas Phleps und Ralf von Appen, 65–94. Bielefeld: transcript.
Smyrek, Volker. 2013. *Die Geschichte des Tonmischpults. Die technische Entwicklung der Mischpulte und der Wandel der medialen Produktionsverfahren im Tonstudio von den 1920er Jahren bis heute*. Berlin: Logos.
Spangenberg, Peter M. 2010. Aura. In *Ästhetische Grundbegriffe*. Bd. 1, hrsg. von Karlheinz Barck, Martin Fontius, Dieter Schlenstedt, Burkhart Steinwachs und Friedrich Wolfzettel, 400–441. Stuttgart u. a.: Metzler.
Stauff, Markus. 2005. Zur Gouvernementalität der Medien. Fernsehen als „Problem" und „Instrument". In *Politiken der Medien*, hrsg. von Daniel Gethmann und Markus Stauff, 89–110. Zürich u. a.: Diaphanes.
Steets, Silke. 2019. Keller. In *Räume der Kindheit. Ein Glossar*, hrsg. von Jürgen Hasse und Verena Schreiber, 138–144. Bielefeld: transcript.
Sterne, Jonathan. 2003. *The Audible Past: Cultural Origins of Sound Reproduction*. Durham u. a.: Duke University Press.
Sterne, Jonathan. Hrsg. 2012. *The Sound Studies Reader*. London u. a.: Routledge, Taylor & Francis Group.
Sterne, Jonathan. 2019. Spectral Objects. On the Fetish Character of Music Technologies. In *Sound Objects*, hrsg. von James A. Steintrager und Rey Chow, 94–112. Durham u. a.: Duke University Press.
Sterne, Jonathan und Elena Razlogova. 2021. Tuning Sound for Infrastructures: Artificial Intelligence, Automation, and the Cultural Politics of Audio Mastering. *Cultural Studies. Infrastructural Politics* 35 (4–5): 750–770. https://doi.org/10.1080/09502386.2021.1895247.
Strauss, Jürgen. 2009. Neue Hall- und Thonkunst. Athanasius Kircher (1684). *Kunst und Kirche. Klangraum 03*: 10–13.
Szendy, Peter. 2015. *Höre(n). Eine Geschichte unserer Ohren*. Paderborn: Fink.
Théberge, Paul. 1997. *Any Sound You Can Imagine: Making Music/Consuming Technology*. Middletown: Wesleyan University Press.
Théberge, Paul. 2004. The Network Studio: Historical and Technological Paths to a New Ideal in Music Making. *Social Studies of Science* 34(5): 759–781.
Thompson, Dave. 2009. *Phil Spector. Wall of Pain*. 2. Aufl. London u. a.: Omnibus Press.

Thompson, Emily. 1997. Dead Rooms and Live Wires. Harvard, Hollywood, and the Deconstruction of Architectural Acoustics, 1900–1930. *Isis* 88 (4): 597–626.

Thompson, Emily. 2002. *The Soundscape of Modernity: Architectural Acoustics and the Culture of Listening in America 1900–1933*. Cambridge: MIT Press.

Thoreau, Henry David. 2012. *Walden. Ein Leben in der Natur*. 8. Aufl. München: dtv.

Van Keeken, Alan. 2021. Michael Zähl CS-V Mischpult (1982/1989). Ein einzigartiger Aufnahmeraum und seine Schaltzentrale. In *Audiowelten. Technologie und Medien in der populären Musik nach 1945 – 22 Objektstudien*, hrsg. von Benjamin Burkhart, Laura Niebling, Alan van Keeken, Christofer Jost und Martin Pfleiderer, 89–117. Münster: Waxmann.

Varèse, Edgar. 1983. Die Befreiung des Klangs. In *Musik-Konzepte 6. Edgar Varèse, Rückblick auf die Zukunft*, hrsg. von Heinz-Klaus Metzger und Rainer Riehn, 11–24. 2. Aufl. München: Edition Text + Kritik.

Vary, Adam B. 2013. Inside The Mind (And Studio) of Hollywood's Music Maestro. *buzzfeed.com*. https://www.buzzfeed.com/adambvary/hans-zimmer-film-composer-inside-his-studio. Zugegriffen am 27. November 2022.

Virilio, Paul. 1998. Die Ära des universellen Voyeurismus. *Le Monde diplomatique*, 14.08.1998. https://monde-diplomatique.de/artikel/!3203317. Zugegriffen am 27. November 2022.

Volmar, Axel. 2010. Auditiver Raum aus der Dose. Raumakustik, Tonstudiobau und Hallgeräte im 20. Jahrhundert. In *Klangmaschinen zwischen Experiment und Medientechnik*, hrsg. von Daniel Gethmann, 153–174. Bielefeld: transcript.

Volmar, Axel und Dominik Schrey. 2018. Compact Disc. In *Handbuch Sound. Geschichte, Begriffe, Ansätze*, hrsg. von Daniel Morat und Hansjakob Daniel, 325–327. Stuttgart: Metzler.

Volmar, Axel und Jens Schröter. Hrsg. 2013. *Auditive Medienkulturen. Techniken des Hörens und Praktiken der Klanggestaltung*. Bielefeld: transcript.

Wagner, Monika. 2010. Material. In *Ästhetische Grundbegriffe*. Bd. 3, hrsg. von Karlheinz Barck, Martin Fontius, Dieter Schlenstedt, Burkhart Steinwachs und Friedrich Wolfzettel, 866–882. Stuttgart u. a.: Metzler.

Wagner, Richard. 1873. *Das Bühnenfestspielhaus zu Bayreuth. Nebst einem Berichte über die Grundsteinlegung desselben. Mit sechs architektonischen Plänen*. Leipzig: Fritsch.

Waldecker, David. 2022. *Mit Adorno im Tonstudio. Zur Soziologie der Musikproduktion*. Bielefeld: transcript.

Waller, Lurie. 2016. Rediscovering Daphne Oram's Home-Studio. Experimenting between Art, Technology and Domesticity. In *Studio Studies. Operations, Topologies and Displacements*, hrsg. von Wilkie Farís und Alex Ignacio, 159–174. London: Routledge.

Wandler, Heiko. 2012. *Technologie und Sound in der Pop- und Rockmusik. Entwicklung der Musikelektronik und Auswirkungen auf Klangbild und Klangideal*. Osnabrück: epOs Music.

Watson, Allan. 2015. *Cultural Production in and Beyond the Recording Studio*. New York u. a.: Routledge.

Weisbard, Eric. 2022. Rezension zu: Kyle Barnett. 2020. *Record Cultures: The Transformation of the U.S. Record Industry*. Ann Arbor: University of Michigan Press. *Journal of the Society for American Music* 16 (4): 457–459. doi:10.1017/S1752196322000372. Zugegriffen am 30. Dezember 2022

Welch, Walter L. und Leah Brodbeck Stenzel Burt. 1994. *From Tinfoil to stereo. The Acoustic Years of the Recording Industry 1877–1929*. Gainesville: University Press of Florida.

Wicke, Peter. 2001. Sound-Technologien und Körper-Metamorphosen. Das Populäre in der Musik des 20. Jahrhunderts. In *Rock- und Popmusik*, hrsg. von dems., 11–60. Lilienthal: Laaber.

Wicke, Peter. 2008a. Das Sonische in der Musik. In: *Forschungszentrum Populäre Musik*. PopScriptum 10: Das Sonische. Sounds zwischen Akustik und Ästhetik. https://edoc.hu-berlin.de/bitstream/

handle/18452/21050/pst10_wicke.pdf?sequence=1&isAllowed=y. Zugegriffen am 27. November 2022.
Wicke, Peter. 2008b. Pop(Musik)Geschichte(n). Geschichte als Pop – Pop als Geschichte. In *PopMusicology. Perspektiven der Popmusikwissenschaft*, hrsg. von Christian Bielefeldt, Udo Dahmen und Rolf Großmann, S. 61–74. Bielefeld: transcript.
Wicke, Peter. 2010. Mediale Konzeptualisierung von Klang in der Musik. Von der simulierten Aufführung zum simulierten Klang. *Musiktheorie. Zeitschrift für Musikwissenschaft* 25 (4): 349–363.
Williams, Allan. 2006. *Phantom Power: Recording Studio History, Practice, and Mythology*. Dissertation Brown University.
Williams, Allan. 2007. Divide And Conquer: Power, Role Formation, and Conflict in Recording Studio Architecture. *Journal on the Art of Record Production*: February 2007. https://www.arpjournal.com/asarpwp/divide-and-conquer-power-role-formation-and-conflict-in-recording-studio-architecture. Zugegriffen am 27. November 2022.
Williams, Alan 2012a. ‚I'm Not Hearing What You're Hearing': The Conflict and Connection of Headphone Mixes and Multiple Audioscapes. In *The Art of Record Production. An Introductory Reader for a New Academic Field*, hrsg. von Simon Frith and Simon Zagorski-Thomas, 113–127. Burlington: Ashgate.
Williams, Alan. 2012b. Putting It On Display: The Impact of Visual Information on Control Room Dynamics. *Journal on the Art of Record Production*. June 2012. https://www.arpjournal.com/asarpwp/putting-it-on-display-the-impact-of-visual-information-on-control-room-dynamics. Zugegriffen am 27. November 2022.
Witzgall, Susanne. 2014. Macht des Materials/Politik der Materialität – eine Einführung. In *Macht des Materials/Politik der Materialität*, hrsg. von ders. und Kerstin Stakemeier, 13–27. Zürich u. a.: Diaphanes.
Wolfe, Tom. 1964. „The First Tycoon of Teen". *New York Herald Tribune*, 3. Januar 1964.
Wolfe, Tom. 2009. *The Electric Kool-Aid Acid Test. Die legendäre Reise von Ken Kesey und den Merry Pranksters*. 3. Aufl. München: Heyne.
Zagorski-Thomas, Simon. 2014. *The Musicology of Record Production*. Cambridge: Cambridge University Press.
Zagorski-Thomas, Simon, Katia Isakoff, Sophie Stévance und Serge Lacasse. Hrsg. 2020. *The Art of Record Production*. Volume 2: *Creative Practice in the Studio*. New York: Routledge.
Zak III, Albin J. 2001. *The Poetics of Rock. Cutting Tracks, Making Records*. Berkeley u. a.: University of California Press.

7.2 Diskographie

Bon Iver. 2007. *For Emma, Forever Ago*, USA 2007, 37:14 Minuten.
Beastie Boys. 1986. „Rhymin & Stealin". In: dies.: *Licensed to Ill*, USA 1986, 44:33 Minuten.
Bertolozzi, Joseph. 2009. *Bridge Music*, USA 2009, 48 Minuten.
Bertolozzi, Joseph. 2016. *Tower Music. Musique de la tour*, USA 2016, 50 Minuten.
Bowie, David. 1977. „Heroes". In ders.: *Heroes*, USA 1977, 40:36 Minuten, hier Titel 3, 06:07 Minuten.
Brown, James. 1970. *Funky Drummer*, USA 1970, 05:31 Minuten.
Cage, John. 1952. *Imaginary Landscape No. 5*, USA 1952, 03:02 Minuten.
City And Colour. 2011. *Little Hell*, Kanada/USA 2011, 47:27.
Deep Purple. 1972: „Smoke on the Water". In: dies.: *Machine Head*, USA/UK 1972, 37:25 Minuten.

Eilish, Billie. 2017. „Ocean Eyes". In: dies.: *Don't Smile at Me*, USA 2017, 26:00 Minuten.
Eilish, Billie. 2019. *When We All Fall Asleep, Where Do We Go?*, USA 2019, 42:48 Minuten.
Eurythmics. 1983. „Sweat Dreams (Are Made of This)". In: dies.: *Sweat Dreams (Are Made of This)*, USA 1983, 41:59 Minuten.
Jay-Z und T. I. 2008. „Swagga Like Us" (featuring Kanye West, Lil Wayne & M.I.A.). In: T. I.: *Paper Trail*, USA 2008, 73:17 Minuten.
Kanye West. 2016. *The Life of Pablo*, USA 2016, 66:39 Minuten.
Kanye West. 2013. *Yeezus*, USA 2013, 40:01 Minuten.
Kraftwerk. 1977. „Metall auf Metall". In: dies.: *Trans Europa Express*, Deutschland/England/USA 1977, 42:45 Minuten, hier Titel 5, 01:46 Minuten.
Led Zeppelin. 1971. „When the Leevee Breaks". In: dies.: *Led Zeppelin IV*, USA 1971, 42:38 Minuten.
Little Walter. 1952. *Juke*, USA 1952, 02:44 Minuten.
LL Cool J. 1985. *Radio*, USA 1985, 47:04 Minuten.
Pink Floyd. 1967. *The Piper at the Gates of Dawn*, USA/England 1967, 41:52 Minuten.
Queen. 1975. „Bohemian Rhapsody". In: dies.: *A Night at the Opera*, UK/USA 1975, 43:11 Minuten, hier Titel 11, 05:55 Minuten.
Ramones. 1980. *End of the Century*, USA 1980, 34:14 Minuten.
Rihanna. 2007. „Umbrella". In: dies.: *Good Girl Gone Bad*, USA 2007, 46:06 Minuten, hier Titel 1, 04:35 Minuten.
Schafer, Pierre. 1948. *Étude aux chemins de fer*, Frankreich 1948, 02:53 Minuten.
Setlur, Sabrina. 1997. „Nur mir". In: dies.: *Die neue S-Klasse*, Deutschland 1997, 66:15 Minuten, hier Titel 7, 04:03 Minuten.
Slipknot. 2004. *Vol. 3 (The Subliminal Verses)*, USA 2004, 60:18 Minuten.
Spector, Phil. 1991. *Back to Mono*, USA 1991, 206:12 Minuten. 2004. *Vol. 3 (The Subliminal Verses)*, USA 2004, 60:18 Minuten.
The Beach Boys. 1965. *Pet Sounds*, USA 1965, 36:25 Minuten.
The Beatles. 1967. *Sgt. Pepper's Lonely Hearts Club Band*, UK/USA/D 1967, 39:43 Minuten.
The Crystals. 1962. *He's a Rebel*, USA 1962, 02:31 Minuten.
The Doors. 1967. „Break on Through (To the Other Side)". In: ders.: *The Doors*, USA 1967, 44:48 Minuten.
The Harmonycats. 1947. *Peg o'My Heart*, USA 1947, 02:08 Minuten.
The Rolling Stones. 1972. *Exile on Main St*, USA/UK 1972, 66:48 Minuten.
The Rolling Stones. 1971. „Wild Horses". In: dies.: *Sticky Fingers*, USA/UK 1971, 46:25 Minuten, hier Titel 3, 05:42 Minuten.
The Ronettes. 1963. *Be My Baby*, USA 1963, 02:43 Minuten.
The Teddy Bears. 1958. *To Know Him Is To Love Him*, USA 1958, 02:18 Minuten.
Turner, Tina. 1966. *River Deep, Mountain High*, USA 1966, 03:40 Minuten.
Ye. 2021. *Donda*, USA 2021, 108:49 Minuten.

7.3 Filmographie

Attias, Daniel. 1993. *Northern Exposure*. First Snow, Staffel 5, Episode 10, USA 1993, 45 Minuten.
Avildsen, John G. 1984. *The Karate Kid*, USA 1984, 126 Minuten.
Capra, Frank. 1937. *Lost Horizon*, USA 1937, 133 Minuten.

Chermayeff, Maro und Christine Le Goff. 2016a. *Achtung Aufnahme! In den Schmieden des Pop*, Teil 2: *Die Magie des Studios*, USA/F 2016, 52:15 Minuten.
Chermayeff, Maro und Christine Le Goff. 2016b. *Achtung Aufnahme! In den Schmieden des Pop*, Teil 3: *Beruf Produzent*, USA/F 2016, 51:38 Minuten.
Grohl, Dave. 2013. *Sound City*, Dokumentation 2013, 107 Minuten.
Guggenheim, Davis. 2008. *It Might Get Loud*, USA 2008, 97 Minuten.
Hackford, Taylor. 2004. *Ray*, USA 2004, 152 Minuten.
Jones, Quincy III, Joshua Krause und Jarred Freedman. 2019. *The Carter*, USA 2019, 75 Minuten.
Justman, Paul. 2002. *Standing in the Shadows of Motown*, USA 2002, 108 Minuten.
Kijak, Stephen. 2010: *Stones In Exil*, USA 2010, 63 Minuten.
Koltz, Beryl. 2015. *Soundhunters – Töne machen die Musik*, Luxemburg/Frankreich 2015, 55 Minuten.
Mayes-Wright, Chris. 2014. *Focusrite. The Story of the Focusrite Studio Console*, 2014, 38:55 Minuten.
Maysles, Albert, David Maysles und Charlotte Zwerin. 1970. *Gimme Shelter*, USA 1970, 91 Minuten.
Neville, Morgan und Jeff Malmberg. 2019. *Shangri-La*, Episode 1, USA 2019, 53:48 Minuten.
Neville, Morgan und Jeff Malmberg. 2019a. *Shangri-La*. Sneak Peek of Part 1, Showtime Documentary Series, USA 2019, 00:49 Minuten.
Penn, Sean. 2007. *Into the Wild. Die Geschichte eines Aussteigers*, USA 2007, 148 Minuten.
Riecker, Ariane und Dirk Schneider. 2011. *Hans Zimmer – Der Sound für Hollywood*, NDR/Deutschland 2011, 52 Minuten.
Scorsese, Martin. 1978. *The Last Waltz*, USA 1978, 117 Minuten.
Stoppa, Nahuel. 2021. Von Schwaben nach Atlanta: wie heutzutage Trap-Hits entstehen, in: *ARTE-Tracks*, Deutschland 2021, 17 Minuten.
Tedesco, Denny. 2014. *The Wrecking Crew*, 2008 (Filmpremiere), USA 2014, 101 Minuten.
Tymieniecka, Binia. 2009 [1982]. *DA DOO RON RON. The Story of Phil Spector*, Original UK 1982, 77 Minuten.

7.4 Internetlinks

60 Minutes. 2014. The Console at the Heart of the Music. *Youtube*. Videostream, 01:29 Minuten. https://www.youtube.com/watch?v=p8zgXbevpEA. Zugegriffen am 15. Dezember 2022.
Air Studios. 2022. *History*. https://www.airstudios.com/history. Zugegriffen am 14. Dezember 2022.
Air Studios. 2022. *Microphone List*. https://www.airstudios.com/microphone-list. Zugegriffen am 14. Dezember 2022.
AlternativoPT451. 2011. Making the Album Mama Part 2. *Youtube*. Videostream, 14:46 Minuten. https://www.youtube.com/watch?v=Jr2wm5Kf4HA&t=515s. Zugegriffen am 15. Dezember 2022.
Amsterdam Mastering. 2022. *Studio*. http://www.amsterdammastering.com/studio. Zugegriffen am 14. Dezember 2022. https://www.arte.tv/de/videos/105839-000-A/von-schwaben-nach-atlanta-wie-heutzutage-trap-hits-entstehen-tracks. Zugegriffen am 14. Dezember 2022.
ASMR Charlie. 2021. ASMR – Mouth Sounds. *Youtube*. Videostream, 11:09 Minuten. https://www.youtube.com/watch?v=vSIFhBnUvUU. Zugegriffen am 15. Dezember 2022.
AWAL. 2019. Spaces: Inside the Tiny Bedroom where Finneas and Billie Eilish are Redefining Pop Music. *Youtube*. Videostream, 5:00 Minuten. https://www.youtube.com/watch?v=ZBJ914ha6LQ. Zugegriffen am 15. Dezember 2022.
Belaen, Kris. 2017. MCS Movement Computer System. *Youtube*. Videostream, 01:46 Minuten. https://www.youtube.com/watch?v=pMCEZIEkH5Y&t=6s. Zugegriffen am 15. Dezember 2022.

CBS Sunday Morning. O. J. Billie Eilish and Finneas O'Connell on writing „Bad Guy". *Youtube*. Videostream, 01:13. https://www.youtube.com/watch?v=n-jZMiLulBo. Zugegriffen am 15. Dezember 2022.

City And Colour. 2011. Little Hell (in Studio). *Youtube*. Videostream, 14:58 Minuten. https://www.youtube.com/watch?v=DPjf5fGwQg0. Zugegriffen am 15. Dezember 2022.

Deutsche Bauzeitung. 2022. *Algorithmisch geformte Oberflächen*. https://www.db-bauzeitung.de/news/akustikpaneele-aus-holz-mit-algorithmischen-oberflaechen. Zugegriffen am 15. Dezember 2022.

Emil Berliner Studios. 2022. Mit Emil Berliner fing alles an. *Emil Berliner Studios*. https://emil-berliner-studios.com/historie. Zugegriffen am 14. Dezember 2022.

https://www.freeimages.com/es/photo/frost-1386958. Zugegriffen am 14. Dezember 2022.

https://www.freeimages.com/es/photo/frost-1386963. Zugegriffen am 14. Dezember 2022.

https://www.gettyimages.de/fotos/gold-star-studios. Zugegriffen am 14. Dezember 2022.

Gnosa, Tanja. 2017. ANT goes dispositif: Überlegungen zu einer methodischen Verschränkung von Akteur-Netzwerk-Theorie und Dispositivanalyse. *Genealogy + Critique*. https://foucaldien.net/articles/10.16995/lefou.43. Zugegriffen am 14. Dezember 2022. https://grammophon-platten.de/page.php?181. Zugegriffen am 14. Dezember 2022.

Grohl, Dave. 2014. Foo Fighters Studio Tour, Australien. *Youtube*. Videostream, 60 Minuten. https://www.youtube.com/watch?v=2ktw6INq0Yk. Zugegriffen am 13. Januar 2021.

Hansa Studios. 2022. *Hansa Studios*. https://hansastudios.de/en/home. Zugegriffen am 14. Dezember 2022.

Lager, Håkan. 2012. Les Paul Shows his Guitar Omnibus. *Youtube*. Videostream, 11:12 Minuten. https://www.youtube.com/watch?v=BjKX0P4t_ac. Zugegriffen am 15. Dezember 2022.

LANDR. 2022. *Drill Smoke*. https://samples.landr.com/packs/drill-smoke. Zugegriffen am 14. Dezember 2022.

Mass Appeal.O. J. Rhythm Roulette. *Youtube*. Videostream. https://www.youtube.com/playlist?list=PL_QcLOtFJOUgNxURr8B4lNtf_3e9fWZzl. Zugegriffen am 15. Dezember 2022.

mb akustik. 2022. *Abhörraum Qualitätsbewertung (Listening Environment Rating – LER)*. https://www.mbakustik.de/news/abhoerraum-qualitaet-bewertung-listening-environment-rating-ler. Zugegriffen am 15. Dezember 2022.

Output. 2020. https://output.com/products/arcade. *Arcade by output*. Zugegriffen am 14. Dezember 2022.

https://www.pbslearningmedia.org/resource/eurythmics-home-soundbreaking/eurythmics-home-soundbreaking. Zugegriffen am 14. Dezember 2022.

https://www.pbslearningmedia.org/resource/eurythmics-home-soundbreaking/eurythmics-home-soundbreaking. Zugegriffen am 14. Dezember 2022.

Pinguin. 2022. https://www.masterpinguin.de. Zugegriffen am 14. Dezember 2022.

pOlyphOny. 2008. Glenn Gould Records Scriabin Desir: Part 2. *Youtube*. Videostream, 05:30 Minuten. https://www.youtube.com/watch?v=chHJdmyIiRk. Zugegriffen am 15. Dezember 2022.

professorenol. 2012. APB – Annie Lennox Interview in The Church. *Youtube*. Videostream, 19:45 Minuten. https://www.youtube.com/watch?v=5qycWEMpbXM. Zugegriffen am 15. Dezember 2022. https://reactable.com. Zugegriffen am 14. Dezember 2022.

Ricgrass. 2015. Victor's Trinity Church Recording Studio, Camden, NJ 1918-1935. *Blogspot*. http://ricgrass.blogspot.com/2015/06/normal-0-false-false-false-en-us-x-none_4.html. Zugegriffen am 14. Dezember 2022. https://secure.flickr.com/photos/28928718@N07/albums/72157629310409198. Zugegriffen am 14. Dezember 2022. https://sellfy.com/ozmusiqe/p/c56xai. Zugegriffen am 14. Dezember 2022. https://sellfy.com/ozmusiqe/p/SoIJ. Zugegriffen am 14. Dezember 2022.

Showtime. 2019. ‚Producing with Mac Miller' Part 3 Official Clip: Shangri-La. *Youtube*. Videostream, 01:36 Minuten. https://www.youtube.com/watch?v=q7I-zoHIQgw&list=PLZ8c54cxQG2Ejmpv15RHaLTQKcxgII39D&index=2. Zugegriffen am 15. Dezember 2022.

Soulr. 2021. Rick Rubin: The Invisibility of Hip Hop's Greatest Producer. *Youtube*. Videostream, 33:45 Minuten. https://www.youtube.com/watch?v=vabwGiTWRVo. Zugegriffen am 15. Dezember 2022.

Sound on Sound magazine. 2015. SOS visit Paul Epworth at The Church Studios. *Youtube*. Videostream, 22:18 Minuten. https://www.youtube.com/watch?v=PCZ7cDR1L6c. Zugegriffen am 15. Dezember 2022.

Spitfire Audio. 2022. *Labs*. https://labs.spitfireaudio.com/#category=&search=&new=true. Zugegriffen am 14. Dezember 2022.

Steinberg. 2019. Multi-Award-Winning Film Score Composer Hans Zimmer on Cubase. *Youtube*. Videostream, 14:30 Minuten. https://www.youtube.com/watch?v=14lF6hfbyhc. Zugegriffen am 15. Dezember 2022.

https://www.stemplayer.com. Zugegriffen am 14. Dezember 2022.

https://www.stokowski.org/Camden%20Church%20Studio%20Recording%20Location.htm. Zugegriffen am 14. Dezember 2022.

Sunset Sound. 2022. *Our History*. https://www.sunsetsound.com/demo-demo-2. Zugegriffen am 14. Dezember 2022.

https://theageofideas.com/someday-sermon-discovered-not-manufactured. Zugegriffen am 14. Dezember 2022.

The Church Studios. 2022. https://www.thechurchstudios.com/history. Zugegriffen am 14. Dezember 2022.

triple j. 2020. Billie Eilish Bedroom Interview: ‚bad guy', Bond and Working on her Next Album *Youtube*. Videostream, 09:32. https://www.youtube.com/watch?v=Cwp0CdwDiMs. Zugegriffen am 15. Dezember 2022.

Universal Audio. 2022. *Neve 1084 Preamp & Eq*. https://www.uaudio.de/uad-plugins/channel-strips/neve-1084-preamp-eq.html. Zugegriffen am 14. Dezember 2022.

Zeit online. 2020. BGH weist Samplingstreit an Vorinstanz zurück. *Die Zeit*. https://www.zeit.de/kultur/musik/2020-04/urheberschutz-kraftwerk-pelham-zwei-sekunden-beat-bgh-urteil?utm_referrer=https%3A%2F%2Fwww.google.com. Zugegriffen am 14.12.2022.

Personen- und Sachregister

50 Cent 2
808 Mafia 182, 184

A$AP Rocky 167
Abhöranlage 2, 126
Abhörposition 4, 34, 95, 148, 189
Adele 167
Adorno, Theodor Ludwig Wiesengrund 16, 43, 72–73, 96, 133–136, 172, 189
Agamben, Giorgio 44
Akteur-Netzwerk-Theorie 14, 108–110, 112–114
ANT=>Akteur-Netzwerk-Theorie
Akustik 2, 52, 54 f., 92 f., 97, 105, 118, 120, 131, 133, 137–139, 151, 167–168, 187, 189, 190, 197
– Bauakustik 6–7, 91, 93, 123, 141, 167, 187
– Raumakustik 4, 13, 67, 90–92, 94, 97, 118, 126, 138, 172, 189, 192
Albert, Margo 146
Alexisonfire 169
Apparat 2 f., 5, 15, 18, 23, 27, 29 f., 32, 36–38, 42, 44–46, 51, 54, 63, 68, 77, 86, 88, 96 f., 99, 101, 107, 109, 111, 115 f., 122, 126, 128, 189, 196
– Apparatur=>Apparat
– apparatus=>Apparat
– Machtapparat 7, 189
– Studioapparat 5, 15, 52, 63, 64, 67, 116 f., 123, 127, 136, 142, 165, 169, 176, 183, 189, 190
– Wiedergabeapparat 1
Architektur 4–6, 15, 17, 27, 42, 52, 89–93, 95–97, 99, 101, 105, 124, 131, 134, 139–141, 146, 149 f., 152–154, 156 f., 159, 164, 167, 170 f., 173–175, 186–188, 192, 194–196
– Bauarchitektur 6
– Gerätearchitektur 6, 45, 52
– Machtarchitektur 2
– Studioarchitektur 10, 15, 97, 103, 118, 120, 121, 122, 128, 137, 139, 147, 182, 187, 192
Archiv 6, 46 f., 74–77, 79, 80 f., 84, 142, 151, 191
– Archivfunktion 6, 191
– Archivgut 81, 84, 142
– Archivmaterial 10, 45, 74, 78–80, 142

– Datenarchiv 84
– Medienarchiv 6, 50, 75–78, 81, 83, 143, 191
– Soundarchiv 80
Ästhetik 10, 31, 43, 47, 51, 58, 71, 89, 97, 111, 131, 153, 177, 178, 180, 186, 190, 191, 195
– Klangästhetik 96 f., 133, 190
– Produktionsästhetik 16, 58, 64, 74, 96, 133, 149, 153, 170, 185, 189
– Raumästhetik 13, 134
– Soundästhetik 1, 13, 72, 80, 102, 126, 132, 175, 180, 186
Aufnahme 30–32, 34, 35, 53, 56, 58, 62, 64, 73, 75, 77, 82, 97, 98–103, 114, 116, 118 f., 122–126, 130, 132, 135, 137–141, 146 f., 152, 156–158, 160, 165, 169 f., 172, 173, 181, 185, 187–189, 194
– Audioaufnahme 2
– Aufnahmebereich 2, 101, 127, 187, 194
– Aufnahmesetting 67, 77, 119, 126
– Aufnahmetechnologie 11, 130
– Aufnahmeverfahren 1, 59, 65, 77, 81, 168, 170
– Schallaufnahme 1, 7, 75, 84, 97 f., 102, 119, 124, 126, 131, 137, 140, 142–144, 162, 165, 170–172, 175, 186, 188, 194 f.
– Tonaufnahme 1, 3, 4, 9, 15, 35, 61 f. 65, 67, 77, 97 f., 102, 104, 111, 115–117, 123, 125, 127–130, 137, 141, 156
Aufschreibesystem 5, 76
Augé, Marc 182, 184 f.
Aura 66 f., 70 f., 170–172
Auteur 13, 128, 130
Autonomie 2, 5, 26, 51–53, 84, 104, 145, 186, 190
Avery, Ray 147
AXL Beats 83

Bach, Johann Sebastian 3, 96
Banks, Tony 177
Barron, Bebe und Louis 105
Baudrillard, Jean 23 f., 29
Baudry, Jean-Louis 5, 18, 27–31, 33, 36, 38, 44, 46, 186
Baumann, Dorothea 92, 94, 95

Personen- und Sachregister

Beastie Boys 145, 156
Beck 82
Beethoven, Ludwig van 1, 123, 134
Begehren 6, 54, 65, 67, 69, 72–74, 82, 86–88
Behrens, Roger 191
Bell, Patrick 176, 179
Benjamin, Walter 66, 171 f., 174
Bentham, Jeremy 22, 121 f.
Berger, Denis 178, 182, 184
Berliner, Emil 10, 97, 99
Bertolozzi, Joseph 163
Bickel, Peter 175 f.
Bielefeldt, Christian 9, 11
Böhme, Gernot 173 f., 195
Böhme, Hartmut 66, 71, 76, 85, 87
Bon Iver 146, 163, 165, 179, 194
Bowie, David 138
Brauns, Jörg 30
Brodbeck Stenzel Burt, Leah 10, 99
Brown, James 79
Brückwald, Otto 96
Burgess, Richard James 11 f.
Butler, Judith 21, 25 f., 48

Capra, Frank 146, 150
Caravaggio, Michelangelo Merisi da 93
Cash, Johnny 67, 69, 145
Cass, John L. 33
Cat Stevens 68
Charles, Ray 10, 127
Chiccarelli, Joe 82
City and Colour 169, 170, 173, 175
Clapton, Eric 154 f.
Clarkson, Lana 129
Coldplay 84, 167
Crespin, Régine 116
Cunningham, Mark 10 f., 125 f., 149

Davis, Miles 167
De Certeau, Michel 24 f., 86, 191
Dean, James 69
Determinismus 1, 123
Diederichsen, Diedrich 72 f.
Dionysios I. 93 f.
Dire Straits 156
Diskurs 3, 19, 21, 24–26, 29, 31, 36, 40 f., 43 f., 46, 48, 52, 79, 101

– Diskursfeld 9
– Diskursraum 15
Disney, Walt 162
Dispositiv 5, 17–19, 21–23, 25–33, 35–45, 47–52, 65, 68, 73, 75, 77, 81, 89–91, 112, 114, 121, 123 f., 127 f., 145, 176, 178, 184, 186, 189, 191, 197
Dispositiv 5, 17–19, 21–23, 25–33, 35–45, 47–52, 65, 68, 73, 75, 77, 81, 89–91, 112, 114, 121, 123 f., 127–128, 145, 176, 178, 184, 186, 189, 191, 197
– *dispositif* 19, 27 f.
– Dispositivanalyse 18, 26, 44, 46, 113
– Dispositivbegriff 5, 18, 26, 40, 44, 113, 51
– Dispositivkonzept 18, 29, 30, 36, 38, 42, 43
– DVD-Dispositiv 38
– Flexibilitätsdispositiv 40
– Mediendispositiv 5, 7, 17 f., 30, 34, 37–40, 42 f., 46, 51–53, 56, 65, 71, 77, 81, 124, 162, 170, 185 f., 188
– Konzert-Dispositiv 48
– Laut/Sprecher-Dispositiv 42, 117
– NS-Dispositiv 43
– Sounddispositiv 52, 54, 79, 80, 83, 184, 190
– Werkdispositiv 44, 48, 196
Distelmeyer, Jan 38–40, 186, 193
Disziplin 22, 45, 98, 114, 188
– Antidisziplin 25, 191
Disziplinargesellschaft 19, 22, 43, 51, 121
Disziplinarregime 5, 114, 188
Douglass, Jimmy 82
Dr. Dre 2 f., 6, 11, 78
Drake 82–84
Dreckmann, Kathrin 8, 31, 40, 41, 76, 117
Dukes, Frank 182
Dylan, Bob 149, 151–153, 155

Echo 29, 60 f., 79, 92–95, 105, 110, 112, 137, 143, 161, 172
– Echokammer 131, 133, 138, 168, 192
– Echochamber=>Echokammer
Edison, Thomas Alva 1, 10, 59, 97, 99 f., 102 f., 107
Eilish, Billie 179–182, 195
Eimert, Herbert 105
Eminem 2
Eno, Brian 10

Epping-Jäger, Cornelia 42 f., 117
Epworth, Paul 168, 170
Ernst, Wolfgang 57, 62, 65, 76, 143, 144, 190
Ertegün, Ahmet 127
Eurythmics 168, 176, 178

Falcone, Antonio 94
Fetisch 13, 65 f., 70–75, 85–88, 129, 190
- Fetischisierung 69, 72, 86–88, 190
- Soundfetisch 66 f., 72, 74 f., 84–86
Fetischismus 16, 66, 72, 85
- Soundfetischismus 16, 65, 67, 190
- Warenfetischismus 84, 86
Fidelman, Greg 154
Figal, Günther 164
Figuration 10, 87, 174
Fivio Foreign 83
Flagstad, Kirtsen 188
Flückiger, Barbara 31 f., 34, 36
Foo Fighters 67
Ford, Marry 125
Foucault, Michel 5, 14, 19–27, 39–42, 44–46, 48, 53, 76, 79, 80, 89, 113 f.; 121 f., 124, 128, 135, 138 f., 142, 146, 149, 151, 153, 162, 186, 188, 191 f.
Foxx, Jamie 127
Fraboni, Robert Alan 146, 155
Frahm, Nils 167
Freud, Sigmund 27–29
Future 182

Gaisberg, Fred 99, 103–104
Gauß, Stefan 1, 3, 10, 98, 100, 107, 114, 123
Gegenort 7, 114, 164, 192
Geräusch 31 f., 35, 48, 55, 59, 61, 80, 91, 105, 117, 119, 160, 171, 180
Gnosa, Tanja 26–28, 31–33, 35 f., 40 f., 43, 113
Gould, Glenn 3 f., 140 f.
Gourad, George 99, 157
Gouvernementalität 26
Green, Dallas 169 f.
Grohl, Dave 67–71, 87 f.
Großmann, Rolf 9 f., 30, 32, 43 f., 46–49, 191
Groys, Boris 76
Guns N' Roses 67

Hall 89, 94, 105, 143, 192
- Hallfahne 95
- Nachhall 92, 138 f., 143, 157
Hasse, Jürgen 170 f.
Hauschka 81
Hebdige, Dick 191
Heidegger, Martin 164, 194
Heider, Fritz 63
Hennion, Antoine 105–108, 112, 114, 187
Heterophonotopie 138, 140, 192
Heterosonotopie 139, 140, 144, 192
Heterotopie 70, 138 f., 141 f., 144, 146, 150 f., 153, 165, 192
Hickethier, Knut 36–38, 187
High Fidelity 14 f., 30 f., 64, 128
Hill, Beulah 99, 157
Hilton, James 146, 151
His Master's Voice 1, 3, 123
Hitler, Adolf 42 f., 117
Hörperspektive 4 f., 34
Hörpunkt 33
Huxley, Aldous 161

Intermedialität 4

Jackson, Michael 10
Jagger, Mick 157
Jarre, Jean-Michel 121
Jay-Z 185
John, Elton 70
Johns, Andy 158 f.
Jones, Quincy 10
Jouanjean, Thomas 140 f.

Kappelmayer, Otto 116 f.
Katz, Mark 9, 30
Kealy, Edward R. 12
Kesey, Ken 160–161
Kircher, Athanasius 93–95, 151
Kirschall, Sonja 180, 195
Kittler, Friedrich 8, 30, 40, 53, 58, 62, 75–77, 125, 190
Klang 4, 8, 29, 53–62, 65, 90, 94, 96 f., 105, 111, 114, 118, 126, 129, 131, 134 f., 137, 144, 158 f., 161, 173, 184, 197
- Klangavantgarde 1, 10
- Klangaufzeichnung 31

- Klangbildung 58, 79
- Klangbildgestaltung 15
- Klangcharakteristik 58, 85, 190
- Klangerzeugung 1, 6, 55–57, 71, 142, 177, 194
- Klanggestaltung 35, 57 f.
- Klangfabrik 7
- Klangfabrikation 6
- Klangfarbe 58, 60, 96, 105, 129, 130 f., 133–135, 180, 189
- Klangform 6
- Klanghierarchie 34
- Klangideal 6, 15
- Klangkonfiguration 3, 196
- Klangkonfigurator=>Klangkonfiguration
- Klangkontrolle 44 f., 47, 66, 110, 138
- Klangkonzept 2, 11, 14, 56 f., 73, 132, 189
- Klangkonzeption=>Klangkonzept
- Klangmaschine 6, 45, 105
- Klangobjekt 35, 86, 105, 110
- Klangordnung 16, 27, 35, 135 f., 190–191, 197
- Klangparameter 35
- Klangphänomen 6, 9, 57
- Klangproduktion 11, 45
- Klangtreue 3, 29, 128
- Klangumwelt 8
- Klangvisionen 3
Knorr-Cetina, Karin 105, 108
Knudsen, Vern 120
Kommunikation 12, 73, 119 f., 126, 158, 169
- Kommunikationsprozesse 2, 37
- Kommunikationssystem 14, 160
Konzert 30, 48, 49, 156, 171, 174
- Konzertereignis 1
- Konzertsaal 4, 33, 48, 64, 91
Kopfhörer 35–36, 119, 125, 130, 160, 169 f.
Kultur 3, 10, 20, 31, 40, 56 f., 76, 89, 116, 137–139, 146
- Audiokultur 8
- Hip-Hop-Kultur 3
- Hörkultur 8, 115 f.
- Klangkultur 1, 8 f., 117
- Kulturgeschichtsschreibung 10
- Produktionskultur 15, 175
- Studiokultur 2 f., 11, 16, 193, 195 f.
- Tonstudiokultur=>Studiokultur
Kulturindustrie 16, 149
Kun, Josh 151

Labor, Laboratorium 7, 17, 84, 99, 104–106, 108–111, 114 f., 152, 187, 188
- Klanglabor 2
- Studiolabor 7, 104–107, 112, 187
Lacan, Jaques 8, 30, 82, 155
Lamar, Kendrick 2, 84
Lane, Ronnie 162
Lautsprecher 34, 36, 65, 117, 119, 130, 140, 160
Lautsprecherbox=>Lautsprecher
Lautsprechersystem=>Lautsprecher
Led Zeppelin 156
Legge, Walter 188
Lehmann-Haupt, Sandy 160
Lennon, John 129
Lennox, Annie 173, 178
Levin, Larry 135
Levin, Tom 31
Lewin, Bertram D. 28
Lil Wayne 185
LL Cool J 145
Löw, Martina 174
Lubin, Tom 87
Luhmann, Niklas 63 f., 172–174, 190

M.I.A. 185
Mac Miller 146
Macht 10, 15, 17, 19–27, 37, 39–43, 46 f., 50 f., 53, 66, 72, 76 f., 89, 91 f., 112–114, 118, 122 f., 153, 162, 164, 171, 174, 188
- Biomacht 26
- Disziplinarmacht 22, 42, 50, 122, 127
- Handlungsmacht 5, 6, 14, 39, 52, 53, 104, 110
- Machtanalyse 14, 36
- Machtapparat 7, 189
- Machtarchitektur 2
- Machtdemonstration 6, 19, 71, 190
- Machteffekt 24, 91 f., 112, 128
- Machtform 22, 50, 52, 89
- Machtfunktion 50
- Machtinszenierung 42
- Machtinteressen 37
- Machtkonstellation 39
- Machtopposition 5
- Machtplan 22, 52
- Machtraum 1, 5, 119, 145, 186
- Machtregime 42
- Machttechnik 19, 21, 23, 42, 47, 51, 124

- Machtstrategie 21, 46, 124
- Machtstruktur 5, 19, 39, 65, 154, 192
- Machtverhältnis 2, 14, 20, 23, 39, 47, 50, 89, 113, 118, 147
- Wirkungsmacht 15, 108
Martensen, Karin 15
Martin, George 11, 81, 146, 167
Marx, Karl 84 f.
Mary J. Blidge 2
Material 6, 9, 13, 15 f., 38, 46, 49, 53 f., 56 f., 62, 68–70, 84, 90, 92, 100, 106 f., 120, 159, 176, 190
- Fremdmaterial 3, 81, 142, 175, 184, 191
- Rohmaterial 54, 107
- Soundmaterial 6, 54, 72, 74, 79, 105, 143, 155, 179, 196
Materialität 5, 30, 40–42, 48, 53, 56, 93, 139
McCartney, Paul 70, 121, 123
McLuhan, Marshall 30
Medialität 5, 9, 18, 33, 40, 41, 50, 53, 62, 116, 161, 193
- Intermedialität 4, 41
Medien 1, 4, 6, 8, 9, 18, 24, 30 f., 33, 36–45, 50–64, 66, 73, 75, 77, 90, 96, 115 f., 123, 125, 127–129, 135, 140, 143–145, 154, 158, 160, 166, 169, 171, 173, 180 f., 186–188, 192, 195 f.
Medium=>Medien
- Kommunikationsmedium 74
- Medienanalyse 41
- Medienarchiv 6, 50, 75–78, 81, 83, 143, 191
- Medieneffekt 51, 54, 61, 117, 190
- Medienkultur 7
- Medienkulturgeschichte 2
- Medienmaschine 1, 111, 188
- Medienpraktik 6, 42, 74, 81, 161, 174, 197
- Medienstrategie 8, 117
- Medientechnik 2, 4, 42, 52 f., 57, 63, 67, 97, 103, 110 f., 116, 124, 148, 157, 160, 172, 195
- Medienverbund 4, 7, 61
- Medienverbundsystem=>Medienverbund
- Produktionsmedien 62, 137, 154, 190
- Speichermedium, Speichermedien 3 f., 9, 33, 39, 49, 76 f., 115 f., 124 f., 137, 183
- Trägermedien 30, 98
Meintjes, Louise 67 f., 70
Mensch-Maschine 9, 18, 111, 114
Metallica 67

MIDI 12, 75, 183, 184, 195
Migos 182
Mikrophon 2–4, 6 f. , 13, 31, 33 f., 59 f., 65, 67, 81, 84, 101, 115–117, 119, 124, 126, 128, 130, 137, 141 f., 160 f., 163, 170, 180 f., 185, 188 f.
- Studiomikrophon=>Mikrophon
Miller, Jimmy 157 f.
Mirabella, Vincenzo 93 f.
Mischpult 2, 3, 6, 65–71, 87 f., 110, 121, 128, 141 f., 147 f., 152, 168, 175
Monitorbox 2, 140
Monteverdi, Claudio Zuan Antonio 94
Moog, Bob 71, 183
Moore, Allan F. 35, 99, 103
Moore, Jerrold Northrop 102
Morrison, Jim 73
Motte-Haber, Helga de la 4
Mraz, Jason 82
Müller, Jürgen 4
Multhaupt, Otto 103
Muse 154
Musealisierung 15
Musik 1–4, 9, 10–12, 14–16, 34 f., 43–46, 48 f., 52–59, 61–65, 72–74, 76, 78 f., 83, 93–96, 102, 105, 107, 111 f., 115 f., 129 f., 137, 143, 145, 149, 156, 162 f., 171, 175–177, 182, 184, 186, 195 f.
- Musikelektronik 10
- Musikgeschichte 1 f., 11, 157
- Musikindustrie 10, 12, 68, 71, 78, 81, 107, 115, 182
- Musikproduktion 2, 5 f., 10–16, 29, 54, 58, 64 f., 68, 79, 82 f., 97, 102–104, 108, 110–112, 114 f., 125–127, 138, 143, 148, 150, 152, 155, 162, 172, 177 f., 182, 187, 196 f.
- Musikproduzent 2, 6, 11–13, 25, 32, 38, 46, 52, 58, 61, 64, 68, 70, 72–76, 78–79, 81–85, 99, 101, 106, 108, 110–112, 114, 119–121, 126–130, 132, 134, 137, 144–148, 153, 155, 157 f., 162, 168 f., 175, 178 f., 182, 184, 187–189, 191, 196
- Musikwissenschaft 9, 30, 43, 52, 57

Nachhallzeit 4, 91, 93 f., 96, 98, 100
Neve, Rupert 52, 67–69, 71, 82, 87 f., 168
Nicht-Ort 182, 184 f., 195
Nicks, Stevie 70

Niewiadomski, Griszka   166
Nirvana   67, 72

O'Connell, Finneas   179, 181, 195
Ordnung   1, 5, 6, 18, 24–26, 36–38, 40, 42, 44, 47f., 51, 53, 63f., 80, 86f., 89, 91, 104, 117, 121, 128, 132, 150, 154, 170, 175, 186, 188, 190
– Klangordnung   16, 27, 35, 135f., 190f., 197
– Ordnungsprinzip   23, 40, 47f., 80, 107f., 149, 154, 190
– Ordnungssystem   5, 8, 11, 43, 48, 189
– Rangordnung   23, 35, 65, 102, 187
– Raumordnung   2, 5, 9, 14, 105, 114, 121, 123, 141, 147, 161
– Wissensordnung   19, 40
Overdubbing   110, 124f., 127, 129f., 147, 163, 189
OZ   81f., 86

Paech, Joachim   19, 25, 27, 28, 32, 42, 186
Page, Jimmy   156f.
Panacusticon   122
Panopticon   22, 121f., 127f.
Parsons, Alan   10
Parthey, Gustav   94
Pasteur, Louis   109, 111
Patka, Kiron   117f.,139, 141, 192
Paul, Les   10, 125
Pelleter, Malte   75, 77
Penn, Sean   165
Phonograph   1, 3, 10, 40, 59, 64, 97, 100–102, 151
Phonographie   7, 9, 36, 58f., 64, 77, 80, 99, 102, 105, 114f., 171, 187f.
Pink Floyd   8, 58, 149
Platon   27, 29
Pollio, Marcus Vitruvius   92
Pop   9–11, 35, 49, 58, 83, 138, 168, 187, 195
– Popgeschichte   67, 146, 149
– Popkultur   1, 49, 66, 70, 73, 191
– Popmusik   9, 34, 45, 49, 70, 72–73, 87, 180, 182, 190
– Popsound   9
Pop Smoke   83
Porter, Gregory   167
Poschardt, Ulf   9, 76
Poulsen, Valdemar   101

Preset   6, 16, 79f., 82, 175
Presley, Elvis   60f., 112
Produktion   4, 9, 13, 21f., 24–25, 27, 35, 38, 47, 49, 57, 61, 65f., 68, 76f., 79, 82f., 85f., 96–99, 104, 106f., 110, 114, 123–126, 130–135, 138f., 145–147, 149f., 156–158, 163, 168–170, 173, 175, 177–179, 182, 184, 188f., 194–195
– Klangproduktion   11, 45
– Musikproduktion   2, 5f., 10–16, 29, 54, 58, 64f., 68, 79, 82f., 97, 102–104, 108, 110–112, 114f., 125–127, 138, 143, 148, 150, 152, 155, 162, 172, 177f., 182, 187, 196f.
– Produktionsgerät   10, 65, 82, 76
– Produktionsort   1, 168, 186
– Produktionspraktik   3, 7, 15, 46
– Produktionsraum   7, 117, 182, 186, 195
– Produktionsstrategie   7, 116, 130, 145
– Produktionsstätte   10, 184, 194
– Produktionsverhältnis   7, 85
– Produktionsweise   1, 25, 45, 52, 140
– Studioproduktion   11, 13f., 16, 52, 58, 76, 123, 143, 147, 160, 185, 188, 195, 197
– Tonstudio-Produktion=>Studioproduktion
– Tonproduktion   7, 33, 58, 66, 119, 121, 131, 143, 187, 193
Produzent   2, 6, 11–13, 25, 32, 38, 46, 52, 58, 61, 64, 68, 70, 72–76, 78f., 81–85, 99, 101, 106, 108, 110–112, 114, 119–121, 126–130, 132, 134, 137, 144–148, 153, 155, 157f., 162, 168f., 175, 178f., 182, 184, 187–189, 191, 196
– Musikproduzent=>Produzent
– Starproduzent   2, 10f., 128f.
Putnam, Bill   112, 138, 147
Pythagoras   92

Radiohead   82
Rancière, Jacques   47
Raum   4, 7–9, 11f., 14–17, 25, 27f., 31, 33–35, 37, 44, 57–59, 63, 66, 70f., 75, 89–91, 94f., 97–101, 104–107, 114f., 118f., 123–125, 127, 130f., 137–142, 150–154, 157–159, 162, 165–176, 178, 182–185, 187, 192, 194, 196
– Aktionsraum   4, 113f.
– Aufnahmeraum   2, 4, 15, 67f., 100, 117–120, 123, 126f., 131, 133, 138f., 149, 153, 156, 167f., 173
– Gegenräume   7, 15, 139

- Hörraum 139
- Kontrollraum 101, 118, 119, 120, 122, 123, 126, 127, 128, 148, 152, 156, 169, 187, 188, 189, 193
- Mikroraum 139, 141, 169
- Produktionsraum 7, 117, 182, 186, 195
- Raumachse 36
- Raumakustik 4, 13, 67, 90–92, 94, 97, 118, 126, 138, 172, 189, 192
- Raumanteil 34, 93, 130
- Raumästhetik 13, 134
- Raumatmosphäre 13, 172 f., 195
- Raumbeschaffenheit 34, 91
- Raumerfahrung 12, 90, 117, 161
- Raumhall 94, 172
- Raumklang 13, 158, 163, 173, 194
- Raumklangästhetik 11
- Raumkonzept 1, 6, 16, 17, 97, 99, 104, 118, 153, 176, 194
- Raumkoordinate 34, 141
- Räumlichkeit 12, 111, 138 f., 141, 151, 157, 165, 178, 182, 187
- Raumordnung 2, 5, 9, 14, 105, 114, 121, 123, 141, 147, 161
- Raumtyp, Raumtypologie 13, 16
- Raumwahrnehmung 4
- Repräsentationsraum 1, 195
- Studioraum 52, 67, 106, 141 f., 149, 155, 167–169, 178
Red Hot Chili Peppers 13, 67, 150
Resonanz 55, 93, 117, 161, 172, 195
Rezeption 9, 27, 39, 41, 44, 85, 97, 172, 186
- Rezeptionstechnologie 8, 53
- Rezeptionsweise 36, 115
Richards, John 179
Richards, Keith 157
Rieger, Matthias 59
Rihanna 79, 84

Sabine, Wallace Clement 90–92, 97
Sample 6, 12, 54, 74–79, 81–83, 85–87, 108, 142, 182, 191
- Sample-Bibliothek 6, 79 f., 84, 87
Sampling 3, 6, 9, 45, 47, 52, 74–78, 80, 81, 83, 86, 143, 191
- Audiosampling 2
Sander, Wolfgang 62, 65

Santana 70
Schaeffer, Pierre 80, 105
Schafer, Murray 8, 34–36, 56, 80, 91–92, 131, 144, 159, 160
Schall 4, 29, 36, 54–56, 58 f., 92 f., 98, 115, 119, 123, 125, 156, 167, 172
- Schallaufnahme 1, 7, 75, 84, 97 f., 102, 119, 124, 126, 131, 137, 140, 142–144, 162, 165, 170–172, 175, 186, 188, 194 f.
- Schallaufzeichnung 5, 10, 63–64, 125, 162, 187
- Schallereignis 1, 6, 53, 55–59, 61, 64, 77, 81, 98, 101, 120, 123, 128, 130, 137, 189, 190
- Schallquelle 4, 33–36, 77, 94, 98–99, 115, 119, 124, 141, 170, 187
- Schallreflexion 94, 138, 140
- Schallreproduktion 11
- Schallschwingung 30, 62, 116
- Schallwandler 7, 115
Schiele, Egon 71
Schizophonie 131, 144
Schmidt-Horning, Susan 3, 13 f., 87–88, 99, 132
Schmitz, Hermann 173
Schnabel, Artur 1–3, 123
Schwarte, Ludger 89
Schwarzkopf, Brigitte 188
Scorsese, Martin 149 f.
Selbsttechnologie 135
Semantik 12, 17, 19, 29, 195
Sharing Economy 84
Simulacren 29
Sinatra, Frank 10, 60, 140
Slater, Mark 176, 195
Slipknot 154
Sloterdijk, Peter 186
Smudits, Alfred 11, 130
Snoop Dogg 2
Software 2, 16, 49, 61, 79, 82–84, 110, 163, 165, 181
Sonik 62
Sound 6–8, 11–13, 16, 33–35, 43, 45, 47, 49, 52, 54, 56–65, 67–75, 77–80, 82–84, 86–88, 92, 100, 103 f., 108, 110–112, 118, 120–123, 125–127, 129–135, 138, 141 f., 146 f., 149, 157 f., 160, 162, 168 f., 172 f., 175, 177 f., 182–185, 188–191, 195
- Popsound 9

Personen- und Sachregister

- Soundarchiv 80
- Soundästhetik 1, 7, 13, 72, 80, 102, 126, 132, 175, 180, 186
- Soundbegriff 56, 58, 61, 190
- Soundbibliothek 77 f., 81, 142, 191
- Sounddesign 61 f., 78, 81 f., 133, 191
- Sounddispositiv 52, 54, 79 f., 83, 184, 190
- Soundfetisch 65–67, 72, 74 f., 84–86, 190
- Soundfetischismus=>Soundfetisch
- Soundform 6, 64
- Soundgenerator 71, 184
- Soundideal 65, 82
- Soundlogo 72
- Soundmaterial 6, 54, 72, 74, 79, 105, 143, 155, 179, 196
- Soundmodule 71, 183
- Soundsample 2, 74, 82, 191
- Soundscape 35, 56, 131, 183
- Soundsignatur 60 f., 68, 73, 86, 111, 131, 188
- Sound Studies 8, 12, 57
- Soundtextur 82
- Soundzeichen 61, 73 f., 87, 110

Spector, Phil 7, 10, 64, 66 f., 87, 110, 129–136, 145, 147 f., 189 f.
Springsteen, Bruce 69, 179
Stauff, Markus 190
Sterne, Jonathan 8, 81–84, 197
Stewart, Christopher 79
Stewart, Dave 176, 178
Stimme 29 f., 34 f., 58, 60, 62, 80, 93–96, 98, 110 f., 115–118, 126, 160 f., 178, 180, 188, 189, 195, 196
- Stimmlichkeit 30, 195
Stockhausen, Karlheinz 35, 105
Studio 1–10, 12–15, 18, 33, 46, 51–54, 56–58, 60 f., 63–75, 77–81, 84 f., 87, 97–101, 103–108, 111 f., 114, 117–131, 133 f., 136–159, 162, 165, 167–170, 172–176, 178–197
- Tonstudio=>Studio
- Bedroom Studio 176–179, 181 f., 184, 195
- Schlafzimmerstudio=>Bedroom Studio
- Home Studio 16, 52, 69, 176, 178 f., 195
- Heimstudio=>Home Studio
- Mixing Studio 119 f.
- Network-Studio 182
- Projektstudio 88, 163, 176, 194 f.
- Studioapparat 5, 15, 52, 63, 64, 67, 116 f., 123, 127, 136, 142, 165, 169, 176, 183, 189, 190
- Studioarbeit 3, 12, 110, 154, 185
- Studioarchitektur 10, 15, 97, 103, 118, 120–122, 128, 137, 139, 147, 182, 187, 192
- Studiodesign 6, 66, 70, 85, 103, 118, 120 f., 140, 151 f., 174, 186
- Studioding 6
- Studiolabor 7, 104–107, 112, 187
- Studiomusik 6, 11, 13
- Studiomusiker 7, 64, 132, 135 f.
- Studiomythen 11
- Studioort 7, 149, 167
- Studioproduktion, Tonstudio-Produktion 11, 13 f., 16, 52, 58, 76, 123, 143, 147, 160, 185, 188, 195, 197
- Studioraum 52, 67, 106, 141 f., 149, 155, 167–169, 178
- Studiostruktur 7, 145, 158, 162
- Studiosubjekt 6, 135, 188 f.

Studios
- Abbey Road Studios 87, 121, 123, 146, 149
- Air Studios 81, 84, 167
- Amsterdam Mastering 141, 149
- Catherine North Studios 169, 173, 194
- Chapel Studios 169
- Edison Studios 97
- Emil Berliner Studios 99 f., 105
- Hansa-Studios 138, 148, 149,
- Hitsville Recording-Studios 87
- Muscle Shoals Sound Studios 147, 152
- Pathé Records 99
- Remote Control Production 70, 149
- Rolling Stones Mobile-Studio 156
- Shangri-La Studios 144 f., 149–155, 192 f.
- Studio 606 69
- Sound City Studios 67 f., 87
- Sunset Sound 147, 149, 157, 162
- The Church Studios 168 f., 173, 194
- The Gramophone And Typewriter Limited 99
- United Studios 147
- Universal Recording Studios 138

Subjekt 5, 10, 18 f., 21, 23–33, 37–39, 42 f., 50–52, 56, 72, 82, 86, 90, 109, 114, 134 f., 155, 174, 186, 188, 190
- Künstlersubjekt 2, 4 f., 127 f., 135, 145, 155, 189

- Studiosubjekt   6, 135, 188 f.
- Subjektkonstitution   35, 38
- Subjektposition   5, 19, 29, 31, 38, 41, 44, 50, 135
- Subjektivation   5, 26, 52
- Subjektivierungsprozess   7, 19, 21, 26, 135, 186
- Subjektivismus   96, 135
Subversion   23, 191
Sweetspot   34, 140
Swiss Beatz   78
Synthesizer   54, 59, 69–71, 177, 178, 183

T.I.   185
Talkback   126 f.
Taylor, Corey   154
Technik   9, 10, 15 f., 37, 53, 58, 60, 65, 99 f., 102, 109 f., 118, 124, 193
- Techniker   13, 15, 26, 68, 102 f., 119, 121, 129, 145, 158, 169
- Techniken   25, 40, 42, 53, 60, 113 f., 127, 195
- Tontechniker   65, 105, 141, 176
Tedesco, Tommy   132
Tetrazzini   103
The Band   146, 149, 151, 154
The Beatles   3, 35, 65, 81, 146, 149
The Dream   79
The Grateful Dead   70, 160
The Harmonycats   138
The Rolling Stones   147, 155–157, 159, 161 f., 193
The Ronettes   66, 132
The Who   156
Théberge, Paul   12, 14, 16, 57, 83, 178, 182–184, 195
Thompson, Emily   13, 100, 120, 123, 126, 130, 132
Thoreau, Henry David   164
Thorp, Darrell   82
Timberland   11
Tina Turner   132
Ton   33 f., 54, 57, 62, 64, 68, 77, 110, 115, 117, 140, 173
- Originalton   31
- Magnetton   36
- Tonaufzeichnung   9
- Tonband   3, 30, 59, 64 f., 67, 80, 105, 111 f., 124–126, 128, 137, 141–143, 160 f., 178, 189
- Tonbandgerät=>Tonband

- Magnettonband=>Tonband
- Tonfilm   32 f., 116, 120
- Tonfilmproduktion=>Tonfilm
- Tonmeister   34, 61, 100
- Tonmischung   33
- Tonperspektive   34
- Tonregie   2, 7, 121, 127, 140, 147, 150, 152, 156, 167, 189, 193 f.
- Tonspur   5, 61, 128, 196
Tonaufnahme   1, 3, 4, 9, 15, 35, 61 f., 65, 67, 77, 97 f., 102, 104, 111, 115 f., 123, 125, 127–130, 137, 141, 156
- Tonaufnahmefunktion   2
Tonstudio   1–10, 12–15, 18, 33, 46, 51–54, 56–58, 60 f., 63–75, 77–81, 84 f., 87, 97–101, 103–108, 111 f., 114, 117–131, 133 f., 136–159, 162, 165, 167–170, 172–176, 178–197
- Studio=>Tonstudio
- Tonstudioexperimente   8
Travis Scott   82 f., 86

Unmittelbarkeit   29
Unterwerfung   5, 21, 23, 26, 51, 65
- Unterwerfungsfigur   1, 50, 132, 189
Urheberrecht   3, 15, 47, 65, 78, 81, 191

Varèse, Edgar   53
Vernon, Justin   163, 165 f.
Virilio, Paul   181, 195

Wagner, Richard   53, 96 f., 115, 133–136, 148, 188, 189
Wahrnehmung   8, 28 f., 31 f., 37 f., 43, 45, 50 f., 56–58, 80, 89 f., 98, 105, 116, 125, 140, 144, 159, 161, 171, 174
- Wahrnehmungsformen   37
- Wahrnehmungsstruktur   37
Waldecker, David   15 f.
Ward, Matt   83
Ware, Warenform   6, 54, 81, 83–87, 181, 191, 195
Waterhouse, Alfred   167
Welch, Walter   10
West, Kanye   49, 145 f., 155, 185, 196
Wicke, Peter   10–12, 55 f., 62, 190
Widerstandsort   5, 50, 163, 191
Wiedergabe   3, 29, 30, 35 f., 53, 183

Williams, Alan   14 f., 31, 100–104, 121 f., 127 f.,
    131, 147–149, 193
– Williams, Allan=>Williams, Alan
Williams, Pharrell   11
Wilson, Brian   11, 87, 125 f., 146
Winkelmann, Hermann   115
Wissen   15, 19, 20, 22, 24–26, 41, 43, 45 f., 50–
    52, 68, 71, 78, 109, 123, 128
– Wissensformen   86, 191
– Wissensobjekt   8, 190
– Wissensordnung   19, 40
Witzgall, Susanne   54
Wiz Khalifa   182
Woolgar, Steve   108

Young, André Romelle   2
Young, Neil   67, 69

Zagorski-Thomas, Simon   10, 12, 14
Zak III., Albin J.   13 f., 66, 155
Zeichen   1, 4, 29, 39, 54, 73, 86, 109, 111 f., 117,
    151 f., 165 f., 186, 193, 195
– Zeichensystem   4, 62, 112
Zeitregime   37, 144, 150, 162
Zentralperspektive   28, 33
Zimmer, Hans   70 f., 74–76, 81, 86 f., 167